岩土塑性理论及其在地下工程中的应用

尤志嘉　时　健　付厚利　著

煤炭工业出版社

·北　京·

图书在版编目（CIP）数据

岩土塑性理论及其在地下工程中的应用/尤志嘉，时健，付厚利著. --北京：煤炭工业出版社，2017
ISBN 978-7-5020-5940-8

Ⅰ.①岩… Ⅱ.①尤… ②时… ③付… Ⅲ.①岩土力学—塑性力学—应用—地下工程 Ⅳ.①TU94

中国版本图书馆 CIP 数据核字(2017)第 143401 号

岩土塑性理论及其在地下工程中的应用

著　　者　尤志嘉　时　健　付厚利
责任编辑　罗秀全　郭玉娟
责任校对　姜惠萍
封面设计　王　滨
出版发行　煤炭工业出版社（北京市朝阳区芍药居 35 号　100029）
电　　话　010-84657898（总编室）
　　　　　010-64018321（发行部）　010-84657880（读者服务部）
电子信箱　cciph612@126.com
网　　址　www.cciph.com.cn
印　　刷　北京文昌阁彩色印刷有限责任公司
经　　销　全国新华书店
开　　本　710mm×1000mm 1/16　印张　13 3/4　字数　305 千字
版　　次　2017 年 8 月第 1 版　2017 年 8 月第 1 次印刷
社内编号　8820　定价　90.00 元

岩土塑性理论及其在地下工程中的应用

FOREWORD 前言

塑性力学作为固体力学的一个重要分支学科，其历史虽然可以追溯到18世纪70年代，但真正得到充分发展并日臻成熟是在20世纪的40年代到50年代初。目前金属类材料的传统塑性理论已发展成熟并广泛应用到工程实践中，然而对于岩石、土和混凝土等摩擦型材料，由于不满足传统塑性理论中的Drucker公设而被称为不稳定材料，其本构关系因流动法则的非关联性要比传统塑性理论复杂得多，因而逐步形成岩土塑性理论。应该说岩土塑性理论仍处于发展过程中，距离成熟完善还有较长的路。目前还没有一种在真正意义上反映岩土体的摩擦性和非关联流动法则的本构关系。一般是在经典塑性理论的基础上，将与此类材料实验相符合的屈服条件考虑进去，在一定的假设条件下获得特定问题的本构关系并进行分析求解。尽管如此，岩土塑性理论在岩土工程中仍发挥着重要作用。

地下工程稳定性及支护机理分析一直是岩土力学与工程领域的研究热点之一。伴随计算技术和实验测试方法的发展，数值模拟和物理模拟被广泛应用到岩土工程领域，为地下工程的稳定性分析提供了强有力的方法和手段。理论分析、数值模拟和物理模拟的关键仍然是岩土材料的本构关系，而塑性力学中的极限分析理论，通过一定的假设避开复杂的应力应变过程而直接获得材料破坏临界状态的解答，由于其计算简单、概念明确及解答符合实际情况而被广泛应用。例如在地面工程中，岩土塑性极限分析方法目前仍然是地基承载力、边坡和基坑稳定分析、计算的主要依据，而且边坡的抗滑桩支护技术就是基于塑性极限分析理论发展起来的。同样岩土塑性极限分析理论在地下工程领域也将有广泛的应用前景。

本书在介绍经典塑性力学基本理论的基础上，阐述了岩土材料的基本力学特性、屈服条件、流动法则和本构关系，并侧重于岩土塑性极限分析理论及应用。采用岩土塑性极限分析理论对工程实例进行分析、计算和设计，并通过数值模拟、相似材料实验和现场实测进行验证，说明其有效性。第1章介绍了塑性力学的基础理论及相关重要概念，以及岩土塑性本构关系；第2章介绍了岩土材料的滑移线理论与极限分析的上、下限定理，并以地下工程支护技术中的圆形条带碹为例阐述了极限分析上、下限法的应用；第3章介绍了塑性极限分析理论在地下硐室底板稳定性及相应控制技术中的应用；第4章通过模型试验研究极限状态下地下硐室底板的稳定性；第5章对极限状态下的巷道底板稳定性进行数值模拟研究。本书可以作为土木工程、采矿工程等相关专业研究生的塑性力学教材，也可以作为广大岩土力学科研及工程技术人员的参考资料。

本书的出版得到了国家自然科学基金（项目编号：51274131）的资助。本书的编写得到了山东科技大学尤春安教授的悉心指导与帮助，山东科技大学邵辉、刘群、毕冬宾、玄超、韩国幸硕士为本书的文稿编辑工作提供了许多帮助，在此一并向他们表示衷心感谢！

由于作者水平有限，书中难免有疏漏之处，敬请广大读者批评斧正。

作　者

2017年2月

目 次

1 岩土塑性理论基本概念

1.1 岩土塑性理论简介

塑性力学又称为塑性理论，作为固体力学的一个分支学科主要研究物体在外力的作用下产生塑性变形后外力与变形的关系，以及物体内部应力与应变的分布规律。塑性力学与弹性力学有着密切的联系，弹性力学中的大部分基本概念和解决问题的方法都能在塑性力学中得到应用。弹性力学的基本假设如连续性假设、均匀性假设、小变形假设、各向同性假设都适用于塑性力学，而解决塑性力学问题所用的平衡方程、几何方程和边界条件也与弹性力学相同。

材料的弹性与塑性可以通过简单拉伸试验来说明。图1－1描绘了低碳钢拉伸试验的应力－应变曲线，其中OA阶段为直线，材料的应力、应变服从广义胡克定律即线弹性关系，此时的加载和卸载应力－应变曲线相同；当进入AB阶段后应力－应变不再是直线关系，随着应力的不断增加对应的应变增量不断减小，但AB阶段仍属于弹性阶段，若此时卸载则应变会恢复到初始状态；当达到B点后，在应力不变的情况下仍然会发生变形，材料进入塑性变形状态，B点所对应的应力即为屈服应力或屈服极限；继续加载达到D点时，如果卸载则应力－应变曲线沿DE到达E点，此时的应力为零，OE为塑性应变，而ED'则为弹性应变。

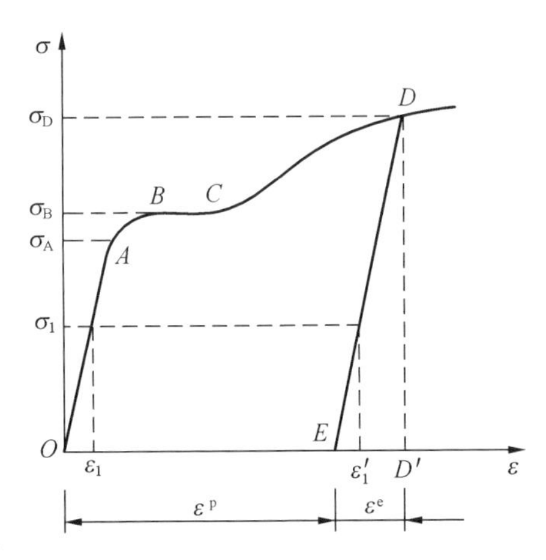

图1－1 低碳钢拉伸试验的应力－应变曲线

基于以上分析可以看出，弹性力学与塑性力学的主要区别不仅在于材料是否产生了不可恢复的塑性变形，还在于塑性变形的应力－应变呈非线性关系，并与应力路径和应力历史有关（图1－1中与零应力$\sigma=0$相对应的可以是$\varepsilon=0$、$\varepsilon=$

ε^{p} 两个应变状态），材料塑性变形的特性决定了其应力 - 应变关系（本构关系）要比弹性力学复杂得多，这也是两者的本质不同。弹性力学的本构关系服从广义胡克定律，这种应力与应变之间建立的单一的对应关系称为全量关系，而在塑性力学中若不指定应力路径是无法建立全量关系的，通常只能建立应力增量与应变增量之间的增量关系，只有在一些特殊情况下（例如比例加载）才能建立塑性全量关系。

适用于岩土材料的塑性力学发展较早，例如库仑（Coulomb）在1773年提出了土体破坏条件，后来发展为莫尔 - 库仑准则。1857年朗肯（Rankine）研究了半无限体的极限平衡，提出了滑移面的概念。1903年考特尔（Kotter）建立了滑移线方法。1929年弗雷尼斯（Fellenius）提出了极限平衡法。其后，1965年索科洛夫斯基（Scokolvskii）发展了滑移线法，1943年太沙基（Terzaghi）等人发展了弗雷尼斯（Fellenius）理论，用来求解土力学中的各种稳定问题。德鲁克（Drucker）和普拉格（Prager）等人在1952—1955年间发展了极限分析方法，其后陈惠发（H. F. Chen）等人又在发展土的极限分析方面做了许多工作。可见，岩土材料的塑性解析方法已有了较大的发展。不过，上述方法一般只限于求解岩土极限承载力，而且不考虑材料的应力 - 应变关系，因而有一定的局限性。

岩土塑性力学的最终形成主要在20世纪50年代末期以后，随着传统塑性力学、近代土力学、岩石力学及有限元法等数值计算方法的发展，岩土塑性力学逐渐成为一门独立的学科。1957年，德鲁克等人首先指出了平均应力或体应变会导致岩土材料产生体积屈服，因而需在莫尔 - 库仑（Mohr - Coulomb）锥形空间屈服面上再加上一族帽形的屈服面，这是岩土塑性理论的一大进展。1958年，英国剑桥大学罗斯科（Roscoe）教授及其同事提出了土的临界状态概念，1963年又提出了剑桥黏土的弹塑性本构模型，从理论上阐明了岩土塑性变形的特征，开创了土体的实用计算模型。自20世纪70年代以来对于岩土本构模型的研究十分活跃，迄今仍处于百花齐放、方兴未艾的阶段。归纳起来，这一阶段的工作主要有以下几个方面：

（1）传统塑性力学不能充分反映岩土材料的变形机制，除了应考虑岩土材料的体积屈服、破坏准则中内摩擦影响及软化特性外，还发现岩土材料具有塑性应变增量方向与应力增量的相关性，应用关联流动法则难以反映实际岩土的剪胀与剪缩状况，以及由于主应力轴旋转引起塑性变形等问题。这些都表明，传统塑性力学难以充分反映岩土材料的变形机制，从而导致一些新的模型不断出现。概括起来说，目前完全基于传统塑性力学的岩土本构模型逐渐减少，为了适应岩土变形机制，基于对传统塑性力学作部分修正的岩土模型愈来愈多，如有些采用广义塑性势理论或分量理论取代传统塑性势理论；有些采用非关联流动法则取代关联法则。与此同时，它也推动了岩土塑性力学基本理论的发展，导致适应岩土材料变形机制的广义塑性力学的出现。

（2）建立了一些深层次岩土本构模型。除了各向同性等向硬化模型外，出现了考虑初始各向异性和后继各向异性的非等向硬化模型、复杂应力路径下的本构模型、动力本构模型以及黏弹塑性模型等。这类模型正在日趋完善，开始进入应用阶段。

（3）探索了一些新的本构模型，如岩土损伤模型、细观力学模型、应变软化模型、特殊土模型、结构性土模型、非饱和土模型，以及基于神经网络、遗传算法等智能化方法的土体本构模型。近年来还提出了基于能量耗散原理的土体热力学建模方法。

在此期间，国内外相继出版了一些关于岩土塑性力学方面的专著。1969 年，罗斯科等人出版了《临界状态土力学》，这是世界上第一本关于岩土塑性理论的专著，详细介绍了土的实用模型。1982 年，陈惠发出版了《土木工程材料的本构方程（第一卷弹性与建模）》，随后又出版了《土木工程材料的本构方程（第二卷塑性与建模）》；1984 年，德赛（Desai）等人也出版了一本《工程材料本构定律》专著，进一步阐明了岩土材料变形机制，形成了较系统的岩土塑性力学。1982 年，Zienkiewicz 提出了广义塑性力学的概念，指出岩土塑性力学是传统塑性力学的推广。但他没有说明广义塑性力学的实质性含义。在国内，20 世纪 80 年代，清华模型、“南水”模型及其他双屈服面模型和多重屈服面模型相继出现。2000 年沈珠江院士出版的《理论土力学》对土力学的理论研究取得的进展进行了较好的总结。

1.2 土的压缩试验结果

1.2.1 土的单向固结压缩试验

从单向固结试验或三向固结试验可以得出固结应力条件下孔隙比 e 与固结应力 p 的关系曲线，或静水压力条件下体应变 ε_v 与静水压力 p 的关系曲线，如图 1－2 所示。无论是正常固结土或松砂，还是超固结土或密砂，图 1－2 的曲线形状都适用。但超固结土的应力不同，得到的 ε_v-p 或 $e-p$ 曲线的位置也不同，超固结应力小，曲线位置高；超固结应力大，曲线位置低。

静水压力或固结条件下的 ε_v-p 或 $e-p$ 关系曲线显然是非线性的，但对于初始加载时的正常固结土或松砂，$\varepsilon_v-\ln p$ 或 $e-\ln p$ 关系曲线常接近于一条直线，如图 1－2b 所示，因此用下列方程表示：

$$e=e_0-\lambda\ln p \tag{1-1}$$

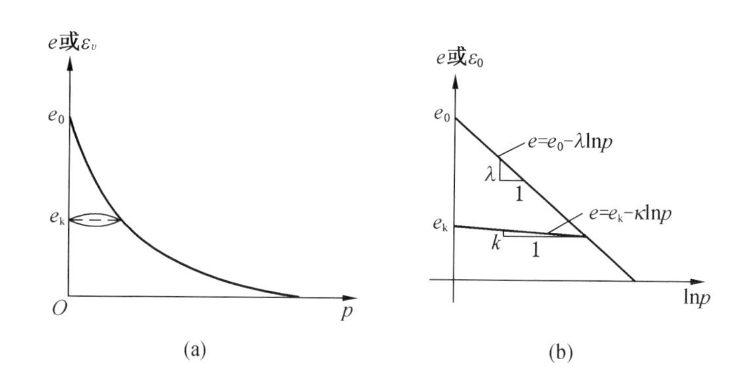

图 1-2　固结应力下土的应力-应变曲线

上述公式中，按岩土力学中的一般规定，p 以压为正；e_0 为 $p=1.04\ \mathrm{kN/m^2}$ 时的孔隙比；λ 为压缩指数。卸载与再加载时 $e-p$ 关系曲线为

$$e = e_{\mathrm{k}} - \kappa \ln p \tag{1-2}$$

其中 e_{k} 为卸载时，$p=1.04\ \mathrm{kN/m^2}$ 时的孔隙比；κ 为膨胀指数。

可见，土与岩石一样，其体应变不是纯弹性的，这与金属材料不同。

1.2.2　土的三轴剪切试验结果

1.2.2.1　常规三轴试验

应用三轴不等压压缩试验（即三轴剪切试验），可测得土的应力-应变曲线。试验的具体方法一般有如下两种：一是 σ_r 不变的三向压缩固结试验，即试验时径向压力 $\sigma_r=\sigma_2=\sigma_3$ 不变，增加轴向压力 $\sigma_z(=\sigma_1)$ 直到破坏。然后再另取一土样，采用一新的 σ_r 值，再做同样试验，如此可得一组应力-应变曲线。二是试验时减小 σ_r 值，加大 σ_z 值，但 $3p=\sigma_1+\sigma_2+\sigma_3=\sigma_z+2\sigma_r$ 维持不变的一组试验。排水条件下的试验曲线，按岩土材料的不同基本上有如下两种情况。

（1）对于正常固结黏土与松砂，其应力-应变曲线为双曲线（图 1-3a、图 1-3b），其曲线方程为

$$q = \sigma_1 - \sigma_3 = \frac{\varepsilon_1}{a + b\varepsilon_1} \tag{1-3}$$

式中　a、b——实验常数；

ε_1——轴向应变。

图 1-3a 表明，O 至 A 土是线弹性的，A 点以上变形可以部分恢复，即出现塑性。C 点处应变是弹性部分 $C''C'$ 与塑性部分 $C'C$ 之和。如 C 点处卸载，则自

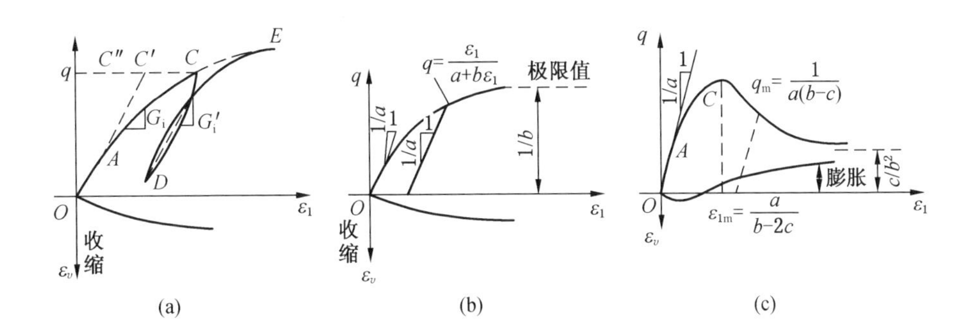

图 1-3 土的三轴应力-应变曲线

CDE 进行卸载与再加载，一般 DC 段斜率也近似等于 OC'的斜率。AC 段是应变硬化段，体积应变 ε_v 为压缩变形。

（2）对于超固结黏土或密实砂，其应力-应变曲线如图 1-3c 所示，其曲线方程可写成

$$q=\sigma_1-\sigma_3=\frac{\varepsilon_1(a+c\varepsilon_3)}{(a+b\varepsilon_1)^2} \tag{1-4}$$

其中 a、b、c 为实验常数。当加载时，开始时土体体积稍有收缩，此后随即膨胀，曲线有应变硬化阶段与软化阶段两个阶段。实际上，当应变具有硬化与软化两个阶段时，常在硬化阶段后期就开始出现体积膨胀。一些中密砂、弱超固结土等即使不发生应变软化，也会出现体积膨胀。此外，在软化阶段弹塑性耦合现象也较为明显，即随着软化现象的增大，土的变形模量逐渐减小。

介于硬化与软化之间的应力-应变曲线，就是理想塑性材料的应力-应变曲线（图 1-4）。这种应力-应变曲线在传统塑性理论中应用很广，但在岩土中所遇不多。尽管这种曲线与岩土性质有较大差别，但由于简单，所以实际上仍在应用。图中 OY 代表弹性阶段应力-应变关系，Y 点就是屈服点，过 Y 点后应力-应变关系是一条水平线 YN，这条水平线代表塑性阶段。在这个阶段应力不能增大，而变形却逐渐增大，自 Y 点起所产生的变形都是不可逆变形。卸荷时卸荷曲线坡度与

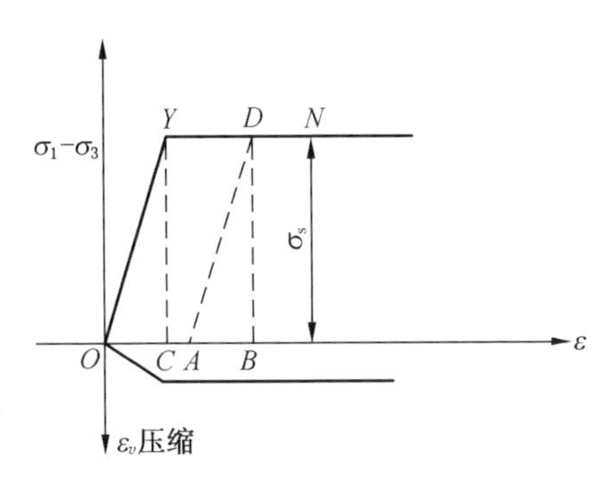

图 1-4 理想塑性材料的应力-应变曲线

OY 线坡度相等，重复加荷时亦将沿这条曲线回到原处。在塑性阶段，材料的体积将保持不变，亦即泊松比 $\mu = 1/2$。显然，这种材料与应变硬化和软化的材料有很大的不同。

1.2.2.2　真三轴试验

土体在真三轴试验条件下，其应力－应变曲线的形态是会变化的。例如图 1－5 中，当 $\sigma_2 = \sigma_3$ 时，即常规三轴试验条件下，应力－应变曲线是应变硬化的（图 1－5a），而真三轴试验条件下为一驼峰形曲线，既有应变硬化段，又有应变软化段（图 1－5b、图 1－5c）。令

$$b = \frac{\sigma_2 - \sigma_3}{\sigma_1 - \sigma_3} \tag{1-5}$$

随着 b 的增大，加、卸载曲线变陡；$(\sigma_1 - \sigma_3)$ 的峰值点提前；材料的破坏更接近于脆性破坏；卸载时体积有些回弹、剪胀量减小。由图 1－5a 可见，并非所有应变硬化曲线都会出现剪缩，而是一般在低应力下出现剪缩现象，因而在应变硬化情况下也应视土性情况考虑剪胀。试验表明，岩石和土具有同样的性质，随着试验条件的不同应力－应变曲线会发生变化。

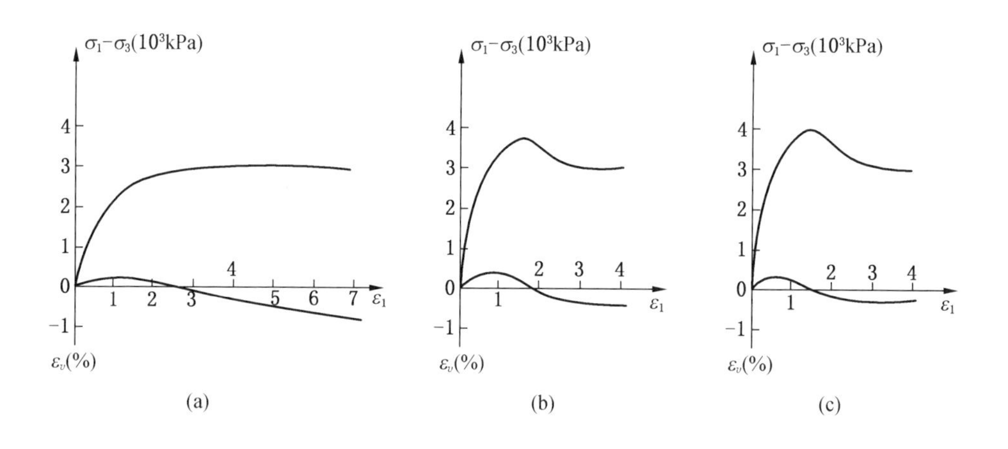

图 1－5　中密砂真三轴试验（$\sigma_3 = 100$ kPa）

综上所述，土在三轴情况下，随土性和应力路径不同，应力－应变曲线有两种形式：一种是硬化型，一般为双曲线；另一种是软化型，一般为驼峰曲线。而体变曲线，对应变硬化型应力－应变曲线：一种是压缩型（图 1－5b），不出现体胀；另一种是压缩剪胀型（图 1－5a），先缩后胀。对应变软化型应力－应变曲线，体变曲线总是先缩后胀（图 1－5c）。因此，可把岩土材料分为三类：压缩型，如松砂、正常固结土；硬化剪胀型，如中密砂、弱超固结土；软化剪胀

型，如岩石、密砂与超固结土。

1.3　岩土材料的基本力学特征

1.3.1　岩土材料的基本特性

1. 多相性

岩体中存在结构面或微裂隙，土体颗粒之间也存在孔隙，在自然条件下它们被水及其溶解质或气体所充满，因此岩土材料是由固相、液相和气相所组成的三相体。

2. 内摩擦性

岩土材料是由颗粒堆积或胶结而成的，颗粒之间不仅存在因胶结而形成的黏聚力，还存在因颗粒之间的相互咬合作用而形成的内摩擦力，而内摩擦力的大小又与压应力的大小有关，因此属于内摩擦性材料。今后我们将岩土等具有内摩擦性的材料统称为 Coulomb 材料，而与之相对的金属等不具有内摩擦性的材料统称为 Tresca 材料。

3. 各向异性

经典塑性力学假设材料为各向同性体，而实际上岩土材料往往表现出各向异性的结构特征。岩土体受到自然界的风化、搬运、沉积和固结作用而导致在竖直和水平方向上表现为不同的力学性质称为初始各向异性，也称为原生各向异性；由于受到外部荷载或冲击作用而导致颗粒相对位置或形态的变化称为应力导致的各向异性，也称为次生各向异性。由于岩土材料存在各向异性特性，从而导致了本构关系在数学上的复杂性，事实上岩土材料并非完全各向异性，一般为了简化计算可将其视为横观各向同性或正交各向异性。

1.3.2　岩土材料的基本力学特性

1. 应力 - 应变的非线性、弹塑性

试验表明岩土材料的应力 - 应变关系是非线性、弹塑性的。应力 - 应变关系之所以呈现出非线性，是由于岩体中存在结构面和微裂隙以及土体中存在孔隙的缘故。当受到外荷载作用后，会导致岩体结构面和微裂隙的闭合，或者土体颗粒之间相对位置的调整，从而产生变形。当荷载卸除后，可以恢复的部分变形称为弹性变形，而另一部分不可恢复的变形则称为塑性变形，如图 1 - 6 所示。

2. 等压屈服特性

适用于金属材料的经典塑性力学认为材料的屈服是由剪应变引起的，而体应变可近似地认为是弹性变形，但实验表明岩土材料是具有等压屈服特性的。由于具有三相性特征，岩土材料在各向等压作用下，伴随水和气体的排出会出现结构

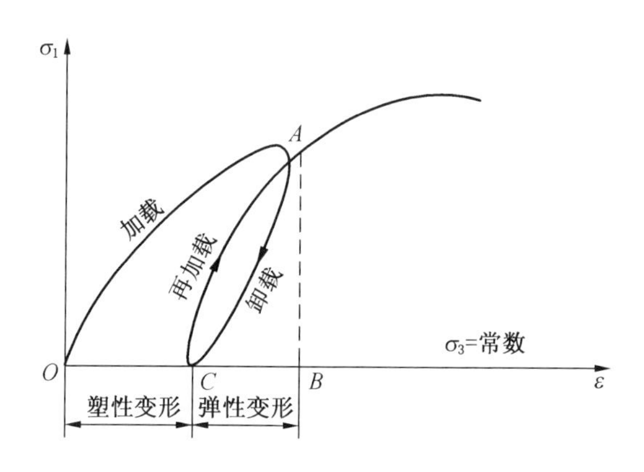

图1-6 循环加载的应力-应变曲线，带滞回环

面及微裂隙闭合或者孔隙减小的现象，从而在宏观上表现为体积的塑性变形，即等压屈服现象。

3. 应变硬化与应变软化特性

如图1-7所示，根据三轴压缩试验结果，松砂或正常固结黏土的应力随应变的增加而增加，但是增加的速率越来越低，直到趋于稳定；而密砂或超固结黏土的应力开始时随着应变的增加而增加，但是达到峰值后应力即随着应变的增加而降低，最后也趋于稳定。在塑性理论中前者称为应变硬化特性，后者称为应变软化特性。研究表明，应变硬化与应变软化是由于材料的黏聚力和内摩擦力作用时间的不同步引起的。黏聚力的作用时间早于内摩擦力，材料呈现出应变硬化特性；而黏聚力的作用时间晚于内摩擦力，材料则呈现出应变软化特性。

4. 剪胀性与压硬性

在剪应力的作用下岩土材料不但会发生剪切变形，而且还会发生塑性体积膨胀（或压缩）现象，称为岩土材料的剪胀性（压缩可视为负的剪胀，也称为剪缩），在岩体力学中剪胀也称为扩容。由于材料内部微裂隙（孔隙）的存在，在受剪切作用时会有相互错动的趋势，从而在宏观上表现为体积的膨胀或压缩。由于岩土材料属于内摩擦材料，压应力的增大增加了颗粒之间的咬合力，其抗剪强度与剪切刚度也随之增大，这种特性称为压硬性。岩土材料的剪胀性与压硬性说明正应力与剪应变以及剪应力与体应变之间存在耦合作用，剪胀性是由剪应力引起的体应变，而压硬性则是正应力与剪应变的耦合作用。

5. 拉压强度不同

与金属材料的拉压强度相等不同，砂土不能承受拉力，黏性土的抗拉强度很

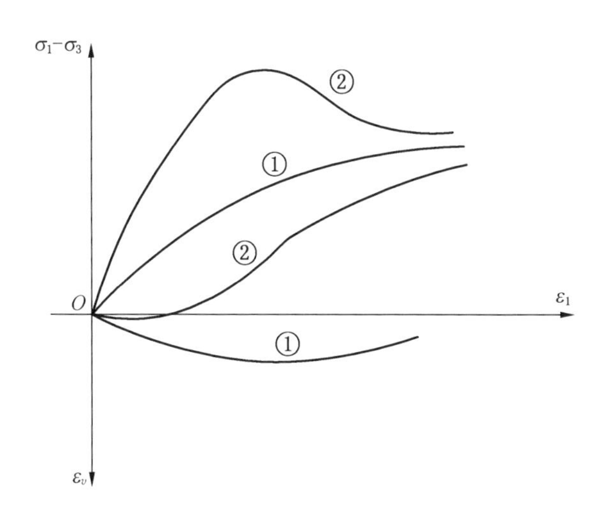

① 松砂和正常固结黏土；② 密砂和超固结黏土

图1－7 硬化、软化曲线

小，而岩石的抗拉强度也明显小于其抗压强度，这种拉压强度的不对称现象叫作S－D效应。由于拉压强度不同，岩土材料的拉伸屈服曲线与压缩屈服曲线也是不对称的。需要注意的是，S－D效应与下文所述的Bauschinger效应不同，S－D效应是指材料的初始拉压强度不同，而Bauschinger效应则是材料因为受力后改变了内部结构，从而引起拉压强度不同的现象。

6. 应力路径与应力历史的相关性

材料在弹性阶段的变形只与初始应力状态和最终应力状态有关，而与达到最终状态的应力路径无关；而在塑性阶段材料的变形不仅与初始应力状态和最终应力状态有关，还与应力路径有关，这种应力路径的相关性在岩土材料上表现得更为显著。此外，岩土的力学特性也受自身应力历史的影响。天然黏土按照固结的应力历史可以分为正常固结黏土、超固结黏土和欠固结黏土三类，不同类型的固结黏土其应力－应变关系有很大不同。

7. 与自身物理性质的相关性

岩土材料的力学特性还与其自身的物理性质密切相关，例如土体在不同的含水率、密实度以及不同的排水条件下其力学性质也呈现出不同的特征。在排水条件下，密砂和超固结黏土常伴有应变软化和剪胀现象，松砂和正常固结黏土则一般表现为应变硬化和剪缩的特征。在不排水条件下松砂、密砂以及正常固结黏土都会呈现出应变软化现象；而超固结黏土在不排水条件下则与排水条件下相反，总体表现为应变硬化特征。

8. 与时间的相关性

以上讨论的材料力学特性都是假设与时间无关的，而实际岩土材料的应力－应变关系往往随时间而变化，这种性质称为流变性或黏性，例如土体的固结、围岩稳定性随时间变化等。岩土的流变性主要表现为蠕变、应力松弛、弹性后效和长期强度等。

1.3.3 岩土塑性力学的基本假设

在经典塑性理论中除了弹性力学的基本假设外，关于材料性质还应作出如下基本假设：

（1）假设材料的本构关系与温度、时间无关。应力－应变关系随时间而变化的性质称为流变性或黏性，在高温条件下需要考虑材料的黏性效应，而对于一般工程温度的影响并不大，因此塑性理论中假设材料是与温度、时间无关的非黏性材料。

（2）假设材料具有无限韧性。如果变形很小即发生破坏，则称材料为脆性材料，此时可以用弹性理论近似求解；反之如果经历了很大的变形才发生破坏则称为韧性材料，韧性材料具有较好的塑性变形能力，在塑性理论中通常假设材料具有无限的韧性。

（3）假设材料的拉压曲线对称。材料经过拉伸或压缩后，由于改变了内部的微观结构从而导致拉伸屈服极限与压缩屈服极限不同的现象称为 Bauschinger 效应,如图 1－8a 所示。在塑性理论中一般不考虑 Bauschinger 效应的影响,即假设材料的拉压曲线是对称的,如图 1－8b 所示(无 Bauschinger 效应的对称曲线)。

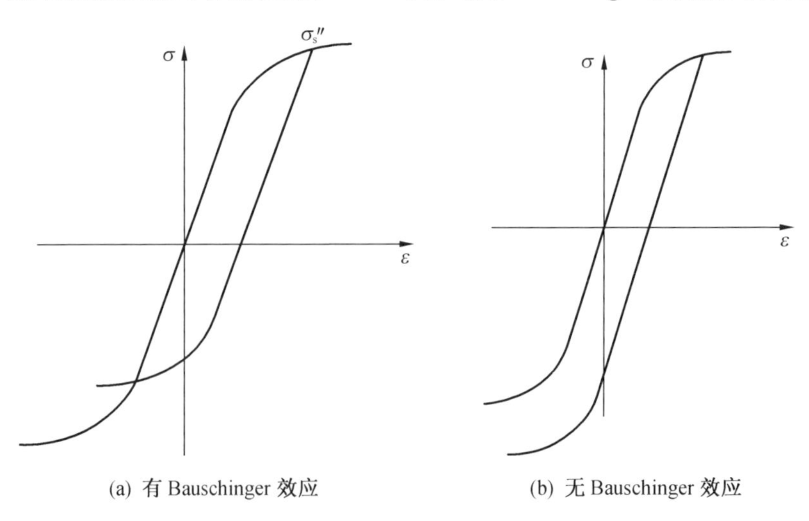

图 1－8　材料拉伸压缩屈服极限

（4）假设材料卸载服从弹性定律。卸载过程中应力、应变是按比例减少的，且卸载过程中不发生二次塑性变形，即不产生新的屈服。

（5）假设材料为稳定性材料。即只考虑理想塑性材料和应变硬化材料视为稳定性材料，而不考虑应变软化材料。

在实际的工程应用中，塑性变形与弹性变形总是耦联发生的，因此研究塑性理论不可能绕开弹性理论的内容，我们通常所说的塑性理论严格地讲应该称为弹塑性理论。

1.4 应力张量及其不变量

在变形体力学中，物体由于外因（受力、湿度、温度场变化等）而产生变形时，在物体内各部分之间产生相互作用的内力，单位面积上的内力称为应力。应力矢量可以分解为两个分量，分别为：沿截面法向的分量，称为正应力（用σ表示）；沿截面切向的分量，称为剪应力（用τ表示）。

如图1－9所示，在直角坐标系中，一点的应力状态是由3个正应力分量、6个剪应力分量共9个应力分量决定的，这些应力分量的大小不仅与该点的受力情况有关也与坐标系的选取有关，称为应力张量。应力张量是一个二阶张量，可以用下列不同的形式表示：

$$\sigma_{ij}=\begin{bmatrix}\sigma_x & \sigma_{xy} & \sigma_{xz}\\ \sigma_{yx} & \sigma_y & \sigma_{yz}\\ \sigma_{zx} & \sigma_{zy} & \sigma_z\end{bmatrix}=\begin{bmatrix}\sigma_{11} & \sigma_{12} & \sigma_{13}\\ \sigma_{21} & \sigma_{22} & \sigma_{23}\\ \sigma_{31} & \sigma_{32} & \sigma_{33}\end{bmatrix}=\begin{bmatrix}\sigma_x & \tau_{xy} & \tau_{xz}\\ \tau_{yx} & \sigma_y & \tau_{yz}\\ \tau_{zx} & \tau_{zy} & \sigma_z\end{bmatrix}\quad (i,\ j=1,\ 2,\ 3) \tag{1-6}$$

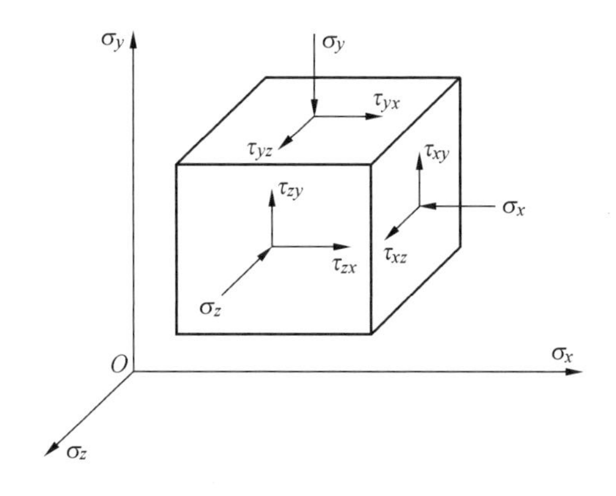

图1－9 一点的应力状态

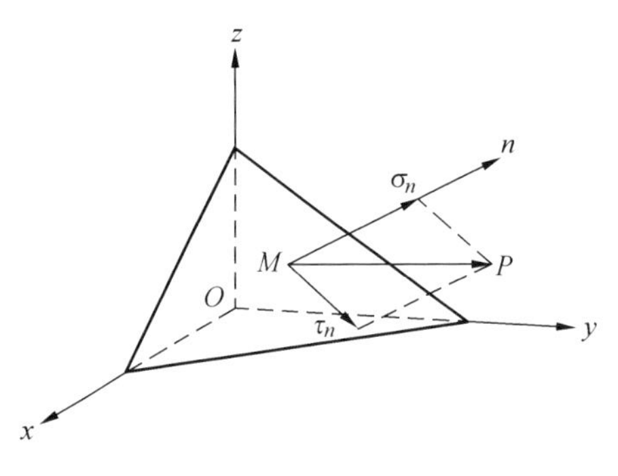

图 1-10 斜面上应力分解

根据剪应力互等定理，9 个应力分量中的 6 个应力分量是相互独立的，因此应力张量实际上是一个二阶对称张量，即 $\sigma_{ij}=\sigma_{ji}$。

如图 1-10 所示，斜面上过某点 P 法线矢量 n 的方向余弦分别为 l_1、l_2、l_3，则

$$\begin{cases}S_{n1}=\sigma_{11}l_1+\sigma_{12}l_2+\sigma_{13}l_3\\S_{n2}=\sigma_{21}l_1+\sigma_{22}l_2+\sigma_{23}l_3\\S_{n3}=\sigma_{31}l_1+\sigma_{32}l_2+\sigma_{33}l_3\end{cases}\tag{1-7}$$

以张量的形式表示为

$$\{S_n\}=\begin{Bmatrix}S_{n1}\\S_{n2}\\S_{n3}\end{Bmatrix}=\begin{Bmatrix}\sigma_{11}&\sigma_{12}&\sigma_{13}\\\sigma_{21}&\sigma_{22}&\sigma_{23}\\\sigma_{31}&\sigma_{32}&\sigma_{33}\end{Bmatrix}\begin{Bmatrix}l_1\\l_2\\l_3\end{Bmatrix}\tag{1-8}$$

采用张量中的求和约定来表示 $[S_n]=[\sigma][l]$：

$$S_{ni}=\sigma_{ij}+l_j\quad(i,j=1,2,3)\tag{1-9}$$

上式称为 Cauchy 应力公式，其中 i 为自由标，j 为哑标。如果 n 正好是应力主方向，即斜面上只有正应力而没有剪应力，那么 S_n 正好与 n 重合，假设主应力为 λ，则

$$\begin{cases}S_{n1}=\lambda l_1\\S_{n2}=\lambda l_2\\S_{n3}=\lambda l_3\end{cases}\tag{1-10}$$

将式（1-8）减去式（1-10），得

$$\begin{cases}(\sigma_{11}-\lambda)l_1+\sigma_{12}l_2+\sigma_{13}l_3=0\\\sigma_{21}l_1+(\sigma_{22}-\lambda)l_2+\sigma_{23}l_3=0\\\sigma_{31}l_1+\sigma_{32}l_2+(\sigma_{33}-\lambda)l_3=0\end{cases}\tag{1-11}$$

引入 Kronecker Delta 符号：

$$(\sigma_{ij}-\lambda\delta_{ij})l_j=0\tag{1-12}$$

又根据方向余弦的几何条件有

$$l_1^2+l_2^2+l_3^2=1\tag{1-13}$$

则 l_1、l_2、l_3 不能同时为零。因此方程组的系数行列式必须等于零，即

$$\begin{vmatrix} \sigma_{11}-\lambda & \sigma_{12} & \sigma_{13} \\ \sigma_{21} & \sigma_{22}-\lambda & \sigma_{23} \\ \sigma_{31} & \sigma_{32} & \sigma_{33}-\lambda \end{vmatrix}=0 \tag{1-14}$$

将行列式展开得到一个以主应力 λ 为未知数的三次方程：

$$\lambda^3-I_1\lambda^2-I_2\lambda-I_3=0 \tag{1-15}$$

式中

$$I_1=\sigma_{11}+\sigma_{22}+\sigma_{33}=\sigma_{ii} \tag{1-16}$$

$$I_2=-\begin{vmatrix} \sigma_{11} & \sigma_{12} \\ \sigma_{21} & \sigma_{22} \end{vmatrix}-\begin{vmatrix} \sigma_{22} & \sigma_{23} \\ \sigma_{32} & \sigma_{33} \end{vmatrix}-\begin{vmatrix} \sigma_{33} & \sigma_{13} \\ \sigma_{31} & \sigma_{11} \end{vmatrix}=-\frac{1}{2}(\sigma_{ii}\sigma_{kk}-\sigma_{ik}\sigma_{ki}) \tag{1-17}$$

$$I_3=\begin{vmatrix} \sigma_{11} & \sigma_{12} & \sigma_{13} \\ \sigma_{21} & \sigma_{22} & \sigma_{23} \\ \sigma_{31} & \sigma_{32} & \sigma_{33} \end{vmatrix}=|\sigma_{ij}|=\sigma_{ij}\sigma_{jk}\sigma_{ki} \tag{1-18}$$

式（1-15）称为应力状态的特征方程，3 个根即为 3 个相互垂直的主应力 σ_1、σ_2、σ_3。特征方程的 3 个系数 I_1、I_2、I_3 唯一由主应力确定，而在给定荷载的作用下物体内一点的主应力是唯一的，并且其大小不随坐标轴的变化而变化，因此 I_1、I_2、I_3 也是不随坐标轴变化的 3 个量，分别称为应力张量的第一不变量、第二不变量和第三不变量。它们也可以用主应力表示为

$$\begin{cases} I_1=\sigma_1+\sigma_2+\sigma_3 \\ I_2=-(\sigma_1\sigma_2+\sigma_2\sigma_3+\sigma_3\sigma_1) \\ I_3=\sigma_1\sigma_2\sigma_3 \end{cases} \tag{1-19}$$

根据经典塑性理论的基本假设，在静水压力作用下应力-应变服从广义胡克定律，不会产生屈服。因此在某一物体上叠加一个静水压力或者减去一个静水压力对物体的屈服状态是不影响的。要研究塑性变形，就必须将静水压力部分即平均应力分开：

$$\begin{bmatrix} \sigma_x & \sigma_{xy} & \sigma_{xz} \\ \sigma_{yx} & \sigma_y & \sigma_{yz} \\ \sigma_{zx} & \sigma_{zy} & \sigma_z \end{bmatrix}=\begin{bmatrix} \sigma_m & 0 & 0 \\ 0 & \sigma_m & 0 \\ 0 & 0 & \sigma_m \end{bmatrix}+\begin{bmatrix} \sigma_x-\sigma_m & \sigma_{xy} & \sigma_{xz} \\ \sigma_{yx} & \sigma_y-\sigma_m & \sigma_{yz} \\ \sigma_{zx} & \sigma_{zy} & \sigma_z-\sigma_m \end{bmatrix} \tag{1-20}$$

式中 $\sigma_m=\frac{1}{3}(\sigma_x+\sigma_y+\sigma_z)$ 称为平均应力，代表作用在该点的平均应力或静水压力。等号右端第一项称为应力球张量，第二项称为应力偏张量，记为

$$\begin{bmatrix} \sigma_x-\sigma_m & \sigma_{xy} & \sigma_{xz} \\ \sigma_{yx} & \sigma_y-\sigma_m & \sigma_{yz} \\ \sigma_{zx} & \sigma_{zy} & \sigma_z-\sigma_m \end{bmatrix} = \begin{bmatrix} S_x & S_{xy} & S_{xz} \\ S_{yx} & S_y & S_{yz} \\ S_{zx} & S_{zy} & S_z \end{bmatrix} \tag{1-21}$$

应力张量的分解也可用下标记法表示为

$$\sigma_{ij}=\sigma_m\delta_{ij}+S_{ij} \tag{1-22}$$

其中，$\sigma_m\delta_{ij}$表示应力球张量，S_{ij}表示应力偏张量。

与应力张量类似，应力偏张量同样也具有不变量。将式（1－15）应力分量的各分量 σ_{ij}分别用应力偏张量的各分量 S_{ij}代替，便可得到应力偏张量的特征方程：

$$S_i^3-J_1S_i^2-J_2S_i-J_3=0 \tag{1-23}$$

其中

$$\begin{cases} J_1=S_{11}+S_{12}+S_{13}=\sigma_{ii}-3\sigma_m=0 \\ J_2=-(S_{11}S_{22}+S_{22}S_{33}+S_{33}S_{11})+\dfrac{1}{2}(S_{12}^2+S_{23}^2+S_{31}^2)=\dfrac{1}{2}S_{ij}S_{ij} \\ J_3=|S_{ij}|=S_1S_2S_3 \end{cases} \tag{1-24}$$

由于 $J_1=0$，则

$$(S_{11}+S_{22}+S_{33})^2=0 \tag{1-25}$$

将上式展开：

$$S_{11}^2+S_{12}^2+S_{13}^2+2S_{11}S_{22}+2S_{22}S_{33}+2S_{33}S_{11}=0 \tag{1-26}$$

得

$$\frac{1}{2}(S_{11}^2+S_{22}^2+S_{33}^2)=-(S_{11}S_{22}+S_{22}S_{33}+S_{33}S_{11}) \tag{1-27}$$

所以

$$J_2=\frac{1}{2}(S_{11}^2+S_{22}^2+S_{33}^2+S_{12}^2+S_{23}^2+S_{31}^2) \tag{1-28}$$

当坐标轴是应力主方向时

$$J_2=\frac{1}{2}(S_1^2+S_2^2+S_3^2)=\frac{1}{2}S_iS_i \tag{1-29}$$

即

$$J_2=-(\sigma_{11}-\sigma)(\sigma_{22}-\sigma)-(\sigma_{22}-\sigma)(\sigma_{33}-\sigma)-(\sigma_{33}-\sigma)(\sigma_{11}-\sigma)+\sigma_{12}^2+\sigma_{23}^2+\sigma_{31}^2 \tag{1-30}$$

把 $\sigma_m=\dfrac{1}{3}(\sigma_{11}+\sigma_{22}+\sigma_{33})$ 代入式（1－30）并整理得

$$J_2=\frac{1}{6}[(\sigma_{11}-\sigma_{22})^2+(\sigma_{22}-\sigma_{33})^2+(\sigma_{33}-\sigma_{11})^2+6(\sigma_{12}^2+\sigma_{23}^2+\sigma_{31}^2)] \tag{1-31}$$

写成主应力的表达形式为

$$J_2=\frac{1}{6}[(\sigma_1-\sigma_2)^2+(\sigma_2-\sigma_3)^2+(\sigma_3-\sigma_1)^2] \tag{1-32}$$

以后我们可以看到，某些材料的屈服条件取决于 J_2。

1.4.1 八面体应力与等效应力

将所要研究的点与坐标原点重合，以该点的应力主轴为坐标轴建立坐标系，在坐标系中可以作 8 个与坐标平面成等倾角的微分斜面，如图 1-11 所示，这 8 个面组成了一个正八面体，作用在这些面上的应力称为八面体应力。

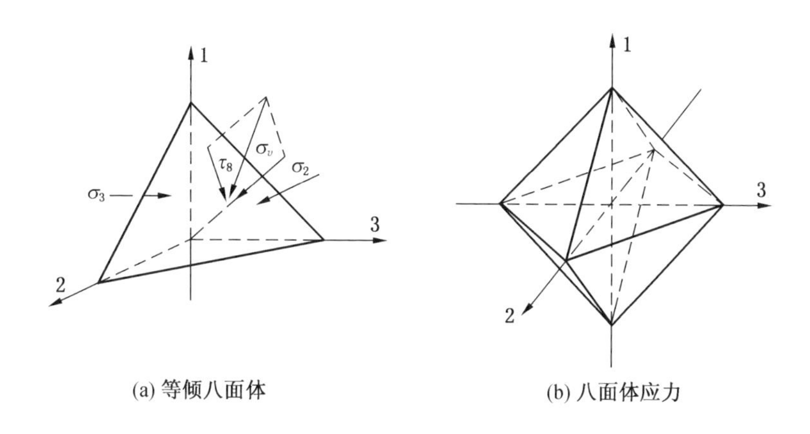

图 1-11 八面体

如图 1-11 所示，八面体的一面与 3 个坐标平面成等倾角，因此其法线的 3 个方向余弦相等，即

$$|l_1|=|l_2|=|l_3|=\frac{1}{\sqrt{3}} \tag{1-33}$$

$$(F_8)^2=(\sigma_1 l_1)^2+(\sigma_2 l_2)^2+(\sigma_3 l_3)^2=\frac{1}{3}(\sigma_1^2+\sigma_2^2+\sigma_3^2) \tag{1-34}$$

则作用在八面体上的正应力为

$$\sigma_8=\sigma_1 l_1^2+\sigma_2 l_2^2+\sigma_3 l_3^2=\frac{1}{3}(\sigma_1+\sigma_2+\sigma_3)=\sigma_{\mathrm{m}} \tag{1-35}$$

作用在八面体上的剪应力为

$$\tau_8=\sqrt{(F_8)^2-\sigma_8^2}=\sqrt{\frac{2}{3}J_2} \tag{1-36}$$

因此，八面体上的应力向量可以分解为两个向量：

（1）八面体正应力即为平均应力，有时也用符号 p 表示：

$$\sigma_8=\sigma_m=p \tag{1-37}$$

八面体剪应力 $\tau_8=\sqrt{\frac{2}{3}J_2}$，只与应力偏张量第二不变量 J_2 有关。

（2）等效应力也叫作应力强度，或称广义剪应力，用符号 $\bar{\sigma}$ 或 q 表示，其定义为

$$\bar{\sigma}=q=\sqrt{3J_2}=\frac{3}{\sqrt{2}}\tau_8=\frac{1}{\sqrt{2}}\sqrt{(\sigma_1-\sigma_2)^2+(\sigma_2-\sigma_3)^2+(\sigma_3-\sigma_1)^2} \tag{1-38}$$

由等效应力的定义可知，等效应力是将原来复杂的应力状态在某种意义上用一个等效的单向应力状态来代替，即将八面体剪应力 τ_8 乘以一个常数。等效应力具有以下几个特点：①与坐标系的选取无关；②叠加一个静水压力状态 $\bar{\sigma}$ 值不变；③ $\sigma_j(j=1,2,3)$ 全反号时 $\bar{\sigma}$ 值不变。

在岩土力学中，常用 $\bar{\sigma}-\sigma_m$ 坐标系（$p-q$ 坐标系）来反映岩土体的屈服与破坏规律，也称为 $\bar{\sigma}-\sigma_m$ 子午面（$p-q$ 子午面）。

1.4.2 主应力空间及偏平面

1. 主应力空间

在传统塑性力学中假设物体为各向同性体，因此在研究应力状态时我们可以只专注于主应力的大小而忽略主应力方向的影响。以 3 个主应力为坐标轴建立笛卡尔坐标系，该坐标系就称为主应力空间。应力空间中的一点 Q 称为应力点，表示物体内一点的应力状态。坐标原点与应力点 Q 之间的连线 OQ 称为该点的应力矢量，表示该点应力的大小与方向，如图 1-12 所示。需要注意的是主应力空间并非几何空间，而是抽象的物理空间，只是可以通过三维几何空间来形象地描述。

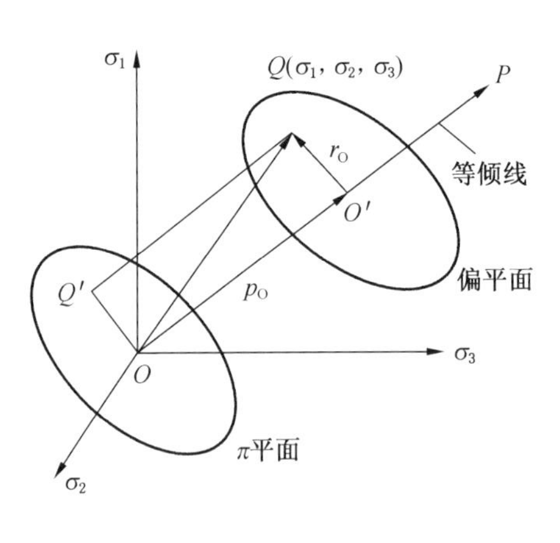

图 1-12 主应力空间

在主应力空间中，与 3 个坐标轴成相同夹角的空间对角线 OP 称为等倾线，OP 上的一点表示一个静水压力状态，而该点对应的剪应力分量为零，因此等倾线也称为静水压力线。由定义可知等倾线 OP 的方程为

$$\sigma_1=\sigma_2=\sigma_3 \tag{1-39}$$

2. 偏平面与 π 平面

在主应力空间中以等倾线为法线的平面称为偏平面，在偏平面内平均应力为常数，仅剪应力分量发生变化。通过坐标原点的偏平面称为π平面，由定义可知π平面是一个特殊的偏平面，其方程为

$$\sigma_1 + \sigma_2 + \sigma_3 = 0 \tag{1-40}$$

而偏平面的方程为

$$\sigma_1 + \sigma_2 + \sigma_3 = 3\sigma_{\mathrm{m}} \tag{1-41}$$

如图 1-12 所示，设偏平面内一应力点 Q 在π平面上的投影为 Q'，根据π平面定义可知，应力点 Q'对应的平均应力为零，其对应的剪应力与应力点 Q 所对应的剪应力相等。由此可得，主应力空间中任意一应力点所对应的应力状态，均可以沿着等倾线 OP 和π平面分解为一个应力球张量和一个应力偏张量。在经典塑性理论中假设应力球张量只产生体应变，应力偏张量只产生剪应变，而体应变被认为是弹性的，塑性变形仅与应力偏张量有关，因此研究π平面上应力的分布规律具有重要意义。

3. Lode 角与 Lode 参数

在图 1-12 中，如果沿着等倾线看向坐标原点，即垂直于π平面向下看，则 3 个应力主轴在π平面上的投影分别为 σ_1'、σ_2'、σ_3'，它们之间的夹角为 120°，然后在π平面上建立直角坐标系，令 y 轴与 σ_2' 轴重合，如图 1-13 所示。

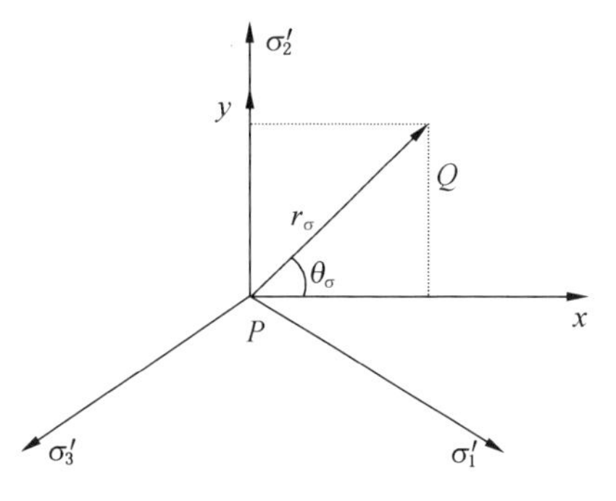

图 1-13 应力在偏平面上的投影

下面建立任意一点的空间坐标与其π平面直角坐标的关系。设空间坐标轴与π平面之间的夹角为 β，$\cos\beta = \sqrt{2/3}$，则

$$x = \cos\beta \cdot \cos 30° \cdot (\sigma_1 - \sigma_3) = \sqrt{\frac{2}{3}}\frac{\sqrt{3}}{2}(\sigma_1 - \sigma_3) \tag{1-42}$$

$$y = \cos\beta \cdot \frac{2\sigma_2 - \sigma_1 - \sigma_3}{2} = \sqrt{\frac{2}{3}}\frac{2\sigma_2 - \sigma_1 - \sigma_3}{2} \tag{1-43}$$

在π平面上建立极坐标系 r_σ、θ_σ，r_σ 表示偏应力的大小：

$$r_\sigma = \sqrt{x^2 + y^2} = \sqrt{2J_2} = |\overrightarrow{PQ}| = \sqrt{\frac{2}{3}}q \tag{1-44}$$

θ_σ 为应力 Lode 角，它表示偏应力分量的作用方向：

$$\tan\theta_\sigma = \frac{y}{x} = \frac{1}{\sqrt{3}}\mu_\sigma \tag{1-45}$$

其中$\mu_\sigma=\dfrac{2\sigma_2-\sigma_1-\sigma_3}{\sigma_1-\sigma_3}$为应力 Lode 参数。如图 1－14 所示，它在几何上表示大圆的圆心到σ_2的距离与大圆半径的比值。如果 3 个主应力按照同一比例增大或缩小则μ_σ不会发生变化，由此可知 Lode 参数μ_σ是排除了静水压力影响而描述应力偏张量的一个特征值。Lode 参数具有以下物理意义：①与平均应力无关；②其值确定了应力圆 3 个直径的比值；③如果两个应力状态的 Lode 参数相同，那么就说明它们对应的应力圆是相似的，即偏应力张量的作用形式相同。

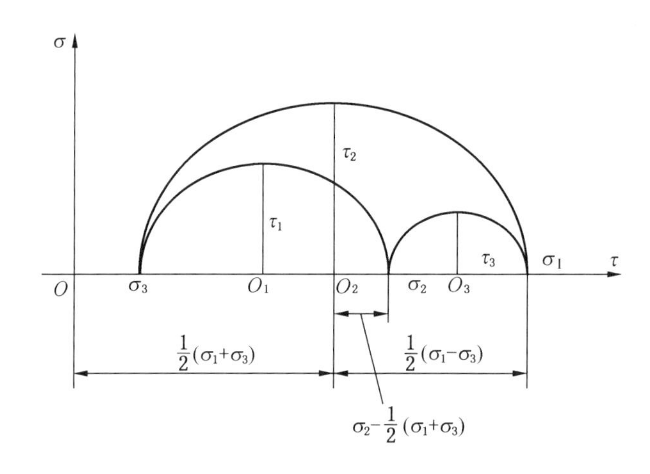

图 1－14　三向莫尔圆与应力 Lode 参数

根据定义应力 Lode 参数的取值范围为：$-1\leqslant\mu_\sigma\leqslant1$。单向拉伸时，$\sigma_1>0$，$\sigma_2=\sigma_3=0$，$\mu_\sigma=-1$；纯剪时，$\sigma_2=0$，$\sigma_1>0$，$\sigma_3=-\sigma_1$，$\mu_\sigma=0$；单向压缩时，$\sigma_1=\sigma_2=0$，$\sigma_3<0$，$\mu_\sigma=1$。

4. 偏主应力

与主应力类似，可以将偏主应力S_i写成

$$S_i^3-J_1S_i^2-J_2S_i-J_3=0 \tag{1-46}$$

求解式（1－46），便可得到 3 个偏主应力S_1、S_2、S_3，可以利用三角方程求解。设$S_i=r_\sigma\sin\theta_\sigma$，又有$J_1=0$，代入式（1－46）并整理得

$$\sin^3\theta_\sigma-\frac{J_2}{r_\sigma^2}\sin\theta_\sigma-\frac{J_3}{r_\sigma^3}=0 \tag{1-47}$$

由于三角函数中总有

$$\sin^3\theta_\sigma-\frac{3}{4}\sin\theta_\sigma+\frac{1}{4}\sin3\theta_\sigma=0$$

对比式（1－46）和式（1－47）可得

$$r_\sigma = \frac{2}{\sqrt{3}} J_2 \tag{1-48}$$

$$\sin 3\theta_\sigma = -\frac{4J_3}{r_\sigma} = \frac{-\sqrt{3}}{2} \frac{J_3}{\sqrt{J_2^3}} \tag{1-49}$$

其中，r_σ 为偏应力的大小；θ_σ 为应力 Lode 角，表示偏应力的作用方向。因此，偏主应力可以分别表示为

$$\begin{Bmatrix} S_1 \\ S_2 \\ S_3 \end{Bmatrix} = \frac{2}{\sqrt{3}}\sqrt{J_2}\begin{Bmatrix} \sin\left(\theta_\sigma + \frac{2}{3}\pi\right) \\ \sin\theta_\sigma \\ \sin\left(\theta_\sigma + \frac{4}{3}\pi\right) \end{Bmatrix} \tag{1-50}$$

根据前文所述也可以将应力张量的主应力用 σ_{m}、J_2、θ_σ 表示为

$$\begin{Bmatrix} \sigma_1 \\ \sigma_2 \\ \sigma_3 \end{Bmatrix} = \begin{Bmatrix} \sigma_{\mathrm{m}} \\ \sigma_{\mathrm{m}} \\ \sigma_{\mathrm{m}} \end{Bmatrix} + \begin{Bmatrix} S_1 \\ S_2 \\ S_3 \end{Bmatrix} = \begin{Bmatrix} \sigma_{\mathrm{m}} \\ \sigma_{\mathrm{m}} \\ \sigma_{\mathrm{m}} \end{Bmatrix} + \frac{2}{\sqrt{3}}\sqrt{J_2}\begin{Bmatrix} \sin\left(\theta_\sigma + \frac{2}{3}\pi\right) \\ \sin\theta_\sigma \\ \sin\left(\theta_\sigma + \frac{4}{3}\pi\right) \end{Bmatrix} \tag{1-51}$$

1.4.3 应变张量分解及其不变量

物体在受到外力作用下会产生一定的局部相对变形，变形的程度称为应变。单位长度上的线变形称为正应变，也称为线应变（用 ε 表示）；原为直角的角度变化称为剪应变，也称为角应变（用 γ 表示）。正应变和剪应变都是无量纲的参量，在小变形条件下应变与位移的协调关系为

$$\begin{cases} \varepsilon_x = \dfrac{\partial u}{\partial x} = \varepsilon_{11} \\ \varepsilon_y = \dfrac{\partial u}{\partial y} = \varepsilon_{22} \\ \varepsilon_z = \dfrac{\partial u}{\partial z} = \varepsilon_{33} \\ \gamma_{xy} = \gamma_{yx} = \dfrac{1}{2}\left(\dfrac{\partial u}{\partial y} + \dfrac{\partial v}{\partial x}\right) = 2\varepsilon_{12} \\ \gamma_{yz} = \gamma_{zy} = \dfrac{1}{2}\left(\dfrac{\partial v}{\partial z} + \dfrac{\partial w}{\partial y}\right) = 2\varepsilon_{23} \\ \gamma_{zx} = \gamma_{xz} = \dfrac{1}{2}\left(\dfrac{\partial w}{\partial x} + \dfrac{\partial u}{\partial z}\right) = 2\varepsilon_{31} \end{cases} \tag{1-52}$$

应变可以表示为张量的形式：

$$\varepsilon_{ij}=\begin{bmatrix}\varepsilon_{11} & \varepsilon_{12} & \varepsilon_{13}\\ \varepsilon_{21} & \varepsilon_{22} & \varepsilon_{23}\\ \varepsilon_{31} & \varepsilon_{32} & \varepsilon_{33}\end{bmatrix}=\begin{bmatrix}\varepsilon_x & \frac{1}{2}\gamma_{xy} & \frac{1}{2}\gamma_{xz}\\ \frac{1}{2}\gamma_{yx} & \varepsilon_y & \frac{1}{2}\gamma_{yz}\\ \frac{1}{2}\gamma_{zx} & \frac{1}{2}\gamma_{zy} & \varepsilon_z\end{bmatrix} \tag{1-53}$$

或

$$\varepsilon_{ij}=\frac{1}{2}(u_{i,j}+u_{j,i}) \tag{1-54}$$

应变张量同样也是一个对称的二阶张量，与应力张量类似也有3个不变量：

$$I_1'=\varepsilon_{11}+\varepsilon_{22}+\varepsilon_{33}=\varepsilon_1+\varepsilon_2+\varepsilon_3 \tag{1-55}$$

$$I_2'=\varepsilon_{11}^2+\varepsilon_{23}^2+\varepsilon_{31}^2-\varepsilon_{11}\varepsilon_{22}-\varepsilon_{22}\varepsilon_{33}-\varepsilon_{33}\varepsilon_{11} \tag{1-56}$$

$$I_3'=|\varepsilon_{ij}|=\varepsilon_1\varepsilon_2\varepsilon_3 \tag{1-57}$$

其中 ε_1、ε_2、ε_3 分别为3个主应变。相应的应变偏张量可以定义为

$$e_{ij}=\varepsilon_{ij}-\varepsilon\delta_{ij} \tag{1-58}$$

其中，$\varepsilon=\frac{1}{3}(\varepsilon_{11}+\varepsilon_{22}+\varepsilon_{33})=\frac{1}{3}\varepsilon_{kk}$。

类似地，对应变偏张量也可以求出3个不变量：

$$J_1'=e_{11}+e_{22}+e_{33}=e_1+e_2+e_3 \tag{1-59}$$

$$J_2'=e_{11}^2+e_{23}^2+e_{31}^2-e_{11}e_{22}-e_{22}e_{33}-e_{33}e_{11} \tag{1-60}$$

$$J_3'=|e_{ij}|=e_1e_2e_3 \tag{1-61}$$

其中应力偏张量第二不变量 J_2' 也可以用主应变表示为

$$J_2'=\frac{1}{6}[(\varepsilon_1-\varepsilon_2)^2+(\varepsilon_2-\varepsilon_3)^2+(\varepsilon_3-\varepsilon_1)^2] \tag{1-62}$$

利用 J_2' 可以推导出等效应变 $\bar{\varepsilon}$ 和等效剪应变 $\bar{\gamma}$ 的表达式：

$$\bar{\varepsilon}=\frac{\sqrt{2}}{3}\sqrt{J_2'}=\sqrt{\frac{2}{9}[(\varepsilon_1-\varepsilon_2)^2+(\varepsilon_2-\varepsilon_3)^2+(\varepsilon_3-\varepsilon_1)^2]} \tag{1-63}$$

$$\bar{\gamma}=2\sqrt{J_2'}=\sqrt{\frac{2}{3}[(\varepsilon_1-\varepsilon_2)^2+(\varepsilon_2-\varepsilon_3)^2+(\varepsilon_3-\varepsilon_1)^2]} \tag{1-64}$$

简单拉伸时，$\varepsilon_1=\varepsilon$，$\varepsilon_2=\varepsilon_3=-\frac{1}{2}\varepsilon$，得 $\bar{\varepsilon}=\varepsilon$；纯剪时，$\varepsilon_1=-\varepsilon_3=\frac{1}{2}\gamma$，$\varepsilon_2=0$，得 $\bar{\gamma}=\gamma$。

1.4.4 应变率张量与应变增量

1. 应变率张量

介质运动时，速度方程为

$$\bar{v}=\bar{v}(x,y,z,t) \tag{1-65}$$

自某时刻起经过无限小时间 dt 产生无限小的位移 $v_i\mathrm{d}t=\mathrm{d}u_i$，由于是小变形，运用 Cauchy 公式有

$$\mathrm{d}\varepsilon_{ij}=\frac{1}{2}(\mathrm{d}u_{i,j}+\mathrm{d}u_{j,i})=\frac{1}{2}(v_{i,j}+v_{j,i})\mathrm{d}t \tag{1-66}$$

将 $\dot{\varepsilon}_{ij}=\frac{1}{2}(v_{i,j}+v_{j,i})$ 称为应变率张量或应变速度张量，或写为

$$\dot{\varepsilon}_{ij}=\begin{bmatrix}\dot{\varepsilon}_x & \frac{1}{2}\dot{\eta}_{xy} & \frac{1}{2}\dot{\eta}_{xz}\\ \frac{1}{2}\dot{\eta}_{yx} & \dot{\varepsilon}_y & \frac{1}{2}\dot{\eta}_{yz}\\ \frac{1}{2}\dot{\eta}_{zx} & \frac{1}{2}\dot{\eta}_{zy} & \dot{\varepsilon}_z\end{bmatrix} \tag{1-67}$$

2. 应变增量

根据塑性力学的基本假设，时间对塑性规律没有影响，这里 dt 可理解为不是表示时间而是表示历史，即反映变形的过程，因此可以用应变增量 $\mathrm{d}\varepsilon_{ij}$来代替应变率 $\dot{\varepsilon}_{ij}$:

$$\mathrm{d}\varepsilon_{ij}=\frac{1}{2}(\mathrm{d}u_{i,j}+\mathrm{d}u_{j,i}) \tag{1-68}$$

或

$$\mathrm{d}\varepsilon_{ij}=\begin{bmatrix}\mathrm{d}\varepsilon_x & \frac{1}{2}\mathrm{d}\gamma_{xy} & \frac{1}{2}\mathrm{d}\gamma_{xz}\\ \frac{1}{2}\mathrm{d}\gamma_{yx} & \mathrm{d}\varepsilon_y & \frac{1}{2}\mathrm{d}\gamma_{yz}\\ \frac{1}{2}\mathrm{d}\gamma_{zx} & \frac{1}{2}\mathrm{d}\gamma_{zy} & \mathrm{d}\varepsilon_z\end{bmatrix} \tag{1-69}$$

由于是增量形式，可以用来描述较大变形。这里必须指出的是，$\mathrm{d}\varepsilon_{ij}$是按照瞬时状态计算的，而按照初始状态计算的称为应变张量的增量 $\mathrm{d}(\varepsilon_{ij})$，它表示 $t+\Delta t$ 时刻的 ε_{ij}与 t 时刻的 ε_{ij}之差:

$$\mathrm{d}(\varepsilon_{ij})=\varepsilon_{ij}(t+\Delta t)-\varepsilon_{ij}(t) \tag{1-70}$$

一般 $\mathrm{d}\varepsilon_{ij}\neq\mathrm{d}(\varepsilon_{ij})$，同理 $\mathrm{d}\varepsilon_i\neq\mathrm{d}(\varepsilon_i)$。

1.5 屈服与破坏准则

1.5.1 屈服与破坏

在外部荷载的作用下当应力达到某一状态后，材料发生不可恢复的塑性变形，这种现象称为屈服。材料在某一应力状态下第一次出现塑性变形称为初始屈

服，当材料初始屈服之后，循环加卸载过程中屈服应力会不断提高（应变硬化），或者提高到一定程度后下降（应变软化），这种现象称为后继屈服。后继屈服只能发生在塑性加载过程中，因而也称为加载屈服。

判断材料在外部荷载的作用下达到何种应力状态才能发生塑性变形的条件称为屈服条件，也称为屈服准则。在简单应力如单向拉伸或纯剪切状态下，材料的屈服条件可以通过实验直接测得，但是在复杂应力状态下，屈服准则一般是应力状态的函数，所以又称为屈服函数：

$$f(\sigma_{ij}) = 0 \tag{1-71}$$

加载条件是硬化材料进入后继屈服状态的判别标准，也称为加载准则，加载函数是应力状态和塑性硬化参量的函数：

$$\phi(\sigma_{ij}, H_\alpha) = 0 \tag{1-72}$$

其中 H_α 为塑性硬化参量（$\alpha = 1, 2, 3\cdots$），反映了每一次加卸载过程中材料内部微结构的变化程度，它与塑性变形或加载历史有关，可以假设为各种内变量的函数。在力学中所谓的内变量是指无法通过实验手段直接测得的物理量，例如塑性功、塑性应变增量等都属于内变量。

当材料变形过大或丧失对外力的承载能力时称为破坏。对于应变硬化材料来说，出现无限制的塑性流动变形时称为破坏；对于脆性材料或应变软化材料来说，达到破坏应力或强度时称为破坏；而对于理想塑性材料来说，初始屈服时就产生无限制的塑性流动变形，即初始屈服就意味着破坏，没有后继屈服的概念。材料在外部荷载作用下能否达到破坏状态的判别标准称为破坏函数，也称为破坏条件。与屈服函数类似，破坏函数也可以是应力状态的函数：

$$f_f(\sigma_{ij}) = 0 \tag{1-73}$$

对于各向同性材料来说，屈服与破坏和坐标系的选择无关。屈服函数、加载函数及破坏函数在主应力空间中的轨迹通常是一组空间曲面，分别称为屈服面、加载面和破坏面，如图 1-15 所示。当应力点 σ_{ij} 位于屈服面以内的区域时材料处于弹性状态，当应力点 σ_{ij} 位于屈服面上时即材料发生屈服，产生塑性应变。对于理想塑性材料来说，屈服面就是破坏面，应力点不可能到达屈服面以外。对于应变硬化材料来说，加载面并不是一个固定的曲面，而是随塑性变形的发展而不断扩大、变形的一系列曲面，直至达到破坏，因此破坏面可以被认为是加载面的极限。而对于应变软化材料来说，当发生软化后应力骤减，加载面随着塑性变形的发展是不断收缩的，此时加载面与最终的破坏面都位于屈服面内部。

屈服面及破坏面与 π 平面或者某一子午面的交线分别称为屈服曲线和破坏曲线。屈服曲线在 π 平面上具有以下重要性质：

（1）屈服曲线为一条将坐标原点包围在内的封闭曲线。根据上述内容可知

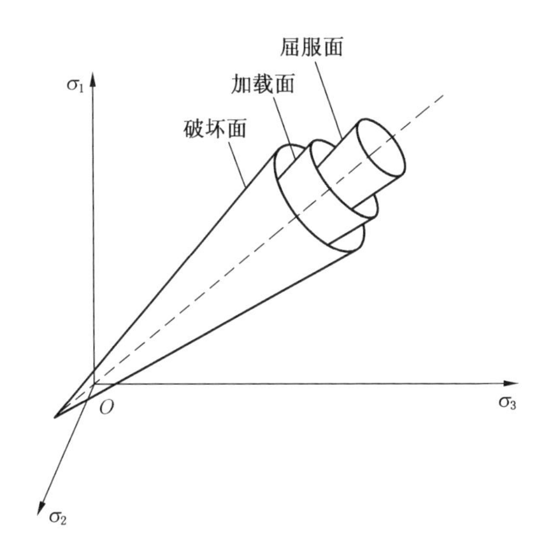

图 1－15　硬化材料的屈服、加载与破坏面

应力点在屈服曲线以内时材料处于弹性状态，当应力点移动到屈服曲线上时产生屈服，材料进入塑性状态。假如屈服曲线不封闭，那么就会出现材料永远不屈服的现象，显然这是不可能的，因此屈服曲线必为封闭曲线。

（2）任一条从坐标原点出发的向径与屈服曲线必相交一次，且仅有一次。否则就会出现对于一种应力状态既屈服又不屈服的矛盾情况，使屈服条件具有多值性。

（3）屈服曲线的对称性。σ_1'、σ_2'、σ_3' 为主应力空间中 3 个坐标轴在 π 平面上的投影，各成 120°。假设材料是各向同性的，屈服条件不随坐标轴的改变而改变，如果把主应力编号的次序调换一下，则不影响屈服的性质：将 σ_1' 与 σ_2' 调换，相当于绕 σ_3' 旋转 180°。因此，屈服曲线对称于 σ_3' 轴，同理可证屈服曲线也对称于 σ_1'、σ_2' 轴。

对于金属材料来说，假设拉压屈服极限相等，如果（S_1，S_2，S_3）屈服，则（$-S_1$，$-S_2$，$-S_3$）也屈服，所以屈服曲线还应对称于 σ_1'、σ_2'、σ_3' 的垂线，因此屈服曲线有 6 条对称线。只要知道 6 条曲线划分的 30°范围内的曲线，则整个封闭曲线便可求出，π 平面上屈服曲线如图 1－16a 所示。例如在做实验确定屈服准则时，只需要确定 π 平面上 30°范围内的屈服曲线即可。而对于拉压屈服极限不同的岩土材料来说则只有 3 条对称线，即屈服曲线在 60°范围内对称，π 平面上屈服曲线如图 1－16b 所示。

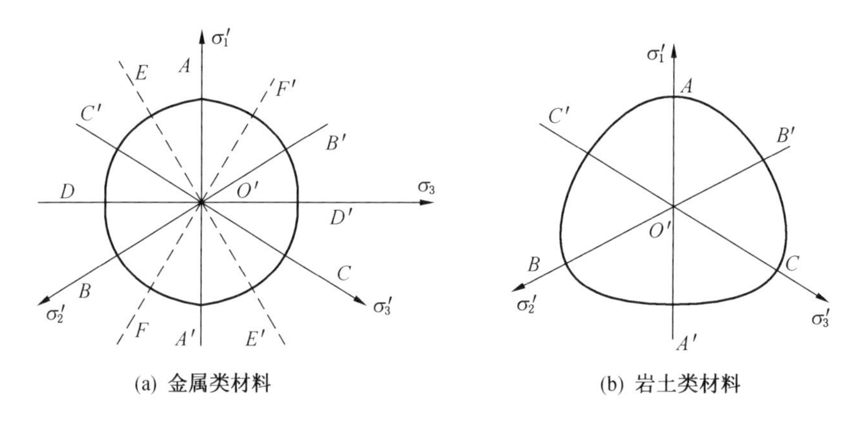

图 1-16　偏平面或 π 平面屈服曲线

（4）屈服曲线相对于坐标原点为外凸曲线。

1.5.2　金属类材料的屈服与破坏准则

Tresca 于 1864 年针对金属类材料提出了最大剪应力屈服准则：当材料的最大剪应力 $\tau_{\max}$ 达到极值 k_t 时，材料就会发生屈服。

如果已知 $\sigma_1>\sigma_2>\sigma_3$，则

$$f=\tau_{\max}=\frac{\sigma_1-\sigma_3}{2}=k_t \tag{1-74}$$

或

$$\sqrt{J_2}\cos\theta_\sigma-k_t=0\quad\left(-\frac{\pi}{6}\leqslant\theta_\sigma\leqslant\frac{\pi}{6}\right) \tag{1-75}$$

其中 k_t 为 Tresca 材料常数，可由实验确定。如果不知道 σ_1、σ_2、σ_3 的大小顺序，则 Tresca 屈服函数应写成：

$$f=\tau_{\max}=\frac{1}{2}\max[\,|\sigma_1-\sigma_2|,|\sigma_2-\sigma_3|,|\sigma_3-\sigma_1|\,]=k_t \tag{1-76}$$

或

$$f=\tau_{\max}=[(\sigma_1-\sigma_2)^2-4k_t^2]\cdot[(\sigma_2-\sigma_3)^2-4k_t^2]\cdot[(\sigma_3-\sigma_1)^2-4k_t^2]=0$$

在简单拉伸情况下，当 $\sigma_1=\sigma_0$，$\sigma_2=\sigma_3=0$（σ_0 为简单拉伸屈服应力）时有

$$\sigma_1-\sigma_3=\sigma_0 \tag{1-77}$$

$$\tau_{\max}=\frac{1}{2}(\sigma_1-\sigma_3)=\frac{1}{2}\sigma_0$$

在纯剪情况下，$\sigma_1=\sigma_3=k_t$，$\sigma_2=0$，得

$$\tau_{\max}=k_t=\frac{1}{2}\sigma_0 \tag{1-78}$$

这就是说根据 Tresca 屈服条件，纯剪屈服应力是简单拉伸屈服应力的一半。

如图 1 -17a 所示，在主应力空间中 Tresca 屈服面是一个以静水压力线为轴线的正六角形柱体，在偏平面上的屈服曲线是一个正六边形。显然当应力点在正六角形柱体内部时材料处于弹性状态，当应力点达到柱面任意一点时，材料便开始进入塑性状态。在材料力学中 Tresca 屈服准则也作为强度准则来使用，称为第三强度理论。

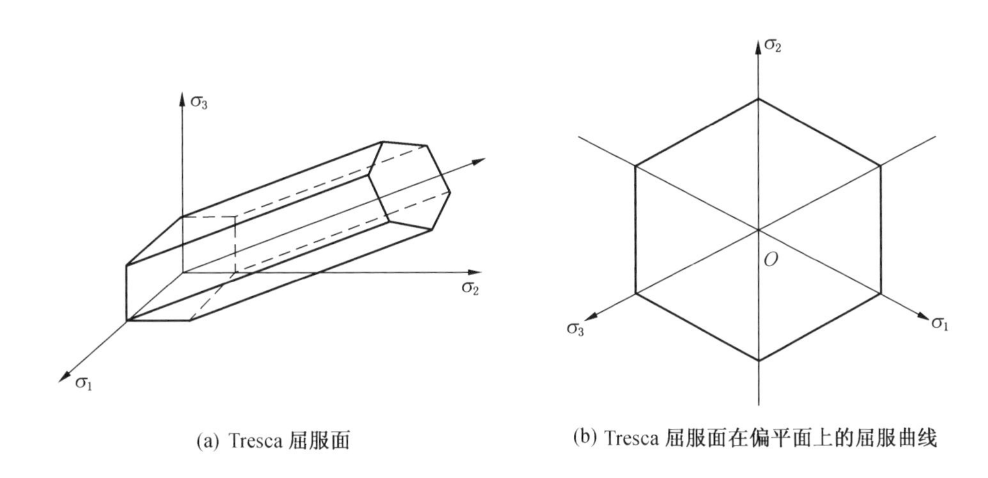

图 1 -17　Tresca 屈服准则

Tresca 屈服准则存在以下几个问题：没有考虑中间主应力 σ_2 的影响；屈服面有棱角，当应力点在屈服面的棱线上时不便于塑性应变增量的计算；当主应力大小及方向未知时，屈服条件十分复杂。因此 Mises 于 1913 年提出了同时考虑 3 个主应力影响的畸变能屈服准则：当材料中一点应力状态对应的畸变能达到一定程度时，该点便屈服。由畸变能公式可推得 $J_2 = 2GU_0$，因此 Mises 屈服准则也可以描述为：当应力偏量第二不变量达到某一数值时，材料就发生屈服。其函数表达式为

$$J_2 = k_m^2 \tag{1-79}$$

以主应力表示为

$$J_2 = \frac{1}{6}[(\sigma_1 - \sigma_2)^2 + (\sigma_2 - \sigma_3)^2 + (\sigma_3 - \sigma_1)^2] = k_m^2 \tag{1-80}$$

其中 k_m 为描述材料屈服特征的参数，可由简单拉伸实验确定。此时 $\sigma_1 = \sigma_0$，$\sigma_2 = \sigma_3 = 0$，σ_0 为简单拉伸屈服应力，代入式（1 -80）可得

$$k_m = \frac{1}{\sqrt{3}}\sigma_0 \tag{1-81}$$

在纯剪状态下，$\sigma_1 = -\sigma_2$，$\sigma_3 = 0$，则最大剪应力 τ_{max}恒等于 k_m。因此，根据 Mises 屈服条件，纯剪屈服应力是简单拉伸屈服应力的$\frac{1}{\sqrt{3}}$（约 0.577）倍。

在主应力空间中，Mises 屈服面是一个以静水压力线为轴的圆柱体，也称为 Mises 圆柱体，如图 1－18a 所示；进一步证明可得 Mises 圆柱体外接于 Tresca 六角形柱体，如图 1－18b 所示。在材料力学中 Mises 屈服准则称为第四强度理论。

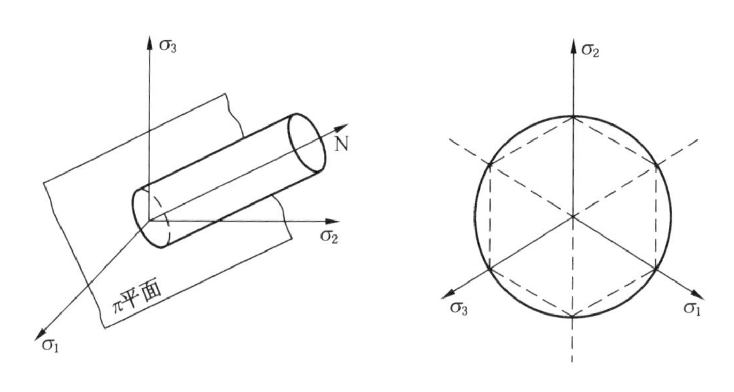

(a) Mises 屈服面　　(b) Mises 屈服面在偏平面上的屈服曲线

图 1－18　Mises 屈服准则

Tresca 屈服条件的优点是主应力分量的线性函数，对于已知主应力的方向及各主应力间的相对值的问题计算是比较简单的，而 Mises 屈服条件显然要复杂得多。但是 Tresca 屈服条件忽略了中间主应力 σ_2 的影响，并且屈服面有棱角，不便于塑性应变增量的计算，Mises 屈服条件则克服了这些不足。对于金属类材料的试验证明，Mises 屈服条件比 Tresca 屈服条件更接近于试验结果。

1.5.3　岩土材料的屈服与破坏准则

库仑（Coulomb）于 1773 年提出了土的强度计算公式：$\tau_f = C + \sigma_n \tan\varphi$，其中 C、φ 分别为土体的黏聚力和内摩擦角，σ_n 为作用在剪切面上的法向应力。如果土体中某点的一个平面上剪应力达到抗剪强度 $\tau = \tau_f$时，该点即发生破坏。若假定土体为理想塑性材料，那么破坏点即为屈服点，该破坏准则就是 Coulomb 屈服准则。莫尔（Mohr）于 1900 年根据强度破坏时极限应力状态的多个应力圆，求得与这些应力圆相切的包络曲线，认为当静水压力不大时包络曲线可以近似地用 Coulomb 公式的直线表示。根据极限应力圆和 Mohr 包络线的几何关系，该直

线方程就称为Coulomb－Mohr屈服（破坏）准则，简称C－M屈服准则，其表达式为

$$f=\tau-\sigma_n\tan\varphi-C=0 \tag{1-82}$$

或

$$f=\frac{\sigma_1-\sigma_3}{2}-\frac{\sigma_1+\sigma_3}{2}\sin\varphi-C\cos\varphi=0 \tag{1-83}$$

式（1－83）是已知$\sigma_1>\sigma_2>\sigma_3$条件下的简化形式，如果不知道3个主应力的相对大小，则上式应改写为

$$f=\{(\sigma_1-\sigma_2)-[(\sigma_1+\sigma_2)\sin\varphi+2C\cos\varphi]^2\}\cdot\{(\sigma_2-\sigma_3)-[(\sigma_2+\sigma_3)\sin\varphi+2C\cos\varphi]^2\}\cdot\{(\sigma_1-\sigma_3)-[(\sigma_1+\sigma_3)\sin\varphi+2C\cos\varphi]^2\} \tag{1-84}$$

式（1－84）所表达的屈服与破坏函数形式较为复杂，我们也可以用3个不变量I_1、J_2、θ_σ分别表示3个主应力：

$$\begin{bmatrix}\sigma_1\\ \sigma_2\\ \sigma_3\end{bmatrix}=\frac{2\sqrt{J_2}}{\sqrt{3}}\begin{bmatrix}\cos\left(\theta_\sigma+\frac{\pi}{6}\right)\\ \sin(\theta_\sigma)\\ -\cos\left(\theta_\sigma-\frac{\pi}{6}\right)\end{bmatrix}+\frac{1}{3}\begin{bmatrix}I_1\\ I_2\\ I_3\end{bmatrix} \tag{1-85}$$

将上式代入式（1－83），可以得到C－M屈服准则的另一种表达形式：

$$f=\frac{1}{3}I_1\sin\varphi-\left(\cos\theta_\sigma+\frac{1}{\sqrt{3}}\sin\theta_\sigma\sin\varphi\right)\sqrt{J_2}-C\cos\varphi=0 \tag{1-86}$$

C－M屈服准则的物理意义在于，当某个剪切面上的剪应力与主应力之比达到最大时，材料就发生屈服与破坏。由定义可知，C－M屈服准则也没有考虑中间主应力σ_2对屈服与破坏的影响。如图1－19a所示，在主应力空间中，C－M屈服准则的屈服或破坏面是一个以静水压力线为轴的六角锥体，且6个锥角三三相等。在偏平面或π平面上，屈服曲线为6个锥角三三相等的六边形，如图1－19b所示。在$\sigma_1-\sigma_3$子午面上，C－M屈服准则的屈服面为一个不等边的六角形，如图1－19c所示，6条边分别代表了不同的应力屈服条件。

C－M屈服准则的优点在于它能反映岩土类材料抗压与抗拉强度的不对称性，以及对静水压力的敏感性，材料参数只有C和φ且可以通过常规试验测定。因此它在岩土塑性理论研究及工程实践中得到了广泛应用，并积累了丰富的试验资料和应用经验。但是它的缺点是没有考虑中间主应力σ_2对材料屈服与破坏的影响，也没有反映静水压力σ_m对材料屈服的影响，并且屈服面有棱角不便于塑性应变增量的计算。

由于Tresca屈服准则没有考虑静水压力对屈服的影响，因此不能体现岩土类材料的屈服与破坏特征。德鲁克（Drucker）于1953年在Tresca屈服准则中加

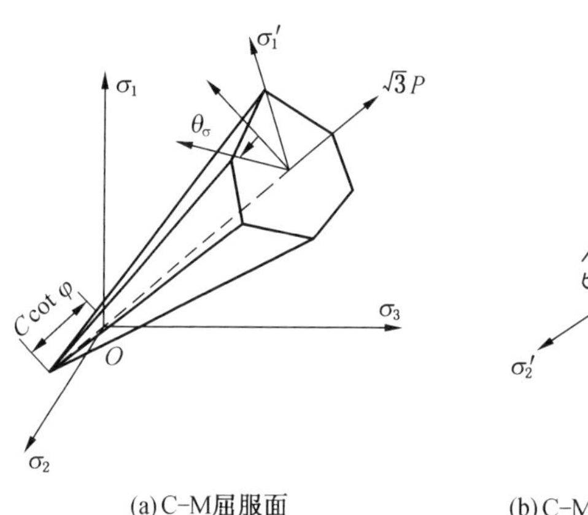

(a) C-M屈服面

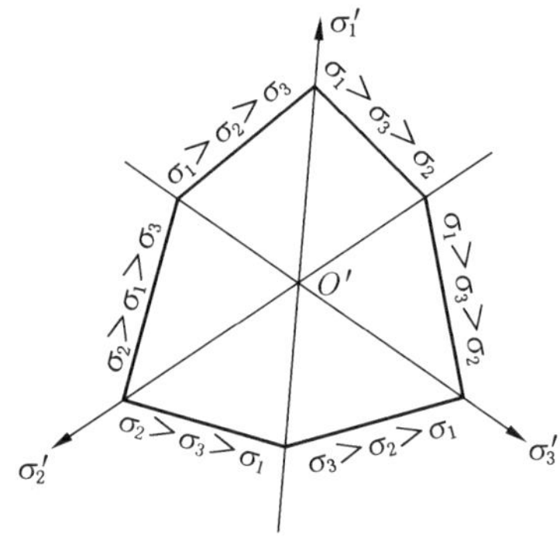

(b) C-M屈服面在偏平面上的屈服曲线

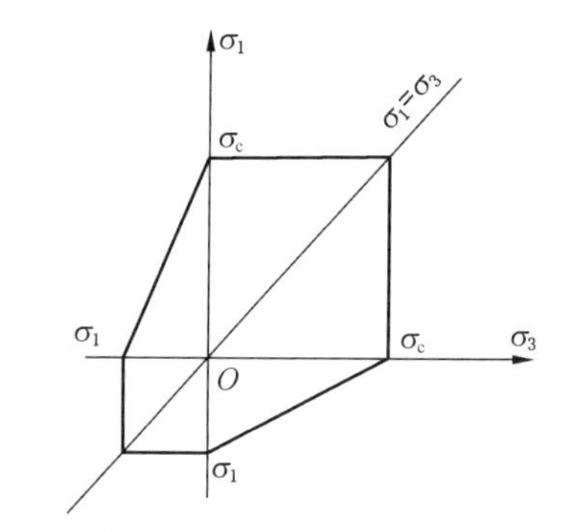

(c) C-M屈服面在σ_1-σ_3子午面上的屈服曲线

图 1-19 C-M 屈服准则

上静水压力，推广为广义 Tresca 屈服准则：

$$f=(\sigma_1-\sigma_2-k_t+\alpha I_1)\cdot(\sigma_2-\sigma_3-k_t+\alpha I_1)\cdot(\sigma_3-\sigma_1-k_t+\alpha I_1)=0 \tag{1-87}$$

或

$$\sqrt{J_2}\cos\theta_\sigma-\alpha I_1-k_t=0\quad\left(-\frac{\pi}{6}\leqslant\theta_\sigma\leqslant\frac{\pi}{6}\right) \tag{1-88}$$

如图 1-20 所示，在主应力空间中，广义 Tresca 屈服面是一个以静水压力线为轴线的等边六角锥体。

为了克服 Mises 屈服准则没有考虑静水压力对岩土类材料屈服的影响，德鲁克（Drucker）与普拉格（Prager）于 1952 年提出了在主应力空间中为一圆锥形屈服面的屈服准则，称为 Drucker - Prager 屈服准则，也称为广义 Mises 屈服准则，简称 D - P 屈服准则。D - P 屈服准则的屈服函数为

$$f = q - 3\sqrt{3}\alpha p - \sqrt{3}k = 0 \tag{1-89}$$

或

$$f = \sqrt{J_2} - \alpha I_1 - k = 0 \tag{1-90}$$

其中，α、k 是 D - P 屈服准则的材料常数，不同应力条件下 α、k 的表达式也不同，一般可以通过真三轴试验直接测定。在平面应变条件下，D - P 屈服准则的材料参数 α、k 与 C - M 屈服准则的材料参数 C、φ 存在以下换算关系：

$$\alpha = \frac{\sin\varphi}{\sqrt{3}\sqrt{3+\sin^2\varphi}}$$

$$k = \frac{\sqrt{3}C\cos\varphi}{\sqrt{3+\sin^2\varphi}} \tag{1-91}$$

如图 1 - 21 所示，在主应力空间中，D - P 屈服准则的屈服面是一个以静水压力线为轴的圆锥面，在偏平面或 π 平面上的屈服曲线是一个圆。当 $\alpha = 0$ 时，D - P 屈服准则就退化为 Mises 屈服准则，也就是说 Mises 屈服准则是 D - P 屈服准则的一个特例。

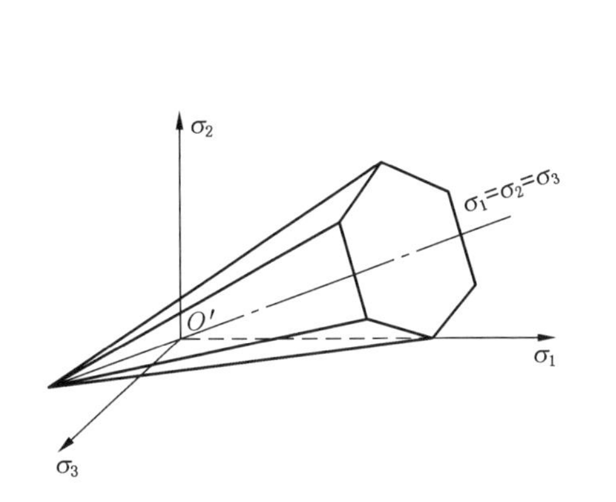

图 1 - 20　广义 Tresca 屈服面

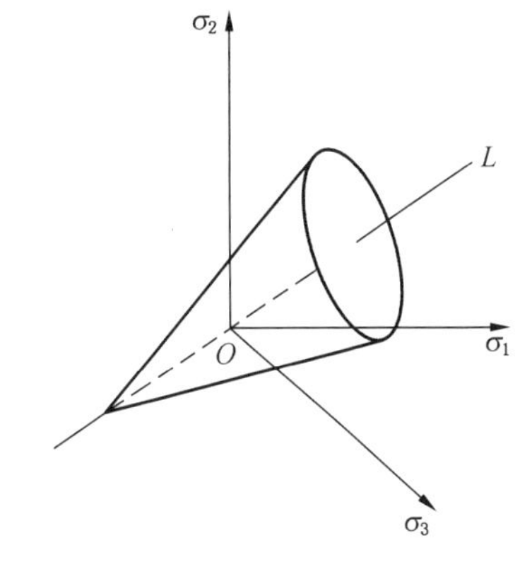

图 1 - 21　D - P 屈服面

D - P 屈服准则的优点是考虑了中间主应力 σ_2 对屈服与破坏的影响，材料参数较少且易于通过试验测定或由 C - M 屈服准则的材料参数换算，屈服面没有棱角，有利于塑性应变增量的计算；缺点是没有考虑岩土类材料屈服与破坏的非线性特性，同时也没有考虑岩土类材料拉压强度不同的 S - D 效应。

Lade 与 Duncan 根据在真三轴仪上对砂土进行的大量试验资料，于 1975 年提出了针对砂土的屈服与破坏准则：

$$f(I_1, I_3, k) = I_1^3 - I_3 k = 0 \tag{1-92}$$

其中，I_1、I_3 分别为应力第一、第三不变量；k 为应力水平的函数，当破坏时 $k = k_f$，k_f 为材料的破坏参数。

Lade 认为屈服面与破坏面形状相似，后者为前者的极限。如图 1－22 所示，在主应力空间中，屈服面是一个以静水压力线为轴的锥面，在偏平面上屈服曲线是一个曲边三角形。在加载过程中，屈服面随应力水平的提高而不断扩大，直至达到破坏面。

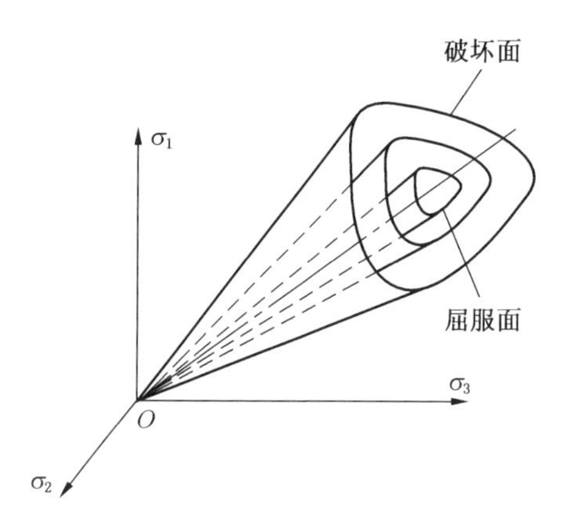

图 1－22　L－D 屈服面

1.6　加卸载准则与塑性流动法则

1.6.1　加卸载准则

当应力增量方向指向加载面外部时才能产生塑性变形，要判断是否产生了新的塑性变形，必须判断 $d\varepsilon_{ij}$和 $\phi = 0$ 的相对关系，这个判断准则就称为加卸载准则。塑性加载是指材料由一个塑性状态进入另一个塑性状态的过程，而材料由塑性状态回到弹性状态称为卸载。对于单向拉压的简单应力状态，只需知道其应力是增大还是减小就可以判断是加载还是卸载，但是对于复杂应力状态来说，加卸载过程中 6 个应力分量分别各有增减，这时就不能再由简单的应力增减来判断是加载还是卸载了，而需要建立复杂应力状态的加卸载准则。

1. 理想塑性材料的加卸载准则

对于理想塑性材料来说屈服面即为加载面，应力点位于屈服面内，材料处于弹性状态，应力点位于屈服面上时材料处于无限制的塑性流动状态。由于屈服面不能扩大，$\overrightarrow{d\sigma}$不能指向屈服面外，只能沿着屈服面移动。

加卸载准则：

$$f(\sigma_{ij})<0 \qquad 弹性状态$$

$$f(\sigma_{ij})=0, df=\frac{\partial f}{\partial \sigma_{ij}}d\sigma_{ij}=0 \quad 或 \quad (\overrightarrow{d\sigma}\cdot\overrightarrow{dn}=0) \qquad 加载$$

$$f(\sigma_{ij})=0, df=\frac{\partial f}{\partial \sigma_{ij}}d\sigma_{ij}<0 \quad 或 \quad (\overrightarrow{d\sigma}\cdot\overrightarrow{dn}<0) \qquad 卸载$$

2. 应变硬化材料的加卸载准则

$$\phi(\sigma_{ij})=0, d\phi>0 \quad 或 \quad \overrightarrow{d\sigma}\cdot\overrightarrow{dn}>0 \qquad 加载$$

$$\phi(\sigma_{ij})=0, d\phi=0 \quad 或 \quad \overrightarrow{d\sigma}\cdot\overrightarrow{dn}=0 \qquad 中性变载$$

$$\phi(\sigma_{ij})=0, d\phi<0 \quad 或 \quad \overrightarrow{d\sigma}\cdot\overrightarrow{dn}<0 \qquad 卸载$$

这里需要 $\phi(\sigma_{ij})=0, d\phi>0$ 才表示加载，说明加载面随着应变硬化而不断扩大。当 $\phi(\sigma_{ij})=0, d\phi=0$ 时应力点虽然在加载面上移动，但不产生新的塑性变形，只产生弹性变形，而这个过程也不是卸载，故称为中性变载。

例如，对于 Mises 屈服条件可以通过偏应力第二不变量判断：

$$dJ_2>0 \qquad 加载$$

$$dJ_2=0 \qquad 中性变载$$

$$dJ_2<0 \qquad 卸载$$

也可以通过塑性功判断：

$$dW_p>0 \qquad 加载$$

$$dW_p=0 \qquad 卸载或者中性变载$$

需要指出的是：加卸载是对一点的整个应力状态而言，在加载过程中可能某些应力分量增加而另一些减小，但只要符合加载准则的判断，就说明这个是加载，而不能就这个点的某些应力分量来判断是加载还是卸载。因此，如果为加载则这个点上所有方向都必须用塑性应力－应变关系，而卸载则需全部用弹性应力－应变关系。

3. Drucker 公设

Drucker 公设建立在稳定性材料的基础上，所谓稳定性材料一般指理想塑性材料或应变硬化材料，而软化材料在应变软化阶段则属于不稳定性材料。假设稳定性材料的某一单元体上的初始应力状态为 σ_{ij}^0，在单元体上附加应力增量然后再撤去，可以认为：

（1）在加载过程中，附加应力恒做正功。

（2）如果产生塑性变形，则在加载和卸载的整个循环过程中附加应力做功非负，只有在纯弹性变形时附加应力做功为零。

如图 1-23 所示，材料在 A 点的初始应力状态为 σ_{ij}^0，当加载至 B 点时应力点正好达到屈服面上，此时的应力状态为 σ_{ij}。此后即为塑性加载过程直到 C 点，在此过程中应力增加到 $\sigma_{ij}+\mathrm{d}\sigma_{ij}$，并产生塑性应变 $\mathrm{d}\varepsilon_{ij}^p$。然后卸除附加应力，应力状态又回到了 A 点。根据 Drucker 公设，在这个完整的加卸载过程中附加应力所做的功为

$$\mathrm{d}W_p=\oint_{\sigma_{ij}^0}\sigma_{ij}\mathrm{d}\varepsilon_{ij}=\left(\sigma_{ij}-\sigma_{ij}^0+\frac{1}{2}\mathrm{d}\sigma_{ij}\right)\mathrm{d}\varepsilon_{ij}^p\geqslant 0 \tag{1-93}$$

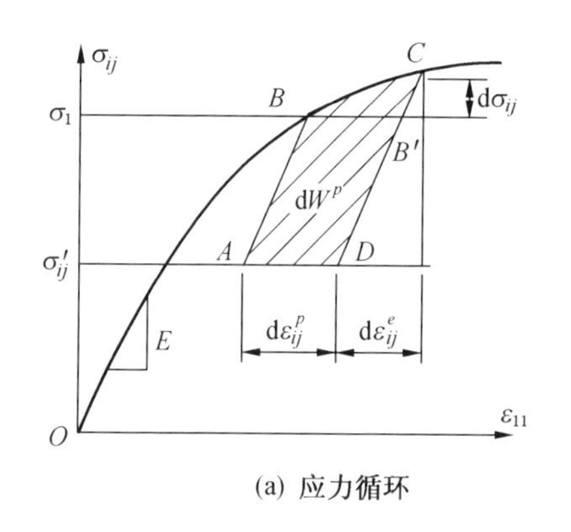

(a) 应力循环

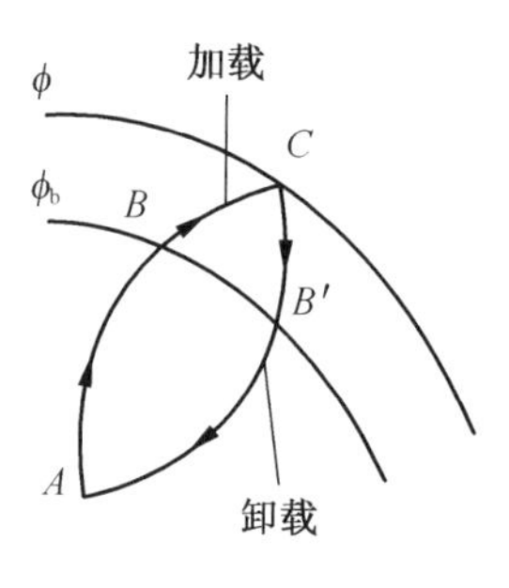

(b) 应力空间加卸载过程

图 1-23　Drucker 公设

如图 1-23a 所示，在几何上即为 $ABCD$ 的面积。由此可以推导出以下两个重要的不等式：

（1）如果 $\sigma_{ij}^0<\sigma_{ij}$，即 σ_{ij}^0处在屈服面之内，略去式（1-93）中的高阶项 $\mathrm{d}\sigma_{ij}\mathrm{d}\varepsilon_{ij}^p$可得

$$(\sigma_{ij}-\sigma_{ij}^0)\mathrm{d}\varepsilon_{ij}\geqslant 0 \tag{1-94}$$

（2）如果 $\sigma_{ij}^0=\sigma_{ij}$，即 σ_{ij}^0在屈服面上，由式（1-93）得

$$\mathrm{d}\sigma_{ij}\mathrm{d}\varepsilon_{ij}^p\geqslant 0 \tag{1-95}$$

对于硬化材料来说，式（1-95）中的大于号对应于塑性加载，等于号对应于中性变载；而对于理想塑性材料来说，式（1-95）中的大于号没有意义，等于号表示加载。

根据 Drucker 公设可以推导出以下两个重要推论：

推论 1：屈服面相对于坐标原点处是外凸的。

推论 2：塑性应变增量的正交性，即塑性应变增量向量沿加载面的外法线方向。

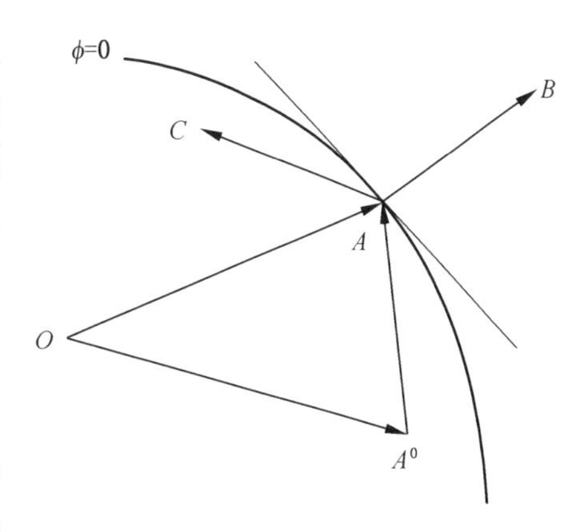

图 1－24 Drucker 公设

下面证明这两条推论，如图 1－24 所示，将应力空间的坐标轴与应变空间的坐标轴重合，用向量 $\overrightarrow{OA^0}$ 和向量 $\overrightarrow{OA}$ 分别表示 σ_{ij}^0 和 σ_{ij}，向量 $\overrightarrow{AB}$ 表示 $d\varepsilon_{ij}^p$，向量 $\overrightarrow{AC}$ 表示 $d\sigma_{ij}$，由不等式（1－94）可得两个向量的点积大于或等于零，即

$$\overrightarrow{A^0A} \cdot \overrightarrow{AB} \geqslant 0 \qquad (1-96)$$

这说明两个向量的夹角必小于或等于$\frac{\pi}{2}$。过 A 点作垂直于向量$\overrightarrow{AB}$的平面，如果屈服面是凹的，那么 A^0 与 $\overrightarrow{AB}$在平面的同一侧，这与不等式（1－94）是矛盾的，因此 A^0 与 $\overrightarrow{AB}$必须在平面的两侧，即屈服面必须是外凸的。

另外，设 A 点位于光滑的加载面上，该点的外法线向量为 n，过该点作一个与 n 垂直的切平面。如果向量 $\overrightarrow{AB}$与 n 的方向不重合，则总可以找到点 A^0 使式（1－94）不成立，即向量 $\overrightarrow{A^0A}$与 $d\varepsilon_{ij}^p$之间的夹角为钝角，因此塑性应变增量的方向必须与加载面的外法线方向重合，即

$$d\varepsilon_{ij}^p = d\lambda \frac{\partial \phi}{\partial \sigma_{ij}} \qquad (1-97)$$

其中，$d\lambda$ 为塑性系数，它反映了 $d\varepsilon_{ij}^p$数值的大小；ϕ 为加载函数。

4. 伊留辛公设

为了克服 Drucker 公设不适用于不稳定性材料的缺点，伊留辛于 1961 年提出了在应变空间内对于稳定性材料和不稳定性材料都适用的塑性公设。伊留辛公设可以表述为：在弹塑性材料一个完整的应变循环过程中，附加应力所做的功是非负的。如果附加应力做功为正，说明发生了塑性变形；如果做功为零，则说明变形是弹性的，其数学表达式为

$$\oint \sigma_{ij} d\varepsilon_{ij} \geqslant 0 \qquad (1-98)$$

Drucker 公设和伊留辛公设都是建立在大量试验资料的基础上得到的，基于这些假设可以使材料的本构关系得到简化。无论从 Drucker 公设还是伊留辛公设出发，都能够推导出下一节中所介绍的正交流动法则。

1.6.2 塑性流动法则

在提出 Drucker 公设之前，人们并不了解加载面与塑性应变增量之间的关系，Mises 在 1928 年类比弹性势函数的概念提出了塑性位势理论：假设材料处于

塑性流动状态时存在的塑性势函数 $Q(\sigma_{ij})$ 是应力 σ_{ij} 的函数，则塑性应变增量 $d\varepsilon_{ij}^p$ 的方向与塑性势函数 $Q(\sigma_{ij})$ 的外法线方向一致，即

$$d\varepsilon_{ij}^p = d\lambda \frac{Q(\sigma_{ij})}{\partial\sigma_{ij}} \tag{1-99}$$

其中 $d\lambda$ 为塑性系数，塑性加载时 $d\lambda > 0$，卸载或中性变载时 $d\lambda < 0$。假设材料的塑性势面与加载面重合，即 $Q(\sigma_{ij}) = \phi(\sigma_{ij})$，则塑性应变增量与加载面正交，称为与加载条件相关联的流动法则（正交流动法则），适用于符合 Drucker 公设的稳定性材料；若材料的塑性势面与加载面不重合，即 $Q(\sigma_{ij}) \neq \phi(\sigma_{ij})$，此时塑性应变增量与加载面不正交，但仍与塑性势面正交，称为非关联的流动法则（非正交流动法则），适用于某些岩土材料和复合材料。

1. 理想弹塑性材料与 Mises 屈服条件相关联的流动法则

对于理想弹塑性材料来说，屈服条件就是加载条件。Mises 屈服条件可以表示为

$$f = J_2 - \tau_s^2 = 0 \tag{1-100}$$

$$\begin{aligned} d\varepsilon_{ij}^p &= \frac{\partial J_2^2}{\partial\sigma_1} = \frac{\partial}{6\partial\sigma_1}\left[(\sigma_1-\sigma_2)^2+(\sigma_2-\sigma_3)^2+(\sigma_3-\sigma_1)^2\right] = \frac{1}{3}(2\sigma_1-\sigma_2-\sigma_3) \\ &= \frac{1}{3}(3\sigma_1-\sigma_1-\sigma_2-\sigma_3) = \sigma_1-\sigma_m = S_1 \end{aligned} \tag{1-101}$$

事实上
$$\frac{\partial J_2}{\partial\sigma_{ij}} = \frac{\partial J_2}{\partial S_{ij}} \cdot \frac{\partial S_{ij}}{\partial\sigma_{ij}} \qquad J_2 = \frac{1}{2}S_{ij}S_{ij} = \frac{1}{2}S_{ii}$$

所以
$$\frac{\partial J_2}{\partial\sigma_{ij}} = S_{ij} \tag{1-102}$$

2. 理想弹塑性材料与 Tresca 屈服条件相关联的流动法则

如图 1-17 所示，若 $f_1 = 0$，则

$$\begin{cases} d\varepsilon_1^p = d\lambda_1 \dfrac{\partial f_1}{\partial\sigma_1} = 0 \\ d\varepsilon_2^p = d\lambda_1 \dfrac{\partial f_1}{\partial\sigma_2} = d\lambda_1 \\ d\varepsilon_3^p = d\lambda_1 \dfrac{\partial f_1}{\partial\sigma_3} = -d\lambda_1 \end{cases} \tag{1-103}$$

同理若 $f_2 = 0$，则

$$\begin{cases} d\varepsilon_1^p = d\lambda_2 \\ d\varepsilon_2^p = 0 \\ d\varepsilon_3^p = -d\lambda_2 \end{cases} \tag{1-104}$$

令 $\mu=\frac{d\lambda_1}{d\lambda_1+d\lambda_2}$，则

$$d\varepsilon_1^p:d\varepsilon_2^p:d\varepsilon_3^p=d\lambda_2:d\lambda_1:-(d\lambda_1+d\lambda_2)=1-\mu:\mu:-1 \tag{1-105}$$

$$0\leqslant\mu=\frac{d\lambda_1}{d\lambda_1+d\lambda_2}\leqslant 1 \tag{1-106}$$

交点处的应变增量方向无法确定，必须由其他点的约束来确定。

3. Prandtl－Reuss 流动法则

Prandtl－Reuss 流动法则认为弹性变形服从广义胡克定律，而对于塑性变形部分，塑性应变增量与应力偏量的主轴重合，即

$$de_{ij}=\frac{1}{2G}dS_{ij}+d\lambda S_{ij} \tag{1-107}$$

$$d\varepsilon_{kk}=\frac{1-2\mu}{E}d\sigma_{kk} \tag{1-108}$$

4. Levy－Mises 流动法则

Levy－Mises 流动法则基于如下基本假设：假定材料为理想刚塑性材料，即忽略弹性变形，材料服从 Mises 屈服条件，塑性变形时体积不变，以及塑性应变增量与应力偏量的主轴重合且各分量之间成比例，即

$$d\varepsilon_{ij}=d\lambda S_{ij} \tag{1-109}$$

或

$$\frac{d\varepsilon_{11}}{S_1}=\frac{d\varepsilon_{22}}{S_2}=\frac{d\varepsilon_{33}}{S_3}=\frac{d\varepsilon_{12}}{S_{12}}=\frac{d\varepsilon_{23}}{S_{13}}=\frac{d\varepsilon_{31}}{S_{31}}=d\lambda \tag{1-110}$$

从式（1－110）中可以看出 $d\varepsilon_{ij}$与 S_{ij}呈线性关系而与 $d\sigma_{ij}$无关。对于理想塑性材料，$d\lambda$ 是不确定的，但是应变张量的各分量的关系是确定的，即

$$\frac{1}{2}S_{ij}S_{ij}=S_{11}^2+S_{12}^2+S_{13}^2+S_{23}^2+S_{33}^2 \tag{1-111}$$

给定 S_{ij}不能确定 $d\varepsilon_{ij}$，但是给定 $d\varepsilon_{ij}^p$可以确定 S_{ij}：

$$J_2=\frac{1}{2}S_{ij}S_{ij}=\frac{1}{2(d\lambda)^2}d\varepsilon_{ij}^p d\varepsilon_{ij}^p \tag{1-112}$$

利用 Mises 屈服条件 $J_2=\tau_s^2=\frac{\sigma_s}{3}$，则 $d\lambda=\frac{1}{\sqrt{2}\tau_s}\sqrt{d\varepsilon_{ij}^p d\varepsilon_{ij}^p}$，所以

$$S_{ij}=\sqrt{2}\tau_s\frac{d\varepsilon_{ij}^p}{\sqrt{d\varepsilon_{ij}^p d\varepsilon_{ij}^p}} \tag{1-113}$$

因此 $d\varepsilon_{ij}^p$按比例增大时 S_{ij}不变。

5. 试验验证（Taylor 试验）

由于$\frac{d\varepsilon_{11}^p}{S_1}=\frac{d\varepsilon_{22}^p}{S_2}=\frac{d\varepsilon_{33}^p}{S_3}$，又因为 $d\varepsilon_{ii}=0$，那么在 π 平面上，$d\varepsilon_{ij}^p=d\lambda S_{ij}$；由于

Mises 屈服面在 π 平面上是一个圆，而 $d\varepsilon_{ij}^p$ 则是在圆的外法线方向上，那么验证 $\theta\sigma$ 和 $\theta d\varepsilon^p$ 是否相等，只需验证 $\mu\sigma = \mu d\varepsilon^p$ 即可。$\mu\sigma$ 及 $\mu d\varepsilon^p$ 的表达式为

$$\begin{cases} \mu\sigma = \dfrac{2S_2 - S_1 - S_3}{S_1 - S_3} \\ \mu d\varepsilon^p = \dfrac{2d\varepsilon_2^p - d\varepsilon_1^p - d\varepsilon_3^p}{d\varepsilon_1^p - d\varepsilon_3^p} \end{cases} \tag{1-114}$$

Taylor 于 1931 年对软钢、铜、铝等材料的薄圆管进行联合拉 - 扭试验，发现塑性应变增量的主轴与应力主轴基本上是重合的，消除各向异性的误差后试验结果的吻合性较好。

1.7 硬化规律

与金属类材料不同，岩土类材料通常呈现出应变硬化特征。在加载过程中，不同的加载路径会影响到加载面的大小、形状以及加载面的中心位置，乃至主应力方向都有可能发生变化。用来描述这种材料进入塑性状态后加载面在应力空间中变化的规律称为硬化规律。由于目前缺乏足以描述硬化规律的试验资料，因此需要通过一定的假设将其简化为一些简单的模型，例如等向硬化模型、机动硬化模型和混合硬化模型（图 1－25），下面分别讨论这 3 种模型。

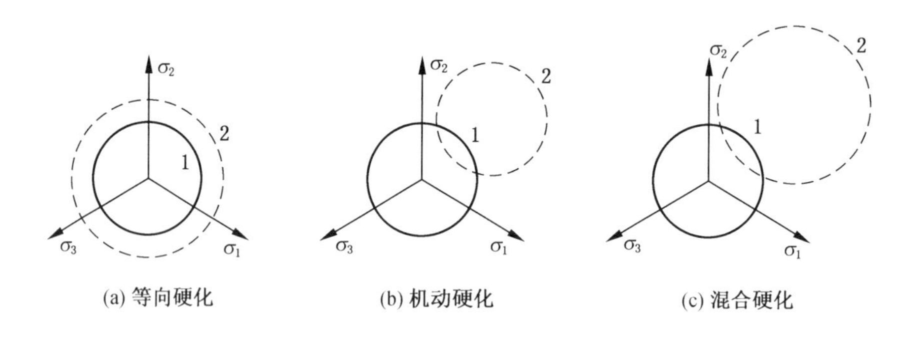

图 1－25　复杂应力状态下的硬化模型

1.7.1　硬化模型

1. 等向硬化模型

等向硬化模型假设后继屈服面的形状和中心位置与初始屈服面相同，后继屈服面的大小则随着加载过程围绕其中心位置产生等比例的扩大，如图 1－25a 所示。等向硬化模型假设材料是各向同性的，因此也被称为各向同性硬化模型。等

向硬化模型可以表示为

$$\phi(\sigma_{ij},H_\alpha)=f(\sigma_{ij})-H_\alpha=0 \tag{1-115}$$

其中 H_α 称为硬化参数。

等向硬化模型的优点是比较简单并且便于数学处理，因此一般岩土材料在静荷载的作用下常采用等向硬化模型。但是它没有考虑 Bauschinger 效应以及岩土类材料拉压强度不同的 S－D 效应，并且没有考虑主应力轴旋转的情况，因此只有在各个应力分量增长比例相差不大的情况下才能得到较理想的计算结果。

2. 机动硬化模型

机动硬化模型假设后继屈服面的大小和形状与初始屈服面相同，只是沿着应力矢量的方向做刚体平移。如图 1－25b 所示，加载面在一个方向上屈服极限的增加量，等于在其相反方向上屈服极限的降低量。在主应力空间中，设 α_{ij} 为移动应力张量，它表示加载面中心平移的距离，则机动硬化的加载函数可以表示为

$$\phi(\sigma_{ij}-\alpha_{ij})-H_0=0 \tag{1-116}$$

其中 H_0 为常数，表示初始屈服面的大小。

机动硬化模型在一定范围内能够较好地描述材料的硬化过程，并能够更好地与试验结果相吻合，但是与等向硬化模型相比，其数学处理过程则要复杂得多。其虽然体现了 Bauschinger 效应，认为材料的拉伸屈服应力与压缩屈服应力之差（弹性响应范围）是不变的，但是将这一效应绝对化了，实际试验得到的结果要小得多。

3. 混合硬化模型

将等向硬化模型与机动硬化模型组合，可以得到更具一般性的混合硬化模型。混合硬化模型的加载面在主应力空间中既可以做中心位置的平移，也可以做形状相似的扩大，如图 1－25c 所示。混合硬化的函数表达式为

$$\phi(\sigma_{ij}-\alpha_{ij},H_0)=\phi(\sigma_{ij}-\alpha_{ij})-H_0=0 \tag{1-117}$$

其中，α_{ij}、H_0 与机动硬化模型中的意义相同，但变化规律不同。

混合硬化模型可以体现不同程度的 Bauschinger 效应，并且可以体现岩土类材料的原生各向异性和次生各向异性，因此可以更为全面地描述岩土类材料的硬化特性。

1.7.2 硬化模量与硬化规律

根据 Drucker 公设的推论 $d\varepsilon_{ij}^p=d\lambda\dfrac{\partial\phi}{\partial\sigma_{ij}}$可得

$$d\lambda=H\frac{\partial\phi}{\partial\sigma_{ij}}d\sigma_{ij} \tag{1-118}$$

因此塑性系数 $d\lambda$ 与硬化函数 H 和应力增量 $d\sigma_{ij}$有关，将硬化函数 H 的倒数称为

硬化模量 A，即 $A=\frac{1}{H}$。知道 A 或 H 后将其代入塑性流动法则的表达式，即可求出应力增量 $d\sigma_{ij}$ 与塑性应变增量 $d\varepsilon_{ij}^{p}$ 的本构关系。因此，硬化规律的本质就是如何求得 A 或 H 的表达式。

若采用各向同性硬化假设，当产生应力增量 $d\sigma_{ij}$ 后加载面扩大，相应的加载函数变为

$$\phi(\sigma_{ij},H_{\alpha})+d\phi=0 \tag{1-119}$$

$$d\phi=\frac{d\phi}{\partial\sigma_{ij}}d\sigma_{ij}+\frac{\partial\phi}{\partial H_{\alpha}}dH_{\alpha} \tag{1-120}$$

将式（1－118）代入式（1－120）可得

$$A=-\frac{1}{d\lambda}\frac{\partial\phi}{\partial H_{\alpha}}dH_{\alpha} \tag{1-121}$$

式（1－121）表示应变硬化材料的相容性条件。dH_{α} 表示加载面大小的变化，当材料为理想塑性材料时 $dH_{\alpha}=0$，即硬化模量 $A=0$；如果材料为应变硬化（或软化）材料，则 H_{α} 随着屈服面的位置而不同，相应的 A 也随之发生变化。

硬化规律是决定一个应力增量引起应变增量大小的规则，不同的学者曾建议采用不同的硬化规律来计算硬化模量 A，目前常用的硬化规律主要有以下几种。

1. 塑性功 W_p 硬化规律

假设塑性功是引起材料硬化的根本原因，以塑性功 W_p 为硬化参量：

$$H_{\alpha}=W_p=\int\sigma_{ij}d\varepsilon_{ij}^{p} \tag{1-122}$$

则

$$dH_{\alpha}=dW_p=\sigma_{ij}d\varepsilon_{ij}^{p} \tag{1-123}$$

将式（1－123）代入式（1－121）并利用正交流动法则可得

$$A=-\frac{\partial\phi}{\partial W_p}\sigma_{ij}\frac{\partial Q}{\partial\sigma_{ij}} \tag{1-124}$$

若 Q 为 n 阶齐次函数，根据欧拉齐次函数定理，有

$$\sigma_{ij}\frac{\partial Q}{\partial W_p}=nQ \tag{1-125}$$

所以

$$A=-nQ\frac{\partial\phi}{\partial W_p} \tag{1-126}$$

2. 塑性应变 ε_{ij}^{p} 硬化规律

假设塑性应变是引起材料硬化的根本原因，以塑性应变 ε_{ij}^{p} 为硬化参量：

$$H_{\alpha}=\varepsilon_{ij}^{p} \tag{1-127}$$

则

$$dH_{\alpha}=\frac{\partial H_{\alpha}}{\partial\varepsilon_{ij}^{p}}\varepsilon_{ij}^{p} \tag{1-128}$$

将式（1－128）代入式（1－121）可得

$$A=-\frac{\partial\phi}{\partial H_{\alpha}}\frac{\partial H_{\alpha}}{\partial\varepsilon_{ij}^{p}}\frac{\partial Q}{\partial\sigma_{ij}}\tag{1-129}$$

3.（ε_v，$\bar{\gamma}$）硬化规律

假设材料的硬化是由体积应变 ε_v 和广义剪应变 $\bar{\gamma}$ 共同引起的，硬化参量为

$$H_{\alpha}=H_{\alpha}(\varepsilon_v,\bar{\gamma})\tag{1-130}$$

则

$$\mathrm{d}H_{\alpha}=\frac{\partial H_{\alpha}}{\partial\varepsilon_v}\mathrm{d}\varepsilon_v+\frac{\partial H_{\alpha}}{\partial\bar{\gamma}}\mathrm{d}\bar{\gamma}\tag{1-131}$$

假设 ϕ、H_{α}、Q 都与应力 Lode 参数 θ_{σ} 无关，并已知 $\mathrm{d}\varepsilon_v=\mathrm{d}\lambda\frac{\partial Q}{\partial p}$，$\mathrm{d}\bar{\gamma}=\mathrm{d}\lambda\frac{\partial Q}{\partial q}$，代入式（1－131）可得

$$A=-\frac{\partial\phi}{\partial H_{\alpha}}\left(\frac{\partial H_{\alpha}}{\partial\varepsilon_v}\frac{\partial Q}{\partial p}+\frac{\partial H_{\alpha}}{\partial\bar{\gamma}}\frac{\partial Q}{\partial q}\right)\tag{1-132}$$

如果 H_{α} 取 ε_v、$\bar{\gamma}$ 其中之一作硬化参数，则可根据式（1－132）求得硬化模量 A 的相应形式。

1.8　岩土塑性本构关系

在连续介质力学中有 3 套基本方程，分别为描述外力与应力平衡关系的静力平衡方程、应变与位移相容关系的几何方程以及应力与应变关系的本构方程。结合边界条件解出这些方程，便可得到受力物体在不同受力状态下的应力场 σ_{ij}、应变场 ε_{ij} 和位移场 u_i。它们用张量的形式表示为

（1）静力平衡方程：

$$\sigma_{ij,j}+F_i=0\tag{1-133}$$

（2）几何方程：

$$\varepsilon_{ij}=\frac{1}{2}(u_{i,j}+u_{j,i})\tag{1-134}$$

（3）本构方程：

$$\sigma_{ij}=D_{ijkl}\varepsilon_{kl}\tag{1-135}$$

或

$$\varepsilon_{ij}=E_{ijkl}\sigma_{kl}\tag{1-136}$$

其中四阶张量 D_{ijkl} 称为应力刚度张量，E_{ijkl} 称为应变柔度张量。

（4）边界条件：

应力边界上满足

$$\sigma_{ij}n_j=T_i\tag{1-137}$$

位移边界上满足 $$u_i = \bar{u}_i \tag{1-138}$$

可以看出塑性力学与弹性力学的不同之处仅在于本构方程（即本构关系）的不同。在线性弹性力学中本构关系服从广义胡克定律，而非线性弹性力学中的本构关系又分为变弹性模型（Cauchy 型）、超弹性模型（Green 型）和亚弹性模型三类。

在塑性本构关系中存在塑性全量理论（塑性形变理论）和塑性增量理论（塑性流动理论）两种不同的理论。

认为应力－应变存在一一对应关系，因而用应力和应变终值（全量）σ_{ij}、ε_{ij}建立起的塑性本构关系称为塑性全量理论。全量理论实质上是将弹塑性变形过程看作非线性变形过程。严格地讲材料在弹塑性变形阶段其应力－应变关系并不是一一对应的，通常认为只有在满足简单加载条件时，应用塑性全量理论计算的结果才与实际比较接近。所谓简单加载是指各应力分量之间按照一定比例增加的加载过程，并服从以下假设条件：

（1）材料的变形为小变形。

（2）体积不可压缩，即体积变化是弹性的。

（3）外荷载按比例单调增长，此时应力主轴的方向是不变的。

（4）应变偏张量与应力偏张量同轴。

可以看出塑性全量理论的假设条件是非常苛刻的，对于岩土材料来说一般不适用于建立塑性全量本构关系，而是采用增量塑性本构理论。认为塑性本构关系是非线性的，用增量形式表示塑性应力－应变关系的理论称为塑性增量理论，也称为塑性流动理论。塑性增量理论认为当材料进入塑性状态后，应变增量可以分解为弹性应变增量 $\mathrm{d}\varepsilon_{ij}^{e}$和塑性应变增量 $\mathrm{d}\varepsilon_{ij}^{p}$，即

$$\mathrm{d}\varepsilon_{ij} = \mathrm{d}\varepsilon_{ij}^{e} + \mathrm{d}\varepsilon_{ij}^{p} \tag{1-139}$$

其中弹性应变增量 $\mathrm{d}\varepsilon_{ij}^{e} = \dfrac{\mathrm{d}\sigma_{ij}}{2G} + \dfrac{3\mu}{E}\mathrm{d}\sigma_{ij}S_{ij}$为弹性体应变增量和弹性剪应变增量之和，塑性应变增量 $\mathrm{d}\varepsilon_{ij}^{p}$则要通过塑性增量理论计算。塑性增量理论由屈服条件（判断何时达到屈服状态）、加卸载准则（判断当前应力状态是加载还是卸载）、塑性流动法则（确定塑性应变增量的方向）和硬化规律（确定塑性应变增量的大小）组成，以此为基础就可以推导出材料的弹塑性增量本构关系。

1.8.1 弹塑性增量本构关系的一般表达式

弹塑性本构方程是依据屈服与破坏准则、流动法则和硬化规律所建立起来的应力－应变关系。加载时材料总的应变增量［$\mathrm{d}\varepsilon$］由弹性应变增量［$\mathrm{d}\varepsilon^{e}$］和塑性应变增量［$\mathrm{d}\varepsilon^{p}$］两部分组成，即

$$[\mathrm{d}\varepsilon] = [\mathrm{d}\varepsilon^{e}] + [\mathrm{d}\varepsilon^{p}] \tag{1-140}$$

其中弹性应变增量［$d\varepsilon^e$］可由广义胡克定律确定：

$$[d\varepsilon^e]=[D^e]^{-1}[d\sigma] \tag{1-141}$$

即弹性应变增量［$d\varepsilon^e$］与应力增量［$d\sigma$］呈线性关系，而与应力状态［σ］无关。而塑性应变增量［$d\varepsilon^p$］则由塑性流动法则确定：

$$[d\varepsilon^p]=d\lambda\left[\frac{\partial Q}{\partial\sigma}\right] \tag{1-142}$$

将以上两式代入式（1－140）得

$$[d\varepsilon]=[D^e]^{-1}[d\sigma]+d\lambda\left[\frac{\partial Q}{\partial\sigma}\right] \tag{1-143}$$

则

$$[D^e]^{-1}[d\sigma]=[d\varepsilon]-d\lambda\left[\frac{\partial Q}{\partial\sigma}\right] \tag{1-144}$$

下面推导 $d\lambda$ 的表达式，根据加载函数的一般表达式

$$\phi([\sigma],H_\alpha)=0 \tag{1-145}$$

假设材料是各向同性的，则对上式进行微分可得相容条件为

$$\left[\frac{\partial\phi}{\partial\sigma}\right]^T[d\sigma]+\frac{\partial\phi}{\partial H_\alpha}dH_\alpha=0 \tag{1-146}$$

令

$$A=-\frac{1}{d\lambda}\frac{\partial\phi}{\partial H_\alpha}dH_\alpha \tag{1-147}$$

代入式（1－146）得

$$\left[\frac{\partial\phi}{\partial\sigma}\right]^T[d\sigma]-Ad\lambda=0 \tag{1-148}$$

将式（1－144）两边分别乘以$\left[\frac{\partial\phi}{\partial\sigma}\right]^T[D^e]$得

$$\left[\frac{\partial Q}{\partial\sigma}\right]^T[D^e][D^e]^{-1}[d\sigma]=\left[\frac{\partial Q}{\partial\sigma}\right]^T[D^e]\left\{[d\varepsilon]-d\lambda\left[\frac{\partial Q}{\partial\sigma}\right]\right\} \tag{1-149}$$

整理后得

$$\left[\frac{\partial Q}{\partial\sigma}\right]^T[d\sigma]=\left[\frac{\partial Q}{\partial\sigma}\right]^T[D^e][d\varepsilon]-\left[\frac{\partial Q}{\partial\sigma}\right]^T[D^e]d\lambda\left[\frac{\partial Q}{\partial\sigma}\right] \tag{1-150}$$

然后再将式（1－147）代入式（1－150）并整理得

$$d\lambda=\frac{\left[\frac{\partial\phi}{\partial\sigma}\right][D^e][d\varepsilon]}{A+\left[\frac{\partial\phi}{\partial\sigma}\right]^T[D^e]\left[\frac{\partial Q}{\partial\sigma}\right]} \tag{1-151}$$

最后再将 $d\lambda$ 代回式（1－144）并整理得

$$[d\sigma]=[D^{ep}][d\varepsilon]=\left[[D^e]-\frac{[D^e]\left[\frac{\partial Q}{\partial\sigma}\right]^T\left[\frac{\partial\phi}{\partial\sigma}\right][D^e]}{A+\left[\frac{\partial\phi}{\partial\sigma}\right]^T[D^e]\left[\frac{\partial Q}{\partial\sigma}\right]}\right][d\varepsilon] \tag{1-152}$$

式中 $[D^{ep}]$ 称为弹塑性矩阵。

$$[D^{ep}] = [D^e] - [D^p] \tag{1-153}$$

其中 $[D^p]$ 称为塑性矩阵，其表达式为

$$[D^p] = \frac{[D^e]\left[\frac{\partial Q}{\partial \sigma}\right]^T\left[\frac{\partial \phi}{\partial \sigma}\right][D^e]}{A + \left[\frac{\partial \phi}{\partial \sigma}\right]^T[D^e]\left[\frac{\partial Q}{\partial \sigma}\right]} \tag{1-154}$$

上式即为塑性本构方程的一般性表达式，采用不同的加载条件、塑性势函数，不同的硬化规律及硬化参量，所得到的本构方程的具体表达式也不同。

1.8.2 岩土弹塑性本构模型

1.8.2.1 剑桥模型

剑桥模型是由罗斯科（Roscoe）教授及其同事于1958—1963年提出的，最初只适用于正常固结黏土和弱超固结黏土，后来推广到重度超固结土和砂土等岩土材料中。剑桥模型建立在对正常固结黏土和弱超固结黏土的等向固结试验以及不同固结压力下的排水和不排水剪切试验基础上，提出了临界状态的概念，并假设土体服从等向硬化规律和相关联的流动法则，根据能量方程推导出了土体的弹塑性增量本构关系。最初的剑桥模型屈服面和加载面为子弹头形，后来修正为椭圆形，目前所说的剑桥模型即修正的剑桥模型。剑桥模型的出现开创了土力学的临界状态理论，并广泛应用于工程建设和科学研究中，标志着岩土本构理论的发展进入了新的阶段。

1. 基本曲线

Rendulic 于1937年提出在各向等压固结过程中，土体的孔隙比 e 或比容 $\nu = 1 + e$ 与有效平均应力 p 成唯一的对应关系，且不随应力路径而变化。如果对黏土进行常规三轴等向压缩与膨胀试验，或者进行 K_0 固结与膨胀试验，然后换算成等向固结曲线，将试验结果绘制在 $\nu - \ln p$ 平面上，如图1－26所示。等向压缩试验曲线相当于正常固结土的初次压缩曲线，称为正常固结线（NCL线）；等向卸载膨胀后的再压缩曲线相当于超固结土的压缩曲线，称为超固结线（OCL线）；而三轴剪切试验时的破坏线称为临界状态线（CSL线）。

正常固结线（NCL线）： $\nu = N - \lambda \ln p$ （1－155）

超固结线（OCL线）： $\nu = \nu_\kappa - \kappa \ln p$ （1－156）

临界状态线（CSL线）： $\nu = \Gamma - \lambda \ln p$ （1－157）

其中，N、Γ、ν_κ 分别为NCL线、CSL线和OCL线当 $p = 1$ 时的比容，λ、κ 分别为 $\nu - \ln p$ 平面上CSL线和OCL线的斜率，它们都与土的性质有关，其中 Γ 还与固结压力有关。

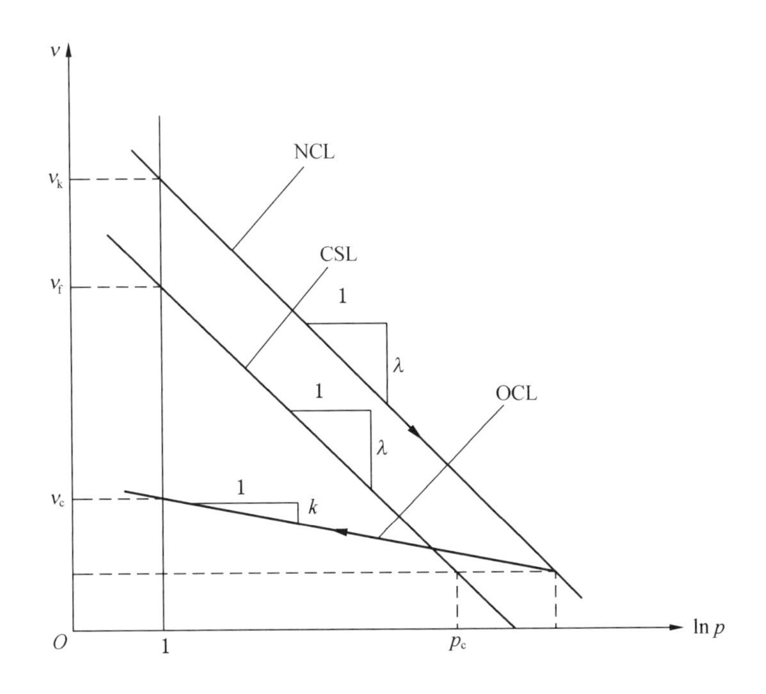

图 1-26 等向压缩与固结曲线

正常固结土的排水与不排水剪切试验表明，它们何时达到破坏与排水条件与加载路径无关，破坏点在 $p-q-\nu$ 空间中形成一条共同空间曲线，即临界状态线（CSL 线），如图 1-27 所示。一旦应力路径达到 CSL 线，土体就会发生无限制的塑性流动，即发生破坏。CSL 线在 $p-q$ 平面上的投影 OA' 为一条过原点的直线，其方程为

$$q = Mp \tag{1-158}$$

式中 M 为直线 OA' 的斜率，$M=\dfrac{6\sin\varphi}{3\mp\sin\varphi}$，其中三轴拉伸时分母取正号，三轴压缩时分母取负号。CSL 线在 $p-q-\nu$ 空间中的方程为

$$q = Mp = M\cdot\exp\left(\frac{\Gamma-\nu}{\lambda}\right) \tag{1-159}$$

2. 排水路径与不排水路径

将正常固结土在不同固结压力下进行排水与不排水剪切试验，将试验结果绘制在 $p-q-\nu$ 空间中，如图 1-27 所示。由于不排水试验中比容 ν 不发生变化，所以不排水面平行于 $p-q$ 平面。

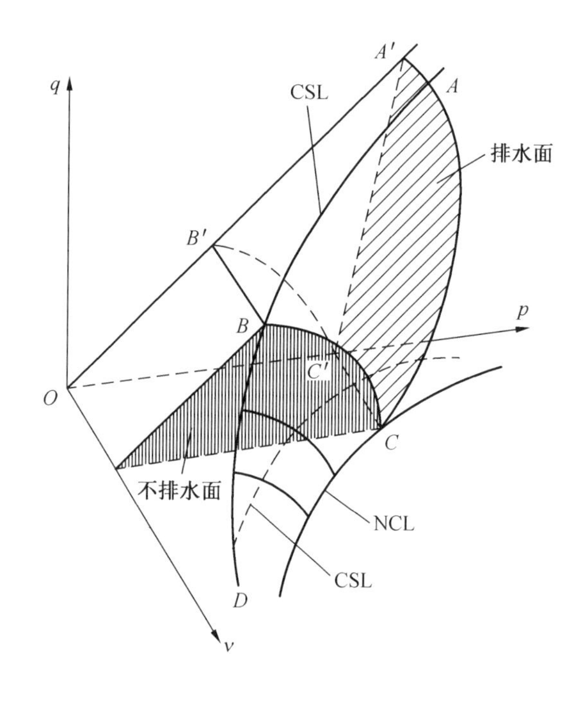

图 1-27 $p-q-\nu$ 空间

3. 状态边界面（Roscoe 面）

不论以何种排水条件或加载方式，在 $p-q-\nu$ 空间中的应力路径总是起自正常固结线（NCL 线）而结束于临界状态线（CSL 线），应力路径随固结压力 p_c 的变化而运动形成的空间曲面称为状态边界面或 Roscoe 面。

4. 临界状态面与 Hvoslev 面

对于正常固结黏土，临界状态线 AD 与其在 $p-q$ 平面上的投影 OA' 所组成的平面称为临界状态面（CSM），应力点一旦落在该面上，就意味着土体已经发生破坏，因此临界状态面又称为破坏面。而对于具有应变软化性质的超固结黏土等材料来说，其破坏应力点一般在临界状态面以上，所构成的面称为 Hvoslev 面，如图 1-27 所示。Hvoslev 面与正常固结土临界状态面的交线的位置随前期固结压力 p_c 而不同，该交线在 $p-q$ 平面上投影的点表示前期固结压力 p_c 的大小。

图 1-27 中 OCD 面反映了超固结黏土抗拉强度的影响，称为无拉力墙。对于黏性土来说由于不能承受压力，当 $\sigma_3=0$ 的时候其强度 $q=\sigma_1=2c$，则 $p=$

$\frac{1}{3}\sigma_1 = \frac{2}{3}c$，因此无拉力墙的斜率为$\frac{1}{3}$。当应力点在无拉力墙面上时土体处于弹性状态，当应力点达到墙顶即 Hvoslev 面时土体发生破坏。而对于正常固结黏土来说 Hvoslev 面与无拉力墙就退化成了临界状态面，因此也可以将临界状态面与 Hvoslev 面统称为破坏面。

5. 统一状态边界面

由破坏面的定义可知，应力点不可能超越破坏面，因此破坏面也是一种状态边界面。在 $p-q-\nu$ 空间中由 Roscoe 面、Hvoslev 面和无拉力墙所包围成的封闭曲面称为统一状态边界面，如图 1－28 所示；其在 $p-q$ 平面内的投影组成了一个封闭曲线，称为统一状态边界线，如图 1－29 所示。

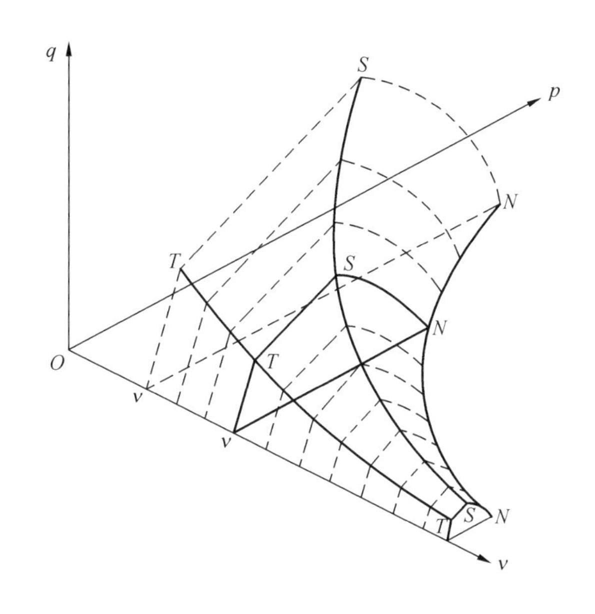

图 1－28　统一状态边界面

剑桥模型的统一状态边界面也可以绘制在主应力空间中。如图 1－30 所示，正常固结黏土的破坏面是一个以坐标原点为顶点，以空间对角线为轴的六边形锥面。屈服面是一个半球面，像“帽子”一样扣在锥面的开口端，随着硬化“帽子”屈服面会不断扩大，这种具有帽子形状的模型称为帽子模型。土体的弹性应力点被限制在屈服面以内，当应力点达到屈服面时土体进入塑性状态，当应力点达到破坏面时土体发生破坏。

6. 弹性墙与屈服曲线

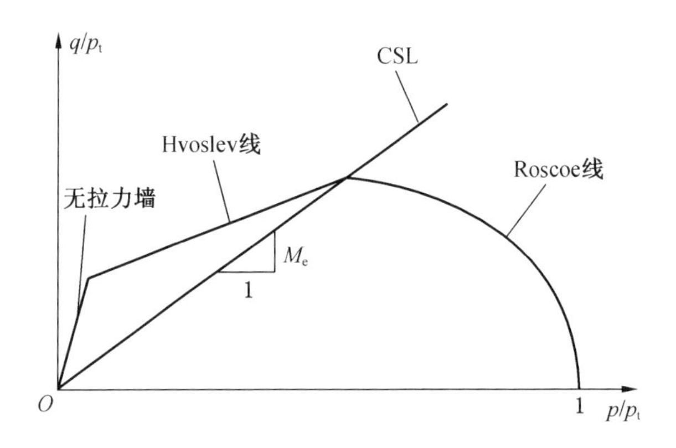

图 1-29　统一状态边界线

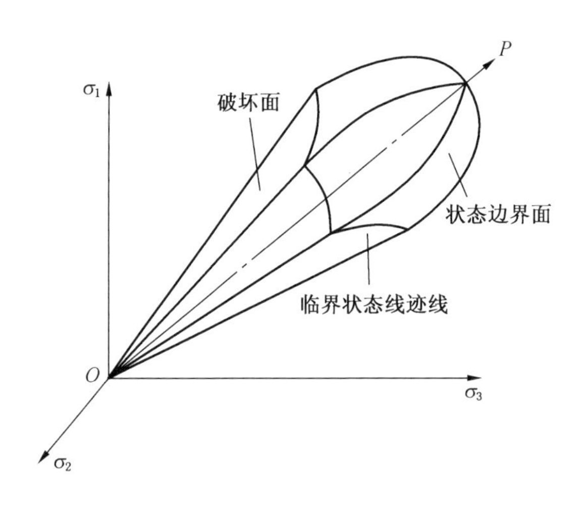

图 1-30　剑桥模型屈服面

在 $p-q-\nu$ 空间中以平行于 q 轴的直线沿超固结线移动，与 Roscoe 面和临界状态面相交而成的空间曲面称为弹性墙，如图 1-27 所示。假设当应力路径在弹性墙内变化时只产生弹性变形，只有当应力点达到弹性墙与 Roscoe 面的交线时才会产生塑性变形，因此弹性墙与 Roscoe 面的交线即为一条屈服曲线。

7. 剑桥模型的本构方程

应力在弹性墙内变化时，根据式（1-156）可以得出弹性体应变增量为

$$d\varepsilon_v^e = \frac{\kappa}{\nu}\frac{dp}{p} \tag{1-160}$$

其中 ν 为开始加载时的比容，则塑性体应变增量为

$$d\varepsilon_\nu^p = d\varepsilon_\nu - d\varepsilon_\nu^e = d\varepsilon_\nu - \frac{\kappa}{\nu}\frac{dp}{p} \tag{1-161}$$

假设一切剪应变都是不可恢复的，即没有弹性剪应变，则

$$d\bar{\gamma}^p = d\bar{\gamma} \tag{1-162}$$

假设土体服从相关联流动法则，即 $Q = f = \phi$，且一切剪应变都是不可恢复的，则有

$$\begin{cases} d\varepsilon_v^p = d\lambda \dfrac{\partial f}{\partial p} \\ d\bar{\gamma} = d\lambda \dfrac{\partial f}{\partial q} \end{cases} \tag{1-163}$$

根据屈服曲线的性质有

$$\partial f = \frac{\partial f}{\partial p}dp + \frac{\partial f}{\partial q}dq = 0 \tag{1-164}$$

结合式（1-163）和式（1-164）可得

$$\frac{d\varepsilon_v^p}{d\bar{\gamma}} = -\frac{dq}{dp} \tag{1-165}$$

塑性功的增量表达式为

$$dW_p = p\,d\varepsilon_v^p + q\,d\bar{\gamma} \tag{1-166}$$

假设沿屈服曲线 $d\varepsilon_v^p = 0$，即 ε_v^p 为常数，则塑性功增量为

$$dW_p = Mp\,d\bar{\gamma} \tag{1-167}$$

令以上两式相等，得

$$\frac{d\varepsilon_v^p}{d\bar{\gamma}} = M - \eta \tag{1-168}$$

其中 $\eta = \dfrac{q}{p}$ 称为剪压比。然后再联立式（1-165）和式（1-168）可以得到微分方程：

$$\frac{dq}{dp} - \eta + M = 0 \tag{1-169}$$

求解该微分方程，得屈服方程为

$$\eta - M(\ln p_c - \ln p) = 0 \tag{1-170}$$

其中 $\ln p_c$ 实际上就是硬化参数，屈服方程在 $p-q$ 平面上为子弹头形。

Burland 于 1965 年认为塑性功应修正为 $dW_p = \sqrt{(p\,d\varepsilon_v)^2 + (q\,d\bar{\gamma})^2}$，这就是

修正剑桥模型关于塑性功的假定。参照上面推导屈服方程的方法，可以得出修正剑桥模型的屈服方程为

$$f=\frac{p}{p_c}-\frac{M^2}{M^2+\eta^2}=0 \tag{1-171}$$

或

$$f=\left(\frac{p-\frac{p_c}{2}}{\frac{p_c}{2}}\right)^2+\left(\frac{q}{M\frac{p_c}{2}}\right)^2-1=0 \tag{1-172}$$

其中 p_c 为硬化参数，该屈服方程在 $p-q$ 平面上为一个椭圆，其顶点在 $q=Mp$ 线上，如图 1－31 所示。

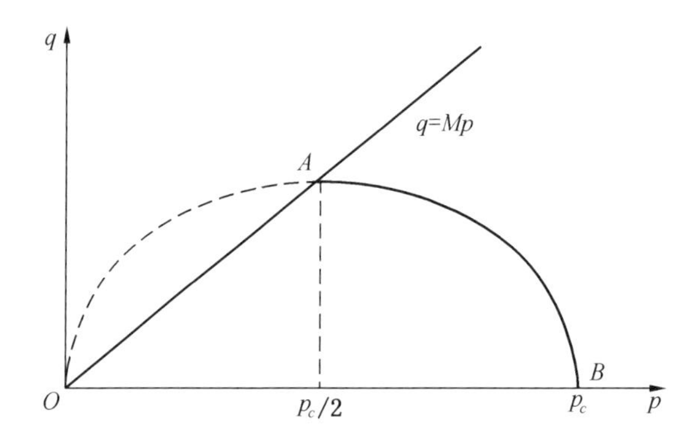

图 1－31　修正剑桥模型的屈服面

对式（1－171）取对数得

$$\ln p_c=\ln p+\ln\left(1+\frac{\eta^2}{M^2}\right) \tag{1-173}$$

根据等向压缩与膨胀曲线所示，当 $p=1$ 时比容 v 的变化为

$$\Delta v_p=v_c-v_n=(\kappa-\lambda)\ln p_c \tag{1-174}$$

则相应的塑性体积应变为

$$\varepsilon_v^p=-\frac{\Delta v_p}{v_c}=\frac{\lambda-\kappa}{v_c}\ln p_c \tag{1-175}$$

进一步整理得

$$\ln p_c=\frac{v_c}{\lambda-\kappa}\varepsilon_v^p \tag{1-176}$$

联立式（1－176）与式（1－173）可以得到全量型塑性体积应变与应力 p、q 的

本构关系：

$$\varepsilon_v^p=\frac{\lambda-\kappa}{v_c}\left[\ln p+\ln\left(1+\frac{\eta^2}{M^2}\right)\right] \tag{1-177}$$

再将上式进行微分，可以得到增量型的本构关系：

$$d\varepsilon_v^p=\frac{\lambda-\kappa}{v}\left(\frac{dp}{p}+\frac{2\eta d\eta}{M^2+\eta^2}\right) \tag{1-178}$$

加上弹性体应变增量后可得

$$d\varepsilon_v=d\varepsilon_v^p+d\varepsilon_v^e=\frac{\lambda-\kappa}{v}\left[\frac{\lambda dp}{(\lambda-\kappa)p}+\frac{2\eta d\eta}{M^2+\eta^2}\right] \tag{1-179}$$

再结合式（1－168）可得

$$d\bar{\gamma}=\frac{2\eta}{M^2-\eta^2}d\varepsilon_v^p \tag{1-180}$$

将式（1－178）代入式（1－180）可得

$$d\bar{\gamma}=\frac{\lambda-\kappa}{v}\frac{2\eta}{M^2-\eta^2}\left(\frac{dp}{p}+\frac{2\eta d\eta}{M^2+\eta^2}\right) \tag{1-181}$$

根据式（1－179）和式（1－181）就可以得到剑桥模型的弹塑性本构关系矩阵为

$$\begin{bmatrix} d\varepsilon_v \\ d\bar{\gamma} \end{bmatrix}=\frac{\lambda-\kappa}{v}\frac{2\eta}{M^2+\eta^2}\begin{bmatrix} \frac{\lambda}{\lambda-\kappa}\frac{M^2+\eta^2}{2\eta} & 1 \\ 1 & \frac{2\eta}{M^2-\eta^2} \end{bmatrix}\begin{bmatrix} \frac{dp}{p} \\ d\eta \end{bmatrix} \tag{1-182}$$

8. 关于剑桥模型的几点说明

（1）除了弹性参数之外剑桥模型只有 λ、κ、M 三个参数，都可以通过常规三轴试验曲线来确定。通过不同 σ_3 的等向压缩与膨胀试验绘制出 $v-\ln p$ 曲线，其斜率即为 λ、κ 值；通过三轴排水剪切或不排水剪切试验绘制出破坏时的 $p-q$ 图，其斜率即为 M 值。此外，M 值还可以先通过求出岩土材料的内摩擦角，然后根据 $M=\frac{6\sin\varphi}{3\mp\sin\varphi}$ 求出。

（2）试验表明修正的剑桥模型比初始模型更接近于实测结果，目前人们所说的剑桥模型通常就是指修正的剑桥模型。

（3）剑桥模型起初只适用于正常固结黏土和弱超固结黏土，后来又推广到密实砂土或重固结土。如图 1－31 所示，对于正常固结土或弱超固结土等应变硬化材料，其应力状态在 CSL 线下方的椭圆上，而对于密实砂土或超重固结土等应变软化材料来说，其应力状态则会扩展到 CSL 线上方的椭圆部分。因此 CSL 线也是应变硬化材料和应变软化材料的分界线。

（4）剑桥模型是第一个应用增量塑性理论建立的岩土弹塑性本构模型，它考虑了岩土材料的等压屈服特性、压硬性、剪缩性与剪胀性等特性，在岩土工程领域得到了广泛应用。

1.8.2.2 Lade－Duncan 模型

Lade 与 Duncan 于 1975 年在对砂土试验的基础上提出了假设土体服从非关联流动法则，采用 Lade 屈服准则和塑性功硬化规律的本构模型。该模型在主应力空间中的屈服面是一个以原点为顶点，以静水压力线为轴的开口曲边三角锥面。模型采用 Lade 屈服准则，其屈服函数为

$$f=\frac{I_1^3}{I_3}=k \tag{1-183}$$

其中，I_1、I_3 分别为应力第一、第三不变量；k 为材料参数，当土体破坏时 $k=k_f$。由于土体服从非关联流动法则，即塑性势面与屈服面不重合，假设塑性势函数与屈服函数具有相同的形式，即

$$Q=\frac{I_1^3}{I_3}=k_1 \tag{1-184}$$

在不同围压下进行三轴压缩试验，根据流动法则：

$$\mathrm{d}\varepsilon_3^p=\mathrm{d}\lambda\frac{\partial Q}{\partial\sigma_3}=\mathrm{d}\lambda(3I_1^2-k_1\sigma_1\sigma_3) \tag{1-185}$$

$$\mathrm{d}\varepsilon_1^p=\mathrm{d}\lambda\frac{\partial Q}{\partial\sigma_3}=\mathrm{d}\lambda(3I_1^2-k_1\sigma_3^2) \tag{1-186}$$

则塑性泊松比为

$$-\mu^p=\frac{\mathrm{d}\varepsilon_3^p}{\mathrm{d}\varepsilon_1^p}=\frac{3I_1^2-k_1\sigma_1\sigma_3}{3I_1^2-k_1\sigma_3^2} \tag{1-187}$$

由此可得

$$k_1=\frac{3I_1^2(1+\mu^p)}{\sigma_3(\sigma_1+\mu^p\sigma_3)} \tag{1-188}$$

试验结果表明，k_1 与 k 存在以下关系：

$$k_1=Ak+27(1-A) \tag{1-189}$$

其中 A 为常数，可由试验测定。

Lade－Duncan 模型采用塑性功硬化规律，即

$$H(W_p)=H(\sigma_{ij}\mathrm{d}\varepsilon_{ij}^p) \tag{1-190}$$

将上式两端进行微分得

$$\mathrm{d}W_p=\mathrm{d}\varepsilon_{ij}^p\sigma_{ij}=\mathrm{d}\lambda\frac{\partial Q}{\partial\sigma_{ij}}\sigma_{ij} \tag{1-191}$$

由式（1－184）可知 Q 是 σ_{ij} 的三阶齐次方程，则

$$\frac{\partial Q}{\partial \sigma_{ij}}\sigma_{ij}=3Q \tag{1-192}$$

代入式（1－191）可得

$$\mathrm{d}\lambda=\frac{\mathrm{d}W_p}{3Q} \tag{1-193}$$

试验结果表明当 $k\leqslant k_t(k_t>27)$ 时塑性功 W_p 可以忽略不计，当 $k>k_t$ 时可以近似地表示为双曲线关系：

$$k-k_t=\frac{W_p}{a+bW_p} \tag{1-194}$$

对上式进行微分，整理后得

$$\mathrm{d}W_p=\frac{a\mathrm{d}k}{[1-b(k-k_t)]^2} \tag{1-195}$$

然后再结合式（1－184）和式（1－193）得

$$\mathrm{d}\lambda=\frac{a\mathrm{d}k}{3(I_1^3-k_1I_3)[1-b(k-k_t)]^2} \tag{1-196}$$

在确定了 $\mathrm{d}\lambda$ 之后便可以通过流动法则 $\mathrm{d}\varepsilon_{ij}^p=\mathrm{d}\lambda\frac{\partial Q}{\partial \sigma_{ij}}$ 求得塑性应变增量。

1.8.3 岩土黏弹塑性本构模型

黏性又称为流变性，是指物体受力变形与时间相关的性质。在地下工程中的各种力学表现，包括地压、变形、破坏等几乎都与时间相关。单纯的黏性材料是很少的，一般岩土材料在外力作用下瞬时产生弹性或弹塑性变形，之后才呈现黏性性质，因此在研究实际工程问题时应同时分析材料的弹性、塑性和黏性性质，即建立岩土材料的黏弹塑性本构模型。

1.8.3.1 基本模型元件

为了描述岩土材料的流变特性，通常采用黏弹性模型、黏塑性模型，以及黏弹塑性模型来描述岩土材料的本构关系。

1. 理想弹性模型

理想弹性模型又称胡克弹性模型，用一个理想弹簧来表示，如图 1－32a 所示，其本构方程就是胡克定律。在一维条件下，其本构方程为

$$\sigma=E\varepsilon \tag{1-197}$$

$$\tau=G\gamma \tag{1-198}$$

$$G=\frac{E}{2(1+\mu)} \tag{1-199}$$

其中 E 为弹性模量，G 为剪切模量，μ 为泊松比。

在三维条件下可以表示为

$$\begin{cases}\sigma_m = K\varepsilon \\ S_{ij} = 2Ge_{ij}\end{cases} \tag{1-200}$$

其中 K 为体积模量。

$$K = \frac{E}{3(1-2\mu)} \tag{1-201}$$

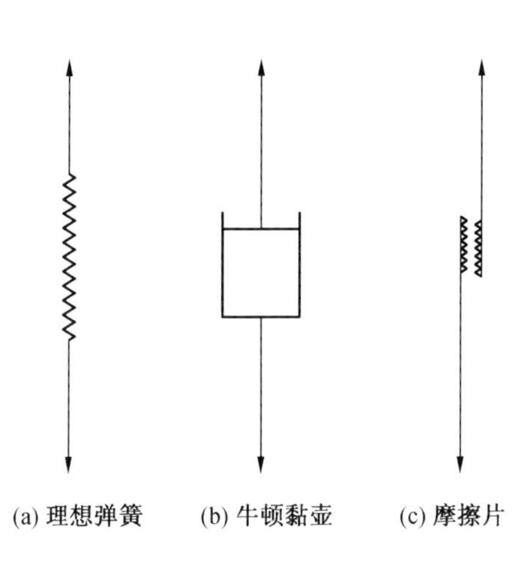

图 1-32　基本元件

2. 理想黏性模型

理想黏性模型可以用一个黏壶表示，该黏壶又称牛顿黏壶，如图 1-32b 所示。黏壶内充满了黏滞性液体和一个可移动的活塞，活塞在黏滞性液体中的移动速度与其所受的阻力成正比，反映了黏性介质内一点的应力与应变速率成正比关系。在一维条件下其表达式为

$$\sigma = \varphi\dot{\varepsilon} \tag{1-202}$$

$$\tau = \eta\dot{\gamma} \tag{1-203}$$

其中 φ 和 η 为黏滞系数。

在三维状态下的表达式为

$$S_{ij} = 2\eta\dot{e}_{ij} \tag{1-204}$$

3. 理想塑性模型

理想塑性模型又称圣维南模型，用两块相互接触的摩擦片来表示，如图 1-32c 所示。摩擦片上存在与法向压力无关的初始摩擦阻力，当外力小于这个摩擦阻力时不会发生变形，当外力达到或大于该摩擦阻力时，受力体产生流动，变形无限制增长。在三维条件下，理想塑性模型可以表示为

当 $S_{ij} < \Psi_{ij}$ 时 $$e_{ij} = 0 \tag{1-205}$$

当 $S_{ij} = \Psi_{ij}$ 时 $$S_{ij} = 2\lambda \dot{e}_{ij} \tag{1-206}$$

其中 Ψ_{ij} 为初始摩擦阻力，λ 为比例系数。式（1-206）表明理想塑性体的应力偏量与应变偏量的变化率成正比。

由理想弹性模型、理想黏性模型以及理想塑性模型等简单模型所组合成的各种复杂模型，可以建立各种材料的本构方程。

1.8.3.2 黏弹性本构模型

1. Maxwell 模型（串联模型）

Maxwell 模型由线性弹簧和牛顿黏壶串联而成，又称为松弛模型，如图 1-33 所示。作用在两个元件上的应力是相同的，而总应变等于两个元件的应变之和，即

$$\varepsilon = \varepsilon' + \varepsilon'' \tag{1-207}$$

其中 ε'、ε'' 分别为线性弹簧和牛顿黏壶的应变。

2. Kelvin 模型（并联模型）

Kelvin 模型由线性弹簧和牛顿黏壶并联而成，又称为非松弛模型，如图 1-34 所示。两个元件的应变是相同的，而总的应力等于两个元件的应力之和，即

$$\sigma = \sigma' + \sigma'' \tag{1-208}$$

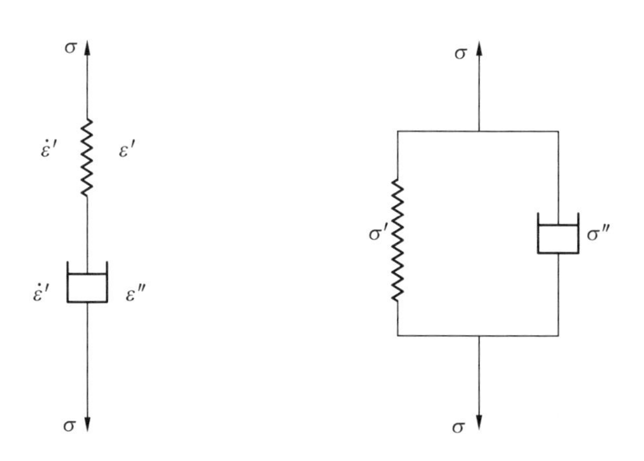

图 1-33 Maxwell 模型　　图 1-34 Kelvin 模型

1.8.3.3 黏弹塑性模型

材料在荷载的作用下，当应力达到某一临界值时发生屈服和流动的现象，其变形的速率与材料的黏性性质相关。材料的黏弹塑性包含了黏性、弹性和塑性 3 个方面的性质，它们可以由线性弹簧、牛顿黏壶和摩擦片的各种组合元件来描

述。下面介绍两种常见的模型。

1. Bingham 模型

Bingham 模型由牛顿黏壶和摩擦片并联而成，又称为理想黏塑性模型，如图 1-35 所示。在应力达到屈服极限之前材料表现为刚性性质，当应力达到屈服极限后材料发生无限制的塑性流动，并呈现出黏性性质。其本构方程为

$$\sigma = \sigma_s + \eta\dot{\varepsilon} \tag{1-209}$$

其中当应力 σ 小于屈服极限 σ_s 时，$\dot{e}=0$，材料不发生变形；当 $\sigma > \sigma_s$ 时

$$\dot{\varepsilon} = \frac{\sigma - \sigma_s}{\eta} \tag{1-210}$$

即

$$\varepsilon = \frac{\sigma - \sigma_s}{\eta}t \tag{1-211}$$

2. 西元正夫模型

如果材料在发生屈服之前也具有黏性性质，则应考虑更为复杂的黏弹塑性模型，例如西元正夫模型，将线性弹簧与 Bingham 模型串联起来，如图 1-36 所示。

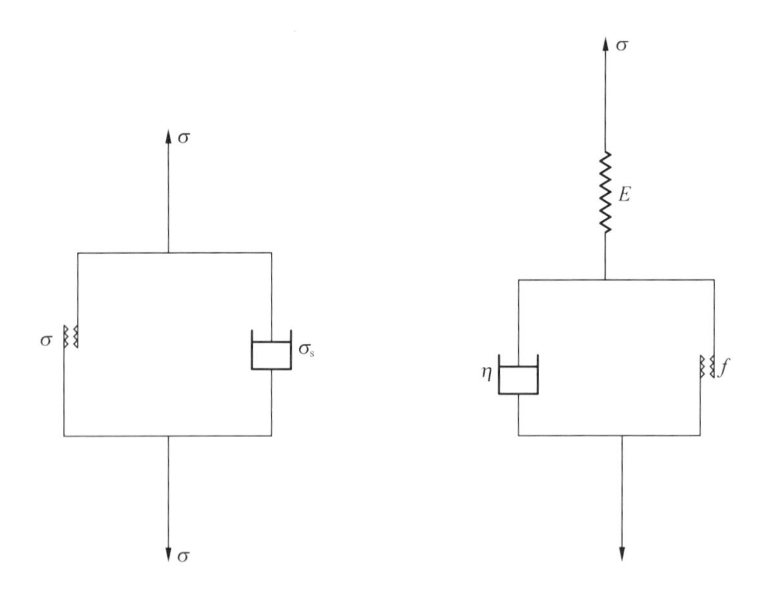

图 1-35　Bingham 模型　　图 1-36　西元正夫模型

在时间 $t=0$，恒定荷载 $\sigma=\sigma_0$ 的情况下有

$$\varepsilon_1 = \frac{\sigma_0}{E_1} \tag{1-212}$$

$$\varepsilon_2 = \frac{\sigma_0}{E_2}\left[1 - \exp\left(-\frac{E_2}{\eta_2}t\right)\right] \tag{1-213}$$

$$\varepsilon_3 = \begin{cases} 0 & (t\sigma_0 \leqslant \sigma_s) \\ (\sigma_0 - \sigma_s)/\eta_3 & (\sigma_0 > \sigma_s) \end{cases} \tag{1-214}$$

则可得西元正夫模型的 $\varepsilon - t$ 模型如下：

$$\varepsilon = \frac{\sigma_0}{E_1} + \frac{\sigma_0}{E_2}\left[1 - \exp\left(-\frac{E_2}{\eta_2}t\right)\right] \quad (\sigma_0 \leqslant \sigma_s) \tag{1-215}$$

$$\varepsilon = \frac{\sigma_0}{E_1} + \frac{\sigma_0}{E_2}\left[1 - \exp\left(-\frac{E_2}{\eta_2}t\right)\right] + \frac{\sigma_0 - \sigma_s}{\eta_s}t \quad (\sigma_0 > \sigma_s) \tag{1-216}$$

若将西元正夫模型再串联各种 Bingham 模型，则可以得到广义西元正夫模型。

2 岩土塑性滑移线理论与极限分析理论

2.1 概述

理想弹塑性体受到荷载后，从弹性状态经过弹性极限状态进入弹塑性状态，最后达到塑性极限状态。对物体变形的全过程分析，特别是弹塑性状态分析，由于弹塑性边界随着加载的变化而变化，所以数学上处理是困难的。在许多实际问题中，人们感兴趣的并不是变形的全过程，而是最终的塑性极限荷载，即只需知道极限荷载以及刚刚达到极限状态的变形分布即可。在岩土材料极限平衡理论发展过程中，曾出现过各种极限平衡问题的计算方法。例如太沙基（Terzagki）等人提出的稳定性计算方法。这类方法采用散体极限平衡理论的某些已有成果，假定变形体达到极限平衡状态时的滑动区形状与范围，按静力平衡原理找出与最危险滑动情况相应的极限荷载等。

1903 年考特尔（Kotter）建立了岩土材料的平面极限平衡问题滑移线方程，后来 Prandtl 第一个求得关于条形基础下无重情况极限平衡课题的 Kotter 方程封闭解。由于岩土类介质的复杂性和实际受载条件的多变性，除极少数实际课题之外，很难求得问题的严格数学解。由 Kotter 开创的求解岩土材料极限平衡问题解答的方法称为滑移线法或特征线法。利用滑移线法即可对理想刚塑性体的平面应变问题直接解得塑性极限状态下的有关量，以绕过弹塑性问题的困难。在求解理想刚塑性体平面应变问题时，我们做出如下假设：

（1）材料为理想刚塑性体，且服从 C－M 屈服准则。

（2）塑性流动平行于某一固定平面，与垂直于该平面的 Z 轴无关，即

$$\begin{cases} v_x = v_x(x, y) = \dfrac{\mathrm{d}u_x}{\mathrm{d}t} \\ v_y = v_y(x, y) = \dfrac{\mathrm{d}u_y}{\mathrm{d}t} \\ v_z = 0 \end{cases} \tag{2-1}$$

（3）忽略塑性变形产生的热量而引起温度的变化以及惯性力的影响。

由于刚性区内应变率场为零，所以那些服从屈服条件且满足平衡方程和应力

边界条件的应力场，都可以认为是刚性区的应力场。在塑性区内应变率场的变形协调方程为

$$\begin{cases} \dot{\varepsilon}_x = \dfrac{\partial v_x}{\partial x} \\ \dot{\varepsilon}_y = \dfrac{\partial v_y}{\partial y} \\ \dot{\varepsilon}_z = 0 \\ \dot{\gamma}_{xy} = \dfrac{1}{2}\left(\dfrac{\partial v_x}{\partial y} + \dfrac{\partial v_y}{\partial x}\right) \\ \dot{\gamma}_{yz} = \dot{\gamma}_{zx} = 0 \end{cases} \tag{2-2}$$

其本构方程可以采用与 Mises 屈服条件相关联的流动法则（Levy - Mises 理论）：

$$d\varepsilon_{ij} = d\lambda S_{ij} \tag{2-3}$$

$$\dot{\varepsilon}_{ij} = \dot{\lambda} S_{ij} \tag{2-4}$$

因为 $\dot{\varepsilon}_z = 0$，所以 $S_z = \sigma_z - \sigma = 0$；又由 $\sigma = \dfrac{1}{3}(\sigma_x + \sigma_y + \sigma_z)$ 可得 $\sigma_z = \sigma = \dfrac{1}{2}(\sigma_x + \sigma_y)$；又因为 $\dot{\gamma}_{yz} = \dot{\gamma}_{zx} = 0$，得 $\tau_{yz} = \tau_{zx} = 0$，所以 σ_z 为中间主应力。

（1）在不考虑体力的条件下，平衡方程为

$$\begin{cases} \dfrac{\partial \sigma_x}{\partial x} + \dfrac{\partial \tau_{xy}}{\partial y} = 0 \\ \dfrac{\partial \tau_{yx}}{\partial x} + \dfrac{\partial \sigma_y}{\partial y} = 0 \end{cases} \tag{2-5}$$

（2）屈服条件：对于 Mises 屈服条件

$$J_2 = \tau_S^2 = \frac{1}{2}S_{ij}S_{ij} = \frac{1}{2}(S_{11}^2 + S_{22}^2 + S_{33}^2 + 2S_{31}^2 + 2S_{32}^2) = \frac{1}{2}(S_x^2 + S_y^2 + 2S_{xy}^2) \tag{2-6}$$

用 σ 表示为

$$\begin{cases} \sigma = \dfrac{1}{3}\left(\sigma_x + \sigma_y + \dfrac{\sigma_x + \sigma_y}{2}\right) = \dfrac{\sigma_x + \sigma_y}{2} \\ S_x = \sigma_x - \sigma = \sigma_x - \dfrac{\sigma_x + \sigma_y}{2} = \dfrac{\sigma_x - \sigma_y}{2} \\ S_y = \sigma_y - \sigma = \sigma_y - \dfrac{\sigma_x + \sigma_y}{2} = \dfrac{\sigma_y - \sigma_x}{2} \\ S_z = S_{yz} = S_{zx} = 0 \\ S_{xy} = \tau_{xy} \end{cases} \tag{2-7}$$

$$J_2=\left(\frac{\sigma_x-\sigma_y}{2}\right)^2+\tau_{xy}^2=\tau_S^2=k_m^2 \tag{2-8}$$

即

$$(\sigma_x-\sigma_y)^2+4\tau_{xy}^2=4k_m^2 \tag{2-9}$$

对于 Tresca 屈服条件

$$\begin{cases}\sigma_1-\sigma_3=2k_t\\ \sigma_1=\dfrac{\sigma_x+\sigma_y}{2}+\sqrt{\left(\dfrac{\sigma_x-\sigma_y}{2}\right)^2+\tau_{xy}^2}\\ \sigma_3=\dfrac{\sigma_x+\sigma_y}{2}-\sqrt{\left(\dfrac{\sigma_x-\sigma_y}{2}\right)^2+\tau_{xy}}\end{cases} \tag{2-10}$$

代入式（2-9）得

$$(\sigma_x-\sigma_y)^2+4\tau_{xy}^2=4k_t^2 \tag{2-11}$$

（3）应力分量与速度分量的关系：

$$\frac{\dfrac{\partial v_x}{\partial x}-\dfrac{\partial v_y}{\partial y}}{\dfrac{\partial v_x}{\partial y}+\dfrac{\partial v_y}{\partial x}}=\frac{\sigma_x+\sigma_y}{2\tau_{xy}} \tag{2-12}$$

（4）体积不可压缩条件：

$$\begin{cases}\varepsilon_{kk}=0\\ \dfrac{\partial v_x}{\partial x}+\dfrac{\partial v_y}{\partial y}=0\end{cases} \tag{2-13}$$

以上 5 个方程［式（2-5）、式（2-9）、式（2-11）~式（2-13）］即为求解刚塑性平面应变问题的基本方程，结合边界条件求解 5 个未知量（σ_x，σ_y，τ_{xy}，v_x，v_y）。如果塑性区为应力边界条件，则前 3 个方程可解（静定问题）。除了应力边界和速度边界条件外，在刚塑性区交界 Γ 处，应力和速度也必须满足一定的连续性条件，如图 2-1 所示。

满足塑性区 5 个基本方程、边界条件和刚塑性区连续条件的解称为完全解，但不一定是真实解（仅利用刚性区的整体平衡条件），如果无法检验屈服条件，则仅为真实解的上限。而对于真实解，则必须满足下列条件：

（1）在塑性区内满足 3 个基本方程。

（2）在刚性区内满足平衡方程、变形协调方程及边界条件。

（3）在刚塑性交界面上满足连续性条件。

滑移线方法在求解问题时只要求满足平衡方程及屈服条件，而忽略了变形体力学有效解答还应满足的变形协调和应力、应变率关系，特别是对于边界条件中包含应力和应变率的实际问题，在不考虑应力、应变率及变形协调关系时所得到

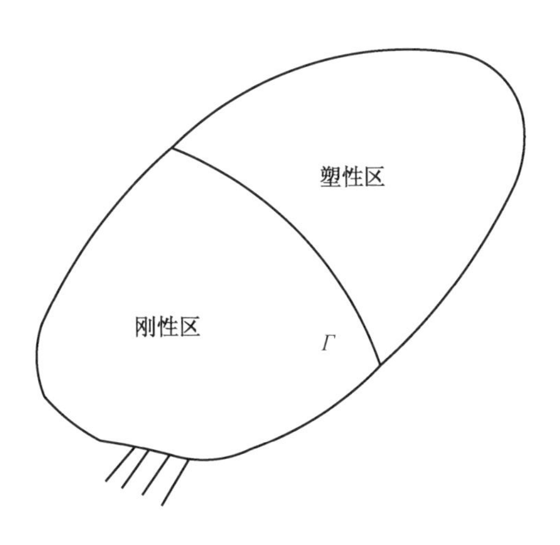

图 2-1 刚塑性区边界

的解答显然是无效的。要得到有效解答，必须考虑应力、应变率及变形协调关系。极限分析法借助极限荷载的上、下限定理，给出了求解变形体极限平衡问题的上限解法和下限解法。问题的正确解答恰好处于由上限解法求得的上限解和由下限解法求得的下限解之间。这样应用极限分析解法不但能获得有用的解答，而且也可以给出正确解答的范围。

2.2 经典滑移线理论与滑移线法

最大剪应力一定作用在与主平面成$\frac{\pi}{4}$的截面上，在物体每一点所取的单元体上，都可以找到这样相互垂直的两个方向，因此可以绘出两族处处相交的曲线，并由此两族曲线在该点的切线表示最大剪应力作用截面的方向。这两族相交的曲线就是最大剪应力迹线，当最大剪应力达到一定数值时，将可能沿此迹线错动，因此通常将最大剪应力迹线称为滑移线。

我们分别将此两族滑移线称为α族滑移线和β族滑移线，规定α、β取右手坐标系，由α正向转向β正向为逆时针，并使σ_1位于α、β坐标系的第一、三象限中，θ角为由x轴逆时针转向α线切线的夹角，且$\theta=\theta(x,y)$，因此

$$\begin{cases}\text{沿}\ \alpha\ \text{线有} & \dfrac{\mathrm{d}y}{\mathrm{d}x}=\tan\theta \\ \text{沿}\ \beta\ \text{线有} & \dfrac{\mathrm{d}y}{\mathrm{d}x}=-\cot\theta\end{cases} \tag{2-14}$$

这两族滑移线是相互正交的。

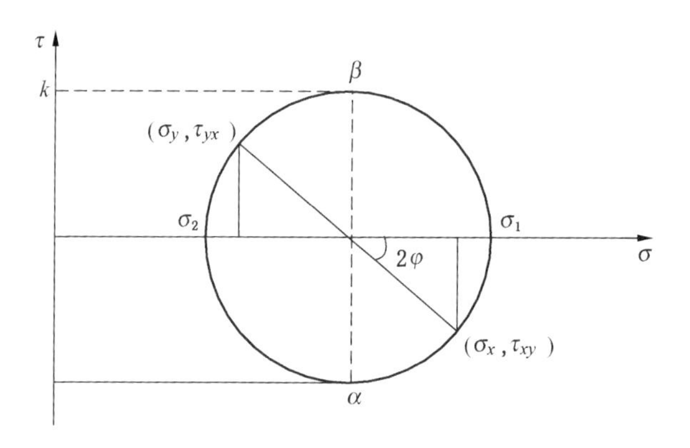

图 2－2　莫尔圆

根据图 2－2 所示的莫尔圆，有

$$\begin{cases}\sigma_x=\sigma+k\cos2\varphi\\ \sigma_y=\sigma-k\cos2\varphi\\ \tau_{xy}=k\sin2\varphi\end{cases}\tag{2-15}$$

其中，平均主应力 $\sigma=\dfrac{\sigma_1+\sigma_3}{2}$，最大剪应力 $k=\dfrac{\sigma_1-\sigma_3}{2}$，$\varphi$ 为从 x 轴转向 σ_1 方向的夹角，上式自动满足屈服条件。由于 $\varphi=\theta+\dfrac{\pi}{4}$，则

$$\begin{cases}\cos2\varphi=-\sin2\theta\\ \sin2\varphi=\cos2\theta\end{cases}\tag{2-16}$$

将上式代入平衡方程式（2－15），得

$$\begin{cases}\sigma_x=\sigma-k\cos2\theta\\ \sigma_y=\sigma+k\cos2\theta\\ \tau_{xy}=k\cos2\theta\end{cases}\tag{2-17}$$

因此求 σ_x、σ_y、τ_{xy} 的问题就变为求每一点 $\sigma=\sigma(x,\ y)$，$\theta=\theta(x,\ y)$ 的问题。代入平衡方程式（2－5），得

$$\begin{cases}\dfrac{\partial\sigma}{\partial x}-2k\left(\cos2\theta\dfrac{\partial\theta}{\partial x}+\sin2\theta\dfrac{\partial\theta}{\partial y}\right)=0\\ \dfrac{\partial\sigma}{\partial y}-2k\left(\sin2\theta\dfrac{\partial\theta}{\partial x}+\cos2\theta\dfrac{\partial\theta}{\partial y}\right)=0\end{cases}\tag{2-18}$$

这是一个拟线性偏微分方程组，若能解得 $\sigma_m = \sigma_m(x, y)$，$\theta = \theta(x, y)$，则可以求得应力分量。在 x、y 平面上若存在一条线段 L，则未知量 σ、θ 的增量：

$$\begin{cases} d\sigma = \dfrac{\partial\sigma}{\partial x}dx + \dfrac{\partial\sigma}{\partial y}dy \\ d\theta = \dfrac{\partial\theta}{\partial x}dx + \dfrac{\partial\theta}{\partial y}dy \end{cases} \tag{2-19}$$

可看作为求解 $\dfrac{\partial\sigma}{\partial x}$、$\dfrac{\partial\sigma}{\partial y}$、$\dfrac{\partial\theta}{\partial x}$、$\dfrac{\partial\theta}{\partial y}$为未知量的线性方程组。若 L 是两个方程的特征线，则有系数行列式：

$$\begin{vmatrix} 1 & 0 & -2k\cos2\theta & -2k\sin2\theta \\ 0 & 1 & -2k\sin2\theta & 2k\cos2\theta \\ dx & dy & 0 & 0 \\ 0 & 0 & dx & dy \end{vmatrix} = 0 \tag{2-20}$$

展开并整理可得特征线的微分方程：

$$\begin{cases} dy = \tan\theta \\ dx = -\cot\theta \end{cases} \tag{2-21}$$

上式表明滑移线与特征线相比较，两者完全一致。因此，方程组的特征线就是滑移线。

根据 Gramer 法则：

$$(\cos2\theta dy - \sin2\theta dx)d\sigma + 2kdyd\sigma = 0 \tag{2-22}$$

以 α 族滑移线 $dy = \tan\theta dx$、β 族滑移线 $dy = -\cot\theta dx$ 代入得

$$\begin{cases} \sigma - 2k\theta = C_1 \\ \sigma + 2k\theta = C_2 \end{cases} \tag{2-23}$$

式（2-23）称为 Hencky 应力方程，相当于 α、β 坐标系的平衡方程，是下面求解的基础。其中 C_1、C_2 是常数，对于同一条 α 线（β 线），$C_1(C_2)$ 的值是相同的。Hencky 应力方程表示沿滑移线 σ、θ 的变化关系，如果知道滑移线的形状，则 θ 为已知，可以求出 σ 的变化。因此以某点 σ、θ 可以沿滑移线求出整个区域的 σ 分布，这就是滑移线法。

2.2.1 应力滑移线场及其性质

1. 应力滑移线的力学性质与几何性质

（1）鉴于两族滑移线的夹角为 $\pi/2$，故处处正交。

（2）鉴于在一条滑移线上的积分常数相同，故可作出如下一些推论：①在同一条滑移线上平均应力 σ 的变化与 θ 角的变化成比例关系；②在滑移线的直线段，该段上 σ、θ 及 σ_x、σ_y、σ_z 均为常量；③在已知滑移线网分布情况下，

只要知道两条不同族滑移线任一交点的平均应力，即可求得该区中各点的平均应力值。

2. Henky 第一定律

在同族两条滑移线和异族滑移线的交点上，其切线的夹角及平均应力的改变都是相同的。

证明：由 Hencky 应力方程式（2－23）可得

$$\begin{cases} \dfrac{\sigma}{2k}-\theta=\eta \\ \dfrac{\sigma}{2k}+\theta=\xi \end{cases} \tag{2-24}$$

沿 α_1 线 $\eta=\eta_1$；沿 α_2 线 $\eta=\eta_2$；沿 β_1 线 $\xi=\xi_1$；沿 β_2 线 $\xi=\xi_2$。

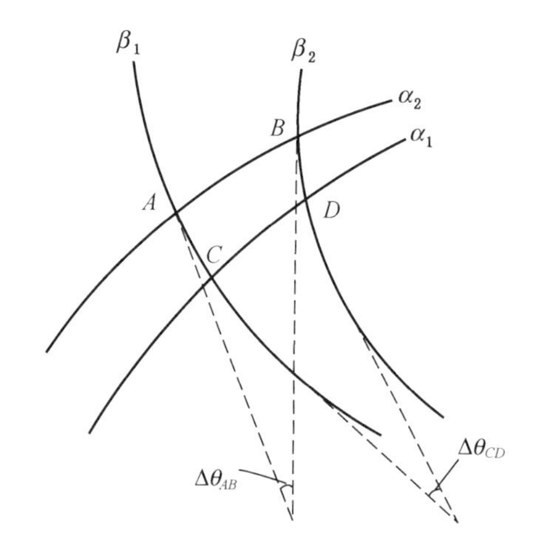

图 2－3　滑移线的性质

如图 2－3 所示，在 A 点和 B 点有

$$\begin{cases} \dfrac{\sigma_A}{2k}-\theta_A=\eta_1 \\ \dfrac{\sigma_A}{2k}+\theta_A=\xi_1 \end{cases} \tag{2-25}$$

$$\begin{cases} \dfrac{\sigma_B}{2k}-\theta_B=\eta_2 \\ \dfrac{\sigma_B}{2k}+\theta_B=\xi_2 \end{cases} \tag{2-26}$$

可得

$$\begin{cases}\theta_A = \dfrac{1}{2}(\xi_1 - \eta_1) \\ \theta_B = \dfrac{1}{2}(\xi_2 - \eta_2)\end{cases} \tag{2-27}$$

同理，在 C 点和 D 点有

$$\begin{cases}\theta_C = \dfrac{1}{2}(\xi_1 - \eta_1) \\ \theta_D = \dfrac{1}{2}(\xi_2 - \eta_2)\end{cases} \tag{2-28}$$

那么

$$\begin{cases}\Delta\theta_{AB} = \theta_B - \theta_A = \dfrac{1}{2}(\eta_1 - \eta_2) \\ \Delta\theta_{CD} = \theta_D - \theta_C = \dfrac{1}{2}(\eta_1 - \eta_2)\end{cases} \tag{2-29}$$

即

$$\Delta\theta_{AB} = \Delta\theta_{CD} \tag{2-30}$$

同理可证：

$$\Delta\sigma_{AB} = \Delta\sigma_{CD} \tag{2-31}$$

根据 Hencky 第一定律可以得出以下两个推论：

推论 1：若一族滑移线中有一条为直线，则同族其他线段均为直线。如图 2-4 所示，沿一条直线滑移线上 θ 值不变，故 $\Delta\sigma = 2k\Delta\theta = 0$，即 σ 值也不变；而沿弧线滑移线上 θ 值会改变，故 σ 值也会改变，这种应力场称为简单应力场。

推论 2：两族滑移线都为直线，则该区域内任意一点的 θ、σ 均相同，这种应力场称为均匀应力场，如图 2-5 所示。

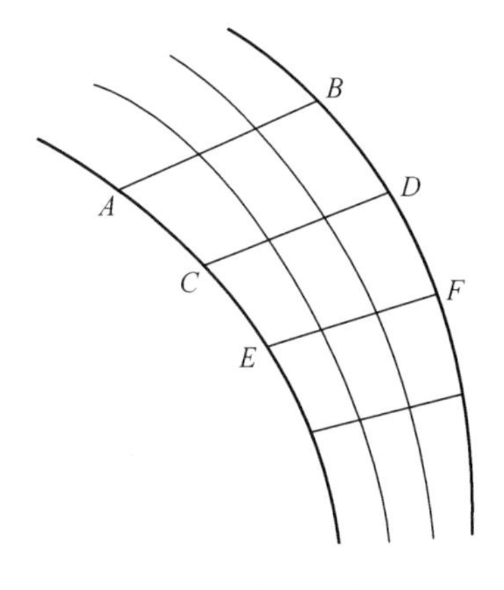

图 2-4 简单应力场

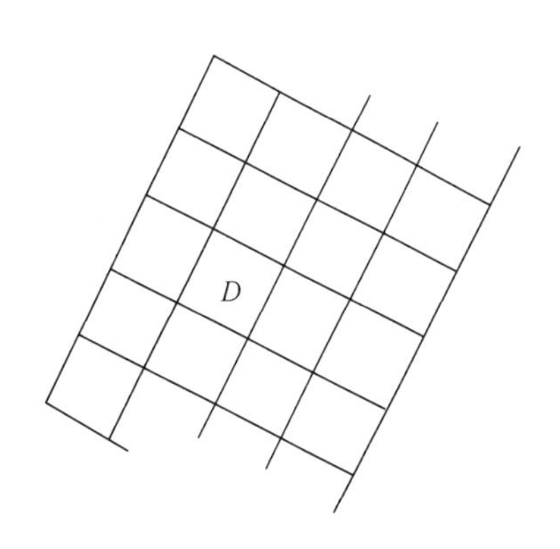

图 2-5 均匀应力场

3. Henky 第二定律

如沿一族滑移线移动，则另一族滑移线在交点处的曲率半径的改变量是沿该条滑移线所通过的距离（图 2－6）。其数学表达式为

$$\frac{\partial R_\alpha}{\partial S_\beta}=-1 \qquad \frac{\partial R_\beta}{\partial S_\beta}=-1$$

证明：如 α 族和 β 族滑移线的曲率半径分别为 R_α、R_β，则有

$$\begin{cases}\dfrac{1}{R_\alpha}=\dfrac{\partial\theta}{\partial S_\alpha}\\[2mm]\dfrac{1}{R_\beta}=\dfrac{\partial\theta}{\partial S_\beta}\end{cases} \tag{2-32}$$

这里规定 α 线（β 线）的曲率中心处于 S_α（S_β）增加方向时为正，反之为负。同时已规定 θ 角以逆时针旋转为正，沿着 α 线增加方向 θ 增加，沿着 β 线增加方向 θ 减少，所以 β 线曲率为负，因此式（2－32）中第二式为负号。

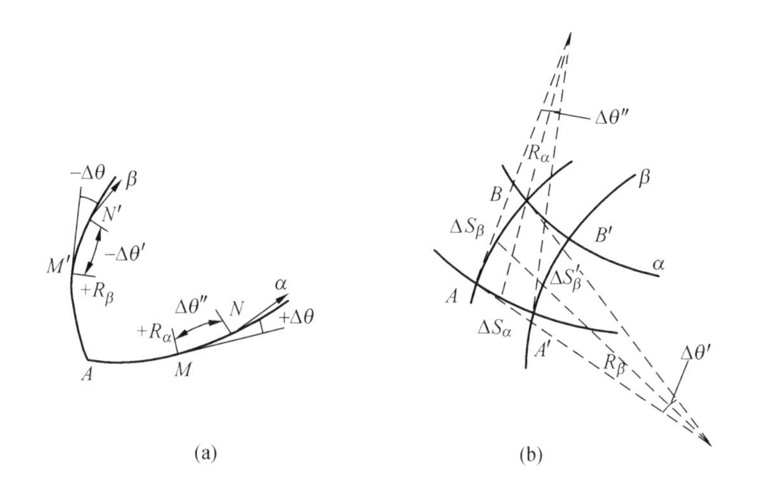

图 2－6 Henky 第二定律证明

由式（2－32）得

$$\begin{cases}R_\alpha\Delta\theta''=\Delta S_\alpha\\-R_\beta\Delta\theta''=\Delta S_\beta\end{cases} \tag{2-33}$$

令 $AB=\Delta S_\beta$，$A'B'=\Delta S'_\beta$，则

$$\Delta S'_\beta=\Delta S_\beta+\frac{\partial}{\partial S_\alpha}(\Delta S_\beta)\Delta S_\alpha$$

式中 $$\frac{\partial}{\partial S_{\alpha}}(\Delta S_{\beta})\Delta S_{\alpha} \approx \frac{(R_{\beta}-\Delta S_{\alpha})\Delta\theta' - R_{\beta}\Delta\theta'}{\Delta S_{\alpha}}\Delta S_{\alpha} = -\Delta\theta'\Delta S_{\alpha}$$

则有 $$A'B' - AB = -\Delta\theta'\Delta S_{\alpha}, \frac{\partial(\Delta S_{\beta})}{\partial S_{\alpha}} = \Delta\theta' \quad 或 \quad \frac{\partial}{\partial S_{\alpha}}(-R_{\beta}\Delta\theta') = \Delta\theta'$$

按 Henky 第一定律，$\Delta\theta'$为一常数，则有

$$\begin{cases} \dfrac{1}{\Delta S_{\alpha}}(R_{\beta}) = -1 \\ \dfrac{1}{\Delta S_{\beta}}(R_{\alpha}) = -1 \end{cases} \tag{2-34}$$

由此，Henky 第二定律得证。

根据 Hencky 第二定律可以得出以下两个推论：

推论 1：β 族滑移线与某一 α 族滑移线交点处的曲率中心构成该 α 滑移线的渐伸线。

推论 2：同族滑移线向同一个方向凹，并且曲率渐变为零。

2.2.2 速度滑移场及其性质

1. 基于关联流动法则的极限速度方程

经典塑性力学中，金属材料服从关联的流动法则，因而塑性区中一点的塑性应变率或塑性流动速度，可由与屈服函数相关联的流动法则确定。令塑性区中一点的速度 v 在 x 和 y 方向的分量分别为 $v_x = \frac{\partial u_x}{\partial t}$，$v_y = \frac{\partial u_y}{\partial t}$，其中 u_x、u_y 分别为 x 和 y 方向的位移分量。

按应变率的定义和关联流动法则有

$$\begin{cases} \dot{\varepsilon}_x = \dfrac{\partial v_x}{\partial x} = \dot{\lambda}\dfrac{\partial f}{\partial \sigma_x} \\ \dot{\varepsilon}_y = \dfrac{\partial v_y}{\partial y} = \dot{\lambda}\dfrac{\partial f}{\partial \sigma_y} \\ \dot{\gamma}_{xy} = \dfrac{\partial v_x}{\partial y} + \dfrac{\partial v_y}{\partial x} = \dot{\lambda}\dfrac{\partial f}{\partial \tau_{xy}} \end{cases} \tag{2-35}$$

其中，$\dot{\lambda}$为速率形式的塑性标量因子；f 为金属材料的屈服函数，如金属材料服从 Mises 屈服准则，则

$$f = \frac{1}{4}(\sigma_x - \sigma_y)^2 + \tau_{xy}^2 \tag{2-36}$$

将式（2-36）代入式（2-35），同时应用极限应力圆中的几何关系可得

$$\begin{cases} \dot{\varepsilon}_x = -\dfrac{1}{2}\dot{\lambda}\cos 2\theta \\ \dot{\varepsilon}_y = \dfrac{1}{2}\dot{\lambda}\cos 2\theta \\ \dot{\gamma}_{xy} = \pm \dot{\lambda}\sin 2\theta \end{cases} \tag{2-37}$$

由式（2－37）可绘制出极限状态的应变速率莫尔圆，如图 2－7 所示。从图中可以看出应变速率圆与应力圆同心，且应变速率坐标原点也与应力的坐标原点相同，这正是相关流动法则的体现。

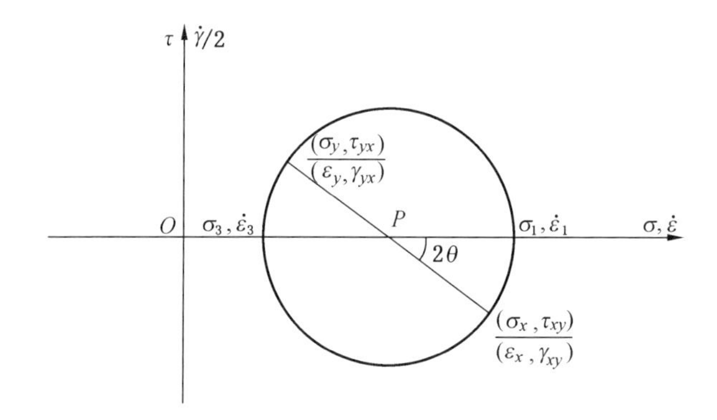

图 2－7　极限状态时应变速率莫尔圆

从式（2－37）中消去 $\dot{\lambda}$，并将其中前两式相加与相减，可得如下方程组：

$$\begin{cases} \dot{\varepsilon}_x + \dot{\varepsilon}_y = 0 \\ \dot{\varepsilon}_y - \dot{\varepsilon}_x = \dot{\gamma}_{xy}\cot 2\theta \end{cases} \tag{2-38}$$

式（2－38）中第一式就是体积不可压缩条件。再将式（2－37）中的 $\dot{\varepsilon}_x$、$\dot{\varepsilon}_y$、$\dot{\gamma}_{xy}$代入式（2－38）可得

$$\begin{cases} \dfrac{\partial v_x}{\partial x} + \cot 2\theta \dfrac{\partial v_x}{\partial y} + \cot 2\theta \dfrac{\partial v_y}{\partial x} - \dfrac{\partial v_y}{\partial y} = 0 \\ \dfrac{\partial v_x}{\partial x} + \dfrac{\partial v_y}{\partial y} = 0 \end{cases} \tag{2-39}$$

这就是以应变速度表示的应变率相容条件。

2. 用滑移线坐标表示的极限速度方程

式（2－39）是一个拟线性偏微分方程组，若能解得 $v_x = v_x(x,y), v_y = v_y(x,y)$，则可以求得任意点的速度分量。在 x、y 平面上若存在一条线段 L'，则未知量 v_x、v_y 的增量：

$$\begin{cases} \mathrm{d}v_x = \dfrac{\partial v_x}{\partial x}\mathrm{d}x + \dfrac{\partial v_x}{\partial y}\mathrm{d}y \\ \mathrm{d}v_y = \dfrac{\partial v_y}{\partial x}\mathrm{d}x + \dfrac{\partial v_y}{\partial y}\mathrm{d}y \end{cases} \tag{2-40}$$

可看作为求解 $\dfrac{\partial v_x}{\partial x}$、$\dfrac{\partial v_x}{\partial y}$、$\dfrac{\partial v_y}{\partial x}$、$\dfrac{\partial v_y}{\partial y}$为未知量的线性方程组。若 L'是两个方程的特征线，则有系数行列式：

$$\begin{vmatrix} 1 & -1 & \tan 2\theta & \tan 2\theta \\ 1 & 1 & 0 & 0 \\ \mathrm{d}x & 0 & \mathrm{d}y & 0 \\ 0 & \mathrm{d}y & 0 & \mathrm{d}x \end{vmatrix} = 0 \tag{2-41}$$

利用特征线法可得速度滑移线或速度特征线方程为

$$\begin{cases} \mathrm{d}y = \tan\theta \\ \mathrm{d}x = -\cot\theta \end{cases} \tag{2-42}$$

上式与应力滑移线或应力特征线方程一样。原因在于服从关联流动法则，塑性流动势面与屈服面是一致的，所以塑性流动方向与屈服面迹线的方向一致，因此在使用关联流动法则的情况下应力滑移线与速度滑移线相同，且都是特征线。速度滑移线就是速度方向迹线，对金属材料它们与屈服面的迹线一致，而对岩土材料则不一致。

将速度分量 v_x、v_y 变换为 α、β 方向的分量（图 2－8），变换关系为

$$\begin{cases} v_x = v_\alpha \cos\theta - v_\beta \sin\theta \\ v_y = v_\alpha \sin\theta + v_\beta \cos\theta \end{cases} \tag{2-43}$$

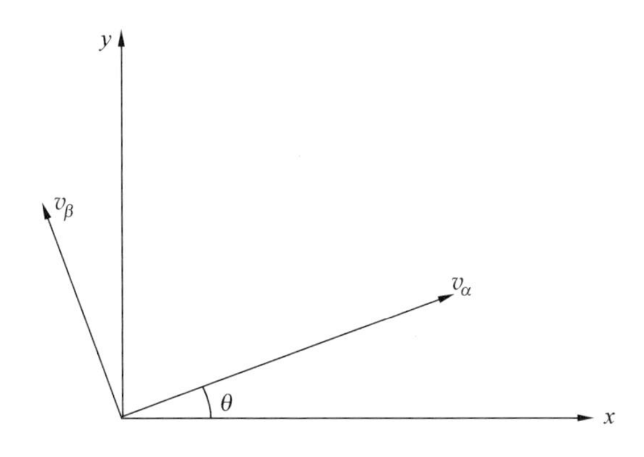

图 2－8　速度分解

代入式（2－35）得

$$\frac{\frac{\partial v_\alpha}{\partial x}\cos\theta - v_\alpha \sin\theta \frac{\partial \theta}{\partial x} - \sin\theta \frac{\partial v_\beta}{\partial x} - v_\beta \cos\theta \frac{\partial \theta}{\partial x}}{-k\sin 2\theta} = \dot{\lambda}$$

令 x、y 沿 α、β 的方向，即 $\theta=0$，因 $\dot{\lambda}$ 为有限值，则上式左边分子为零，得

$$\frac{\partial v_\alpha}{\partial S_\alpha} - v_\beta \frac{\partial \theta}{\partial S_\alpha} = 0 \tag{2-44}$$

$$\begin{cases} 沿\ \alpha\ 线有 \quad \mathrm{d}v_\alpha - v_\beta \mathrm{d}\theta = 0 \\ 沿\ \beta\ 线有 \quad \mathrm{d}v_\beta - v_\alpha \mathrm{d}\theta = 0 \end{cases} \tag{2-45}$$

此为沿滑移线的速度方程，又称 Geiringer 方程。此时两族滑移线正交，体应变率为

$$\dot{\varepsilon}_v = \dot{\varepsilon}_x + \dot{\varepsilon}_y = 0 \tag{2-46}$$

应当指出，当利用式（2－45）求解速度场分布时，不仅需要知道速度边界条件，而且还必须知道应力场的分布，这是因为无法利用两个速度方程求解 3 个未知数，因而只能利用已知的应力场确定速度场中的变化规律后，才能利用式（2－45）求解速度场。

3. 速度滑移线性质

滑移线具有刚性性质，即沿滑移线的相对伸长速度为零。根据平衡方程得

$$(\sigma_x - \sigma_y)\left(\frac{\partial v_x}{\partial y} + \frac{\partial v_y}{\partial x}\right) + 2\tau_{xy}\left(\frac{\partial v_x}{\partial x} + \frac{\partial v_y}{\partial y}\right) = 0$$

如取 x、y 沿 α、β 方向，$\sigma_\alpha = \sigma_\beta = \sigma$，则有

$$\frac{\partial v_\alpha}{\partial S_\alpha} - \frac{\partial v_\beta}{\partial S_\beta} = 0$$

$$\frac{\partial v_\alpha}{\partial S_\alpha} + \frac{\partial v_\beta}{\partial S_\beta} = 0$$

所以

$$\begin{cases} \frac{\partial v_\alpha}{\partial S_\alpha} = 0 \\ \frac{\partial v_\beta}{\partial S_\beta} = 0 \end{cases} \tag{2-47}$$

式（2－47）的意义是沿滑移线的正应变率等于零，即滑移线具有刚性性质，塑性区的变形只有沿滑移线方向的剪切流动。因此可推知，直线滑移线上塑性应变率为零。由此可以得出推论：

（1）与均匀应力场相对应的速度场称为均匀速度场。这种速度场中，整个区域如同刚体一样以一定速度运动。

（2）与简单应力场相应的速度场称为简单速度场。沿直线滑移线的速度为常量；沿曲线滑移线的速度也为常量，但其方向在不断改变。

2.2.3 间断值定理

（1）在滑移线两侧，应力不会间断。

证明：在滑移线两侧，σ_n、τ_{nt}连续，如图 2－9 所示。

$$\begin{cases}\sigma_n^+ = \sigma_n^- \\ \tau_{nt}^+ = \tau_{nt}^-\end{cases} \tag{2－48}$$

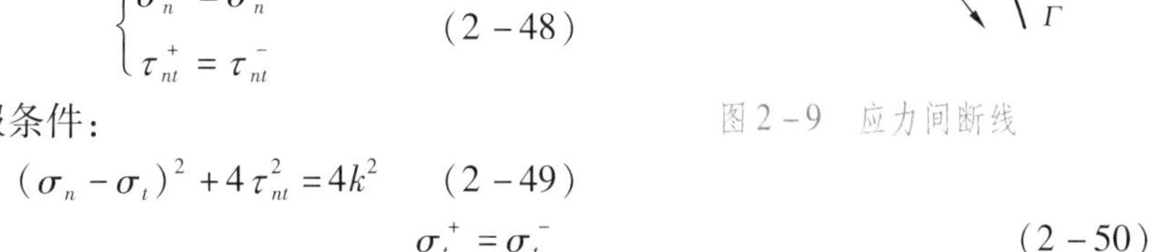

图 2－9 应力间断线

又满足屈服条件：

$$(\sigma_n - \sigma_t)^2 + 4\tau_{nt}^2 = 4k^2 \tag{2－49}$$

由此可得

$$\sigma_t^+ = \sigma_t^- \tag{2－50}$$

因此应力是连续的。

（2）如果沿某一滑移线曲率半径发生跳跃，则对应的应力微商也要发生跳跃。

证明：沿 α 线，有

$$\sigma - 2\theta = C_1 \tag{2－51}$$

$$\frac{\partial\sigma}{\partial S_\alpha} = 2k\frac{\partial\theta}{\partial S_\alpha} = \frac{2k}{R_\alpha} \tag{2－52}$$

因此梯度为

$$\left[\frac{\partial\sigma}{\partial S_\alpha}\right] = 2k\left[\frac{1}{R_\alpha}\right] \tag{2－53}$$

应力导数的不连续性只能绕过另一族滑移线发生，并体现在曲率的不连续性上。

（3）沿任一条线法向速度连续，而此法向速度的间断线一定是滑移线，并且间断值沿滑移线不变。

证明：

$$\frac{\partial v_t}{\partial n} = \infty \tag{2－54}$$

$$\dot{\varepsilon}_{nt} = \infty \tag{2－55}$$

又因为$\dot{\varepsilon}_{nt} = \dot{\lambda}\tau_{nt}$，则

$$\tau_{nt} = \tau_f = k \tag{2－56}$$

因此这条间断线即为滑移线。根据沿滑移线的速度方程式（2－45）可得

$$\begin{cases}\mathrm{d}v_t^+ = v_n^+\mathrm{d}\theta \\ \mathrm{d}v_t^- = v_n^-\mathrm{d}\theta\end{cases} \tag{2－57}$$

所以
$$[\mathrm{d}v_t]=\mathrm{d}v_t^+-\mathrm{d}v_t^-=(v_n^+-v_n^-)\mathrm{d}\theta=0 \tag{2-58}$$
因此速度间断值 $[v_t]$ 沿滑移线是常数。

2.2.4 边界条件

在上一小节中已经将基本方程变换为沿滑移线的方程，因此边界条件也要做相应的变换。塑性区的边界不仅指物体的实际边界，也包括两个不同区域的边界，一般来说分为应力边界、刚塑性区交界线和两个塑性区的交界线三类。

1. 应力边界条件

在应力边界 S_T 上以 σ、θ 为未知函数，则边界上的法向正应力 σ_n 和切向正应力 σ_t 以及剪应力 τ_{nt} 都可由边界条件给出：

$$\begin{cases}\sigma_n=\sigma-k\sin2(\theta-\varphi)\\ \sigma_t=\sigma+k\sin2(\theta-\varphi)\\ \tau_{nt}=k\cos2(\theta-\varphi)\end{cases} \tag{2-59}$$

其中，φ 为由 x 轴逆时针转向法向的夹角，由于 φ 是定值，那么由式（2-59）可得

$$\begin{cases}\theta=\varphi\pm\dfrac{1}{2}\arccos\left(\dfrac{\tau_{nt}}{k}\right)+m\pi\\ \sigma=\sigma_n+k\sin2(\theta-\varphi)\\ [\sigma]=2k\sin\left[\arccos\left(\dfrac{\tau_{nt}}{k}\right)\right]\end{cases} \tag{2-60}$$

上式对应有两组 σ、θ 解（$m=0$，1）。

2. 刚塑性区交界线

如果不考虑整个物体产生的刚体位移，可以认为刚性区内速度为零，而在塑性区内 v_α、v_β 不能全为零，否则就为刚性区。因此，刚性－塑性区边界 Γ 必然产生速度间断。根据上面的结论，速度间断线必定为滑移线，因此刚塑性区交界线必须是滑移线或滑移线的包络线。

3. 两个塑性区的交界线

如果两个塑性区的交界线 L 不是滑移线，则 σ、θ 间断，而且间断线 L 与两端的滑移线夹角相等。

证明：如果 L 不是滑移线，则 $\tau_{nt}<k$；又因为 $[\sigma_t]=|\sigma_t^+-\sigma_t^-|=4\sqrt{k^2-\tau_{nt}^2}>0$，法向应力间断值 $[\sigma_n]=0$；又因为 $\sigma=\dfrac{1}{2}(\sigma_n+\sigma_t)$，则平均应力间断值为

$$[\sigma]=\frac{1}{2}[\sigma_t]=2\sqrt{k^2-\tau_{nt}^2}>0 \tag{2-61}$$

交界线两侧的 θ 值分别为

$$\begin{cases}\theta^{+}-\varphi=\dfrac{1}{2}\arccos\left(\dfrac{\tau_{nt}}{k}\right)=\omega \\ \theta^{-}-\varphi=-\dfrac{1}{2}\arccos\left(\dfrac{\tau_{nt}}{k}\right)=-\omega\end{cases} \tag{2-62}$$

2.2.5 基本边值问题及数值积分法

求解实际问题时，必须求解双曲线型偏微分方程组：

$$\begin{cases}\dfrac{\partial\sigma}{\partial x}-\dfrac{\partial\theta}{\partial x}\cdot 2k\cos2\theta-\dfrac{\partial\theta}{\partial y}\cdot 2k\sin2\theta=0 \\ \dfrac{\partial\sigma}{\partial y}-\dfrac{\partial\theta}{\partial x}\cdot 2k\sin2\theta-\dfrac{\partial\theta}{\partial y}\cdot 2k\cos2\theta=0\end{cases} \tag{2-63}$$

并使其满足一定的边界条件，但由于某些边值问题不易表示为解析形式，所以通常沿滑移线网 α、β 坐标以有限差分法数值求解。同时，也可以用近似方法绘出滑移线网。下面介绍几类边值问题及其数值计算方法。

2.2.5.1 应力场的边值问题

1. 应力场第一类边值问题（Riemann 问题）

如图 2－10 所示，若已知两条滑移线 OA、OB 的 σ、θ 值，根据 Hencky 第一定律可求出区域 $OACB$ 内所有的 σ、θ 值：

$$\begin{cases}\theta_{m,n}=\theta_{m,o}+\theta_{o,n}-\theta_{o,o} \\ \sigma_{m,n}=\sigma_{m,o}+\sigma_{o,n}-\sigma_{o,o}\end{cases} \tag{2-64}$$

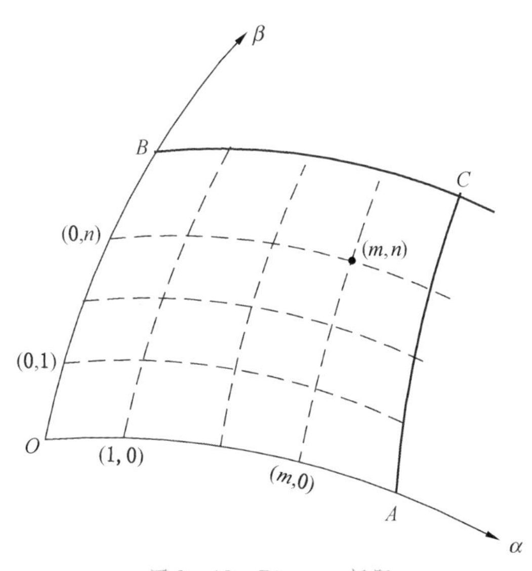

图 2－10 Riemann 问题

至于网络中任一节点的坐标位置，可将滑移线的微分方程式（2－14）优化为差分方程：

$$\begin{cases}沿\ \alpha\ 线有 & \dfrac{\Delta y}{\Delta x}=\tan\overline{\theta} \\ 沿\ \beta\ 线有 & \dfrac{\Delta y}{\Delta x}=-\cot\overline{\theta}\end{cases} \tag{2-65}$$

即
$$\begin{cases}沿\ \alpha\ 线有 & y_{m,n}-y_{m-1,n}=(x_{m,n}-x_{m-1,n})\cdot\tan\left[\dfrac{1}{2}(\theta_{m,n}-\theta_{m-1,n})\right] \\ 沿\ \beta\ 线有 & y_{m,n}-y_{m,n-1}=(x_{m,n}-x_{m,n-1})\cdot\tan\left[\dfrac{1}{2}(\theta_{m,n}-\theta_{m,n-1})\right]\end{cases} \tag{2-66}$$

因此，按顺序可求出（1，1），（2，1），（3，1）…各节点坐标，在区域 $OACB$ 内各点的 σ、θ 值都可以近似地由式（2－64）求出。

2. 应力场第二类边值问题（Cauchy 问题）

Cauchy 问题也称为初值问题。如图 2－11 所示，沿着一条非滑移线段 AB 给出 σ、θ 值，则可求出 APB 内所有的 σ、θ 值：

$$\begin{cases}沿\ \alpha\ 线有 & \sigma_{m+1,m}-2k\theta_{m+1,m}=\sigma_{m,m}-2k\theta_{m,m} \\ 沿\ \beta\ 线有 & \sigma_{m+1,m}+2k\theta_{m+1,m}=\sigma_{m+1,m+1}+2k\theta_{m+1,m+1}\end{cases} \tag{2-67}$$

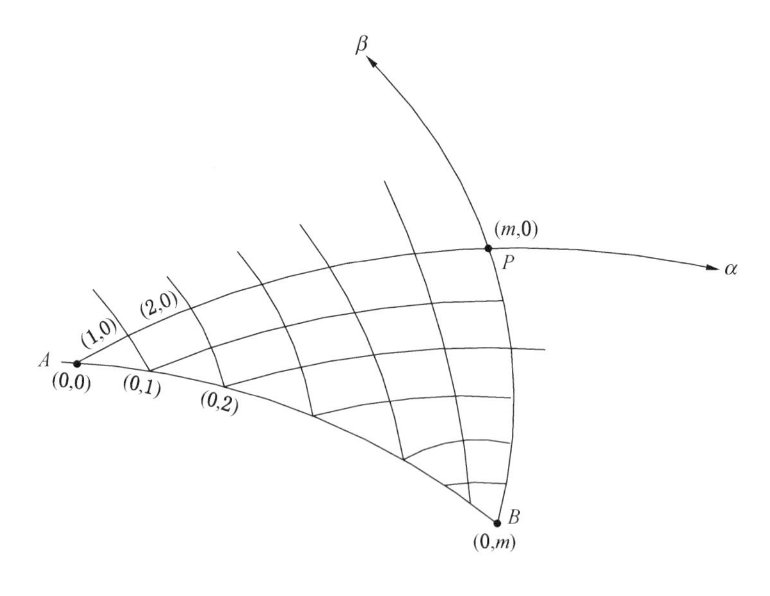

图 2－11　Cauchy 问题

3. 应力场第三类边值问题（混合边值问题）

混合边值问题即以上两类问题的混合。在一条滑移线上已知 σ 值，在另一

条非滑移线上已知 θ 值，则可以求出过 B 点的 β 族滑移线与 OA、OB 所形成的区域 OAB 内各点的 σ 值和 θ 值。

2.2.5.2　速度场的边值问题

1. 速度场的第一类边值问题

如果已知 OA、OB 的法向速度分量，α 线已知 v_β，β 线已知 v_α，则可确定区域 $OACB$ 内的 v_α、v_β，这是求解速度场的 Riemann 边值问题。速度方程：

$$\begin{cases} dv_\alpha - v_\beta d\theta = 0 \\ dv_\beta + v_\alpha d\theta = 0 \end{cases} \tag{2-68}$$

可写成差分形式：

$$\begin{cases} (v_\alpha)_{m,n} - (v_\alpha)_{m-1,n} = \dfrac{1}{2}[(v_\beta)_{m,n} + (v_\beta)_{m-1,n}](\theta_{m,n} - \theta_{m-1,n}) \\ (v_\beta)_{m,n} - (v_\beta)_{m,n-1} = -\dfrac{1}{2}[(v_\alpha)_{m,n} + (v_\alpha)_{m,n-1}](\theta_{m,n} - \theta_{m,n-1}) \end{cases} \tag{2-69}$$

2. 速度场的第二类边值问题

在一条非滑移线段 AB 上给出 v_α、v_β 值，则可以从边界开始求出区域 ABC 内所有的 v_α、v_β 值。只要利用式（2-69），就可以从边界开始逐个求出各点的速度值。

3. 速度场的第三类边值问题

如图 2-12 所示，只要在 α 族滑移线 OA 上给定法向速度 v_α，在另一条非滑移线 OB 上给定速度分量之间的关系：

$$\alpha(s)v_\alpha + v_\beta = \beta(s) \tag{2-70}$$

就可以求出区域 OAB 内各点的 v_α、v_β 值。

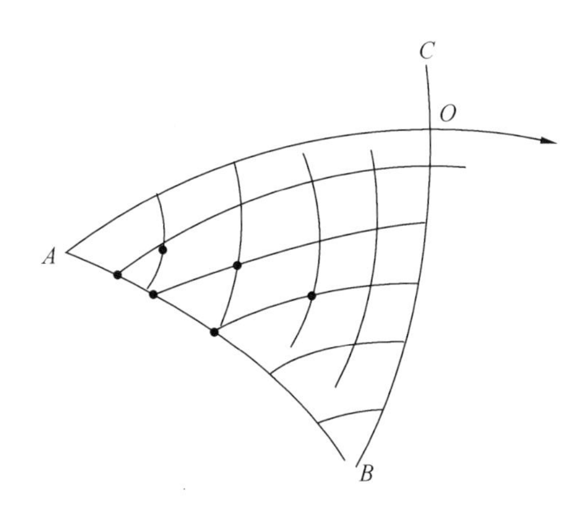

图 2-12　速度场的第三类边值问题

2.3 岩土材料的滑移线理论与滑移线法

2.3.1 基本假设与基本方程

1. 基本假设

岩土材料一般都为硬化或软化材料，很少存在理想塑性状态。但解决岩土工程中的强度与稳定性问题，仍可采用理想塑性取代材料的硬化与软化状态，这样就可简化为理想塑性，如图 2-13 所示。

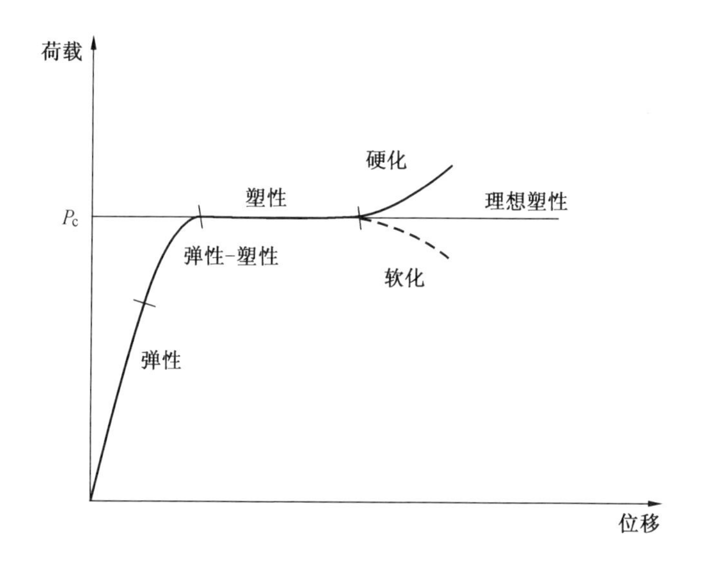

图 2-13 理想塑性

与经典塑性一样，仍然存在以下几个假设：

（1）假设材料为理想刚塑性材料。

（2）材料是连续的，材料内各点的应力、变形、位移等都是连续的。

（3）小变形假设。

（4）体积不变假设。由于岩土材料属多孔隙材料，一般不能略去塑性体积变形，但对于研究强度与稳定性问题，仍可采用体积不变的假设，这样假设对应力场没有影响，对速度场有影响。

岩土塑性力学中，不要求满足 Drucker 公设，只要求服从非关联流动法则与塑性位势理论。然而目前岩土极限分析中仍广泛采用关联流动法则，这必然会导致理论上与概念上出现一些矛盾。尽管如此，但在某些情况下它仍不失为解题的一种好方法，会使解题大为简化。因而，目前岩土极限分析中这两种流动法则都在应用，只有在求解速度滑移线场时采用关联流动法则会出现严重错误，而其余情况一般都可应用。但也应当明白，采用非关联法则时是针对体应变为零的理想塑性岩土体的较真实状态，而采用关联法则时是针对出现过大剪胀的岩土虚构状态，后者只是一种解题方法。

岩土材料为摩擦类材料，既有黏聚力又有摩擦力，因而必须采用岩土摩擦类材料的屈服准则，即莫尔－库仑屈服准则。

2. 基本方程

同样，岩土塑性分析中平面应变问题也要求满足平衡方程、相容方程、屈服条件和边界条件。与经典塑性力学相比，只是岩土塑性分析中所采用的流动法则与屈服准则是不同的。

（1）对于岩土材料应采用摩尔－库仑屈服准则，对应的屈服函数 f 为式（1－86）。对于平面应变问题 $\theta_\sigma=0$，则有

$$f=I_1\sin\varphi+\sqrt{J_2}-c\cos\varphi=0 \tag{2-71}$$

由图 2－14 所示的 M－C 屈服面与摩尔应力圆的关系有

$$\begin{cases}\sigma_x=\sigma-R\cos2\theta\\ \sigma_y=\sigma+R\cos2\theta\\ \tau_{xy}=R\sin2\theta\end{cases} \tag{2-72}$$

式中，σ、R 分别为平均应力的大小和摩尔应力圆的半径，分别为 $\sigma=\frac{1}{2}(\sigma_x+\sigma_y)=\frac{1}{2}(\sigma_1+\sigma_3)$，$R=(\sigma+C\cot\varphi)\sin\varphi$。

对于饱和黏土可取 $\varphi=0$，或者可采用 Tresca 或 Mises 屈服准则，此时可应用经典塑性极限理论研究。

（2）应力应变关系与体应变为零的条件。

对岩土材料应采用广义塑性势理论，它不仅能表示出应力应变的数值关系，还能表示出塑性应变的方向。由于理想塑性状态下体应变为零，而平面应变情况下 $\theta_\sigma=0$，因而有

$$\begin{cases}\dot{\varepsilon}_v=\dot{\lambda}_1\dfrac{\partial Q_1}{\partial p}=0\\ \dot{\varepsilon}_q=\dot{\lambda}_2\dfrac{\partial Q_2}{\partial q}\\ \dot{\varepsilon}_\theta=\dot{\lambda}_3\dfrac{\partial Q_3}{\partial \theta_\sigma}=0\end{cases} \tag{2-73}$$

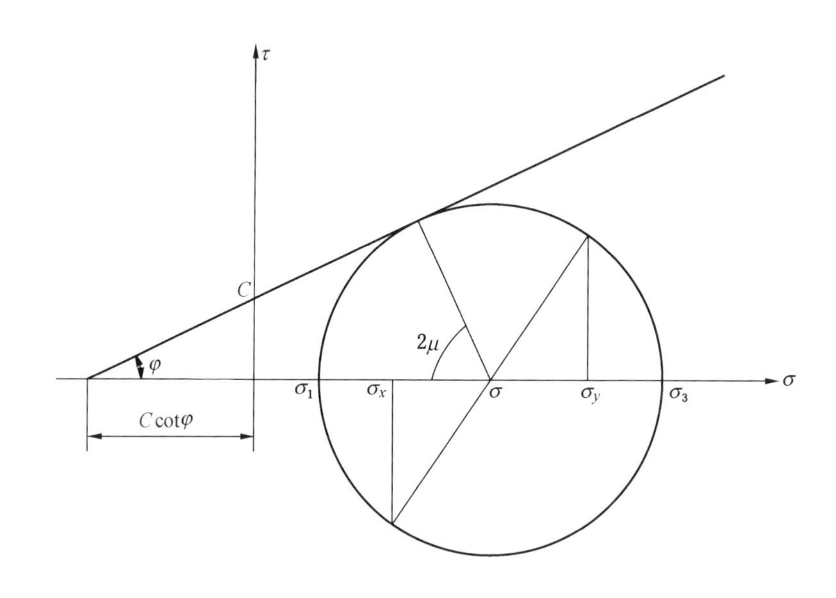

图 2-14 M-C 屈服面与摩尔应力圆的关系

式中 Q_1、Q_2、Q_3 分别为 σ_x、σ_y、τ_{xy}三个应力分量的塑性势函数。由此可见，对于平面问题塑性极限分析只需计算 Q_2，由体应变为零或按广义塑性位势理论可知

$$Q_2 = \sqrt{3J_2} = \sqrt{3}\sqrt{\left(\frac{\sigma_x - \sigma_y}{2}\right)^2 + \tau_{xy}^2} \tag{2-74}$$

此时满足非关联流动法则，与屈服函数无关。

2.3.2 应力滑移线场及其性质

按岩土力学特点建立如图 2-15 所示的坐标系，令重力方向向下为 y 轴正向，按照左手规则确定 x 轴的方向，图中 θ 为 M 点的最大主应力 σ_1 与 y 轴的夹角。α 角及 β 角分别为过 M 点的 α 族及 β 族滑移线与 y 轴的夹角。规定 α、β 及 θ 均以逆时针方向为正，σ_1 及 σ_3 以压为正。

应力滑移线是理想刚塑性材料达到极限平衡状态时的最大剪应力迹线，也就是说理想刚塑性体中任意一点在某一面上的剪应力达到它的抗剪强度时，就会发生剪切塑性流动。如图 2-14 所示，当莫尔圆在抗剪强度包络线以内时，该点的应力状态为弹性状态，当莫尔圆与抗剪强度线相切时，称该点处于极限应力平衡状态，此时切点的正应力为 σ_n，剪应力为 τ_n。剪应力 τ_n与最大主应力 σ_1 的夹角为 $\mu = \pi/4 - \varphi/2$。

图 2－15 中 M 点的两族滑移线的方向角分别为

$$\begin{cases}\text{沿}\,\alpha\,\text{线有} & \alpha=\theta-\mu\\ \text{沿}\,\beta\,\text{线有} & \beta=\theta+\mu\end{cases} \tag{2-75}$$

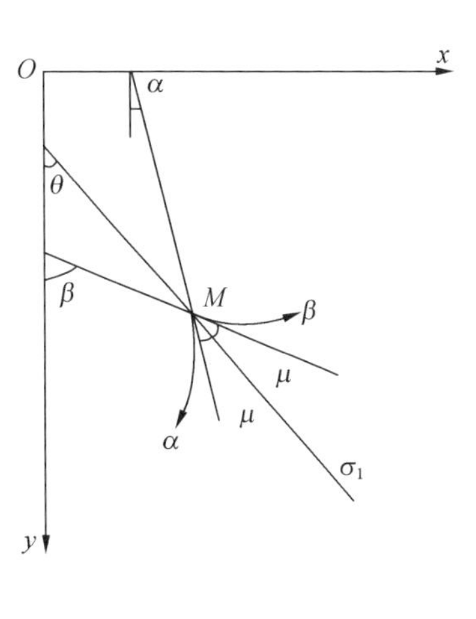

图 2－15 基本坐标系

由图 2－15 可以看到，岩土材料的两个破坏面与最大主应力 σ_1 的方向夹角为 $\mu=\pi/4-\varphi/2$。滑移线微分方程可表示为

$$\begin{cases}\text{沿}\,\alpha\,\text{线有} & \dfrac{\mathrm{d}x}{\mathrm{d}y}=\tan(\theta-\mu)\\ \text{沿}\,\beta\,\text{线有} & \dfrac{\mathrm{d}x}{\mathrm{d}y}=\tan(\theta+\mu)\end{cases} \tag{2-76}$$

如前文所述，把平面上各点破坏面切线方向连接而成的迹线称为应力滑移线，即破坏面迹线才是当前所谓的滑移线。实际上岩土材料真正的滑移（破坏）方向不在滑移线上，而与滑移线成 $\varphi/2$ 角。可见对于岩土材料，一般所说的滑移线与真正的滑移方向是不一致的，这是由于岩土材料的塑性势面与屈服面是不相重合的。但是目前岩土极限分析中仍广泛采用应力滑移线求解应力分布，这是因为滑移线能作为求解应力方程的特征线，而真正滑移方向的迹线不是应力特征线。

1. 应力沿滑移线的方程

采用岩土材料屈服准则结合应力平衡方程就能得到岩土材料的极限平衡方程，不同的屈服准则得到的方程是不同的。下面以摩尔－库仑屈服准则为例，忽略岩土材料的自重，由式（2－71）与平衡微分方程式（2－5）得极限平衡方程如下：

$$\begin{cases}\dfrac{\partial\sigma}{\partial y}(1+\sin\varphi\cos2\theta)+\dfrac{\partial\sigma}{\partial x}\sin\varphi\sin2\theta+2R\left(-\dfrac{\partial\theta}{\partial y}\sin2\theta+\dfrac{\partial\theta}{\partial x}\cos2\theta\right)=0\\ \dfrac{\partial\sigma}{\partial y}\sin\varphi\cos2\theta+\dfrac{\partial\sigma}{\partial x}(1-\sin\varphi\cos2\theta)+2R\left(\dfrac{\partial\theta}{\partial y}\cos2\theta+\dfrac{\partial\theta}{\partial x}\sin2\theta\right)=0\end{cases} \tag{2-77}$$

式（2－77）是双曲线型的一阶拟线性偏微分方程组，与其相伴随的两组特征线的方程为

$$\begin{cases}\mathrm{d}x=\tan(\theta-\mu)\\ \mathrm{d}y=\tan(\theta+\mu)\end{cases} \tag{2-78}$$

如果能从式（2－77）中求出 σ、θ，则可由式（2－72）求出 σ_x、σ_y 与 τ_{xy}；如果需要求出滑移线方程，则须将求出的 $\theta=\theta(x,y)$ 代入式（2－78）并积分，得出滑移线迹线方程 $f=f(x,y)$。利用特征线法可以求出：

$$\begin{cases}\text{沿}\,\alpha\,\text{线有} & d\sigma-2(\sigma+C\cot\varphi)\tan\varphi d\theta=0\\ \text{沿}\,\beta\,\text{线有} & d\sigma+2(\sigma+C\cot\varphi)\tan\varphi d\theta=0\end{cases} \tag{2-79}$$

这就是岩土材料沿 α 及 β 族滑移线的平均应力 σ 和夹角 θ 的差分方程。利用上述方程就可以求解岩土各种边值问题的滑移线场的应力分布和极限荷载。

2. 应力滑移线的性质

了解应力滑移线（及速度滑移线）的几何性质与物理意义，对于构造滑移线场求解极限荷载是很重要的。下面重点讨论岩土材料应力滑移线的基本性质。根据应力滑移线的定义及推导过程，其具有以下基本性质：

（1）沿应力滑移线上的剪应力 τ_n 等于抗剪强度，但岩土材料的应力滑移线与金属材料的应力滑移线不同，金属材料的应力滑移线是主剪应力线，法向应力为零，而岩土材料的应力滑移线不是主剪应力线，存在法向应力且不为零。

（2）两族应力滑移线间的夹角与材料屈服准则有关。服从摩尔－库仑屈服准则的岩土材料两族应力滑移线不正交，其夹角为 $2\mu=\pi/2-\varphi$。

（3）对于岩土材料来说，黏聚力 C 的存在不影响两族应力滑移线的形状和夹角，重力的存在不影响两族应力滑移线间的夹角。

除了以上最基本的特性之外，应力滑移线还具有以下重要性质；

（1）沿同一条应力滑移线上的 $\sigma-\theta$ 积分常数相同。尽管一条滑移线可能经过不同的塑性区，而且在不同的塑性区滑移线的形状也可能发生变化，但只要在同一条应力滑移线上，其积分常数必相同。

（2）Henky 第一定律：若两条 α 族和两条 β 族应力特征线相交于 a、b、c、d 各点，则被 α_1 及 α_2 切割的 β_1 和 β_2 线的相应线段 ac 和 bd 的转角相等。写成公式则为

$$\begin{cases}\Delta\beta_{ca}=\Delta\beta_{bd}\\ \Delta\alpha_{ba}=\Delta\alpha_{dc}\end{cases} \tag{2-80}$$

Henky 第二定律：过一条 α 族应力滑移线上两点的两 β 族应力滑移线的曲率半径之差，等于该条 α 族应力滑移线上两点间的长度除以 $\cos\varphi$。写成公式则为

$$\begin{cases}\dfrac{\partial R_\alpha}{\partial S_\beta}=-\dfrac{1}{\cos\varphi}\\[2ex] \dfrac{\partial R_\beta}{\partial S_\alpha}=-\dfrac{1}{\cos\varphi}\end{cases} \tag{2-81}$$

式中 $R_\alpha(R_\beta)$ 为沿 $\beta(\alpha)$ 族滑移线的曲率半径。

2.3.3 速度滑移线及其性质

前面讲述了岩土材料的应力滑移线方程及其滑移线上 $\sigma-\theta$ 的变化规律，下面研究塑性流动开始时与应力滑移线场相关的速度滑移线场。

1. 速度滑移线的方程

速度滑移线是理想塑性体达到极限状态时，塑性流动的方向迹线。理想塑性体在塑性流动阶段，塑性区域中的一点的塑性应变率和塑性流动方向，在经典塑性理论中，由屈服函数和关联流动法则决定；在岩土塑性理论中，由塑性势函数和非关联流动法则决定。平面应变问题中，当岩土材料达到极限状态时，将沿塑性势面的梯度方向（q 方向）发生流动。而不像经典塑性理论中，沿屈服面的梯度方向（σ_n 方向）流动。

此时，按非关联流动法则，有

$$\begin{cases} d\varepsilon_x = \dfrac{\partial v_x}{\partial x} = \dot{\lambda}\dfrac{\partial q}{\partial \sigma_x} = -\dfrac{\sqrt{3}}{2}\dot{\lambda}\cos 2\theta = \dfrac{\sqrt{3}}{2}\sin 2\alpha \cdot \dot{\lambda} \\ d\varepsilon_y = \dfrac{\partial v_y}{\partial y} = \dot{\lambda}\dfrac{\partial q}{\partial \sigma_y} = \dfrac{\sqrt{3}}{2}\dot{\lambda}\cos 2\theta = -\dfrac{\sqrt{3}}{2}\sin 2\alpha \cdot \dot{\lambda} \\ d\gamma_{xy} = \dfrac{\partial v_x}{\partial y} + \dfrac{\partial v_y}{\partial x} = \dot{\lambda}\dfrac{\partial q}{\partial \tau_{xy}} = \sqrt{3}\dot{\lambda}\sin 2\theta = \sqrt{3}\cos 2\alpha \cdot \dot{\lambda} \end{cases} \tag{2-82}$$

将式（2－82）中的第一式与第二式相减与相加得

$$\begin{cases} \dfrac{\partial v_x}{\partial x} - \dfrac{\partial v_y}{\partial y} = -\sqrt{3}\cos 2\theta \cdot \dot{\lambda} \\ \dfrac{\partial v_x}{\partial y} + \dfrac{\partial v_y}{\partial x} = 0 \end{cases} \tag{2-83}$$

上式就是以位移速度表示的相容性条件，其中第二式即为极限分析中体应变为零的基本假设。

现设 $v_{\alpha'}$、$v_{\beta'}$是塑性区内任意一点的速度矢量沿滑移线 α'及β'方向的速度分量，如图 2－16 所示，则速度矢量沿直角坐标系 x 与 y 方向的分量 v_x、v_y 与 $v_{\alpha'}$、$v_{\beta'}$的关系为

$$\begin{cases} v_x = -v_{\alpha'}\sin(45° - \theta) + v_{\beta'}\cos(45° - \theta) \\ v_y = -v_{\alpha'}\cos(45° - \theta) + v_{\beta'}\sin(45° - \theta) \end{cases} \tag{2-84}$$

将上式代入式（2－83），并令 x、y 沿β'、α'方向，即 $\alpha' = 45° - \theta$，$\theta = 45°$，则可得出：

$$\begin{cases} \dfrac{\partial v_{\beta'}}{\partial S_{\beta'}} + v_{\alpha'}\dfrac{\partial \theta}{\partial S_{\beta'}} = 0 \\ \dfrac{\partial v_{\alpha'}}{\partial S_{\alpha'}} - v_{\beta'}\dfrac{\partial \theta}{\partial S_{\alpha'}} = 0 \end{cases} \tag{2-85}$$

$$\begin{cases} \text{沿 } \alpha' \text{线有} \quad dv_{\alpha'} + v_{\beta'}d\theta = 0 \\ \text{沿 } \beta' \text{线有} \quad dv_{\beta'} + v_{\alpha'}d\theta = 0 \end{cases} \tag{2-86}$$

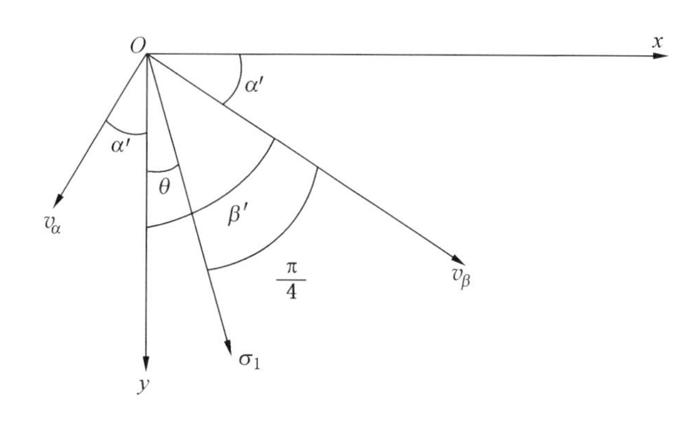

图 2－16　位移速度分解

这就是服从岩土塑性理论时沿滑移线方向的速度方程。由于塑性流动是沿塑性势面梯度方向进行的，与屈服函数$f(\sigma_{ij})\leqslant 0$无关，所以它对金属材料与岩土材料都适用。

2. 速度滑移线的性质

对比沿滑移线的位移速度变化式（2－86）与沿滑移线的应力变化式（2－79）可以看出，对于应力滑移线问题，只要知道塑性边界上的σ、θ值以及边界附近的滑移线，边界附近的应力值就可唯一确定，因此求解塑性区的应力场分布问题属于静定问题。而当利用式（2－86）求解速度场分布时，不仅需要知道速度边界条件，而且还必须事先知道应力场的分布，这是因为式（2－86）中有3个未知数v_α、v_β和θ，但只有两个方程，因此只有通过已知的应力场确定了速度场中的θ变化规律后，才能利用式（2－86）求解速度场。所以速度方程属于超静定问题。一般是由应力方程求出应力场分布后，再利用速度滑移线同应力特征线相差$\varphi/2$求出速度滑移线，或利用速度边界条件采用数值积分的方法求出相应的速度场。由此可知速度滑移线具有以下特征：

（1）直线滑移线上的塑性应变率为零，或位移速度不变。

若一条α族应力滑移线为直线，则在该条应力特征线上有$\theta=\text{const}$，其相应的速度滑移线上有$\mathrm{d}\theta_\alpha=0$，$\mathrm{d}v_\alpha=0$，故$v_\alpha=\text{const}$，且有$\dot{\varepsilon}_\alpha=\dfrac{\partial v_\alpha}{\partial S_\alpha}=0$。由此可以得出推论：

① 与均匀应力场相对应的速度场称为均匀速度场，即为直线型速度滑移线场。在这种速度场中，沿直线滑移线上的速度为常量或零（$v_\alpha=v_\beta=\text{const}$或$v_\alpha=v_\beta=0$），整个区域如同刚体一样以一定速度运动。

② 与简单应力场相对应的速度场称为简单速度场，即为圆弧形速度滑移线场。

在简单速度场中，沿速度滑移线上的速度方向都要发生变化，而大小一般不变。

（2）弹塑性区的交界面是速度滑移线的间断线，但与经典塑性理论不同，它不一定是速度滑移线。

如果不计弹塑性（或刚塑性）区的刚体位移，在弹性区或刚性区有 $v_{\alpha}=v_{\beta}=0$；而在塑性区中 v_{α} 及 v_{β} 不能同时为零（否则也会变成弹性区或刚性区），故在它们的交界处定将发生速度间断或速度不连续，形成速度间断线，但速度间断线不一定是速度滑移线，因为对岩土材料来说，速度滑移线与应力滑移线是不一致的。

2.4 极限分析的上、下限定理

2.4.1 耗散函数

根据 Drucker 公设，应力空间中屈服面外凸性的判别法则为

$$(\sigma_{ij}^{a}-\sigma_{ij}^{e})\dot{\varepsilon}_{ij}^{p}\geqslant 0 \tag{2-87}$$

其中 σ_{ij}^{a} 为屈服面上一点的应力状态。如图 2-17 所示，式（2-87）又可以写成

$$\sigma_{ij}^{a}\dot{\varepsilon}_{ij}^{p}\geqslant\sigma_{ij}^{e}\dot{\varepsilon}_{ij}^{p} \tag{2-88}$$

即为 Mises 能量耗散极值原理，可以陈述为：实际应力状态在塑性应变率上所做的功率，当屈服时取极大值。

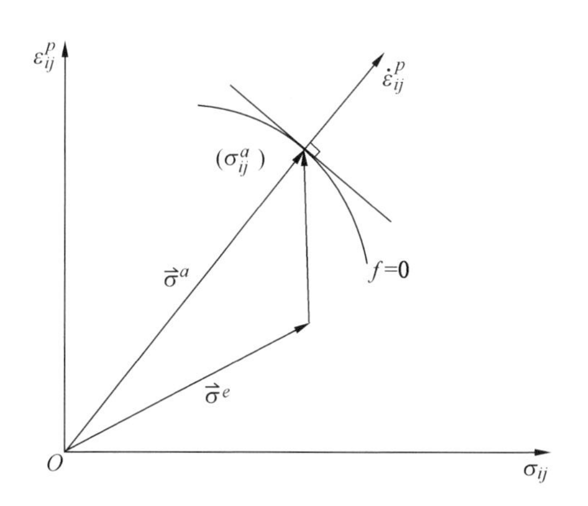

图 2-17　应力空间中屈服面的外凸性

在塑性变形过程中，物体内部将发生能量耗散，以 $D(\dot{\varepsilon}_{ij}^{p})$ 表示物体单位体积的能量耗散率（D 也称为耗散函数），则在忽略了弹性应变率时有

$$D(\dot{\varepsilon}_{ij}^{p})=\sigma_{ij}^{a}\dot{\varepsilon}_{ij}^{p}=\sigma_{ij}^{e}\dot{\varepsilon}_{ij}^{p} \tag{2-89}$$

2.4.2 小变形假设下的虚功原理

假设物体变形主要是在剪破瞬时发生，变形可以看作小变形。在小变形意义下，所有运算将涉及变形前的几何尺寸。这时，平衡方程和相容方程也是小变形情况下的方程，变形体力学中的虚功方程也适用。

速率型的虚功方程涉及两个相互间独立无关的场，一个是静力许可的应力场，简称应力场；另一个是变形（或机动）可能的速率场，简称相容速率场。静力场（σ_{ij}^{0}）指的是在物体内部满足平衡方程且不违反屈服条件并在应力边界条件上满足边界条件的应力分布；相容速率场（$\dot{\varepsilon}_{ij}^{*}$，$\dot{u}_{j}^{*}$）指的是在物体内部满足相容方程及位移边界（或速度边界）上满足边界条件的应变率及位移速度分布。虚功方程可陈述为：静力场在速率场上所做的内、外功率相等，即

$$\int_{A} T_{i}\,\dot{u}_{i}^{*}\,\mathrm{d}A+\int_{V} F_{i}\,\dot{u}_{i}^{*}\,\mathrm{d}V=\int_{V}\sigma_{ij}^{0}\dot{\varepsilon}_{ij}^{*}\,\mathrm{d}V \tag{2-90}$$

其中 A 为物体表面积，V 为体积。

显然真实的应力场可作为静力场，真实的应变速率与位移速率可作为相容速率场。

在式（2-90）中，静力场也可选为满足静力场条件的应力增量或应变速率，此时虚功方程具有下列形式：

$$\int_{A}\dot{T}_{i}\,\dot{u}_{i}^{*}\,\mathrm{d}A+\int_{V}\dot{F}_{i}\,\dot{u}_{i}^{*}\,\mathrm{d}V=\int_{V}\dot{\sigma}_{ij}\dot{\varepsilon}_{ij}^{*}\,\mathrm{d}V \tag{2-91}$$

2.4.3 极限分析的上、下限定理

1. 上限定理

在塑性变形状态任给一相容速率场（$\dot{\varepsilon}_{ij}^{*}$，$\dot{u}_{j}^{*}$），则通过令外力在该相容速率场上所做的功率等于能量耗散率，即

$$\int_{A} T_{i}\,\dot{u}_{i}^{p*}\,\mathrm{d}A+\int_{V} F_{i}\,\dot{u}_{i}^{p*}\,\mathrm{d}V=\int_{V}\dot{\sigma}_{ij}^{p*}\,\dot{\varepsilon}_{ij}^{p*}\,\mathrm{d}V \tag{2-92}$$

所求得的外力将大于或等于真实的极限荷载。

证明：用反证法。假设由式（2-92）计算的外荷载 T_i、F_i 小于真实的极限荷载，则物体在此荷载作用下将不发生破坏，此时存在一个平衡应力状态 σ_{ij}^{e}，使 $f(\sigma_{ij}^{e})<0$。以 σ_{ij}^{e} 作为静力场，把（$\dot{\varepsilon}_{ij}^{p*}$，$\dot{u}_{j}^{p*}$）作为相容速率场，应用虚功方程，有

$$\int_{A} T_{i}\,\dot{u}_{i}^{p*}\,\mathrm{d}A+\int_{V} F_{i}\,\dot{u}_{i}^{p*}\,\mathrm{d}V=\int_{V}\sigma_{ij}^{e}\varepsilon_{ij}^{p*}\,\mathrm{d}V \tag{2-93}$$

由式（2-92）减去式（2-93）可得

$$\int_{V}(\sigma_{ij}^{p*}-\sigma_{ij}^{e})\,\dot{\varepsilon}_{ij}^{p*}\,\mathrm{d}V=0 \tag{2-94}$$

然而，外凸性及正交性要求（$\sigma_{ij}^{p*}-\sigma_{ij}^{e}$）$\dot{\varepsilon}_{ij}^{p*}>0$，这就导致了矛盾，于是上限定

理得证。

由上限定理可看出，只要能在理想塑性体中找到满足变形几何条件的机构，由式（2－92）可计算出极限荷载的上限解；如果物体中存在一个失效路径，物体将处于破坏（或运动）状态。

2. 下限定理

在外荷载 T_i、F_i 作用下，如果能够在整个物体内找到一个平衡应力场 σ_{ij}^e，它与应力边界面 A_T 上作用的面力 T_i 及体积 V 内到处有 $f(\sigma_{ij}^e)<0$ 成立，则外荷载 T_i、F_i 不大于真实极限荷载。

证明：同样采用反证法。假设此时 T_i、F_i 大于极限荷载，即物体发生破坏。由定理的条件可知 σ_{ij}^e 可作为一静力场。取真实极限状态的应力 σ_{ij}^p 为另一静力场，取真实极限状态的速率场（$\dot{\varepsilon}_{ij}^p$，$\dot{u}_j^p$）为相容场，由虚功原理可得

$$\int_{A_T} T_i \dot{u}_i^p \mathrm{d}A + \int_V F_i \dot{u}_i^p \mathrm{d}V = \int_V \dot{\sigma}_{ij}^e \dot{\varepsilon}_{ij}^p \mathrm{d}V \tag{2-95}$$

屈服面的外凸性及流动的正交性要求（$\sigma_{ij}^p - \sigma_{ij}^e$）$\dot{\varepsilon}_{ij}^p>0$，这就导致了矛盾，所以下限定理得到。

由下限定理可知，对于给定的外荷载形式，可以在物体内按静力场的条件给出可能的应力分布，或者对所给出的可能应力分布进行调整，以求出极限荷载的下限。

2.5 极限分析的上限方法

2.5.1 速度间断面及相容破损机构

前面介绍了极限分析的上限定理，从该定理可以看出，如果我们要求变形体的塑性极限荷载，只要在物体中构造相容速度场或破损机构所构造的速率场满足变形协调条件，且不破坏约束即可。给该场一微小运动，然后计算出外荷载所做的功率及塑性区的内耗散率。通过令外荷载功率与能量耗散相等，我们就可求得极限荷载的上限。

现在问题的关键是怎样在物体中构造出一个相容速率场或相容破损机构，一维杆系结构的极限分析方法给出了启发：相容破损机构并不要求速度场的连续性，只要保证物体内部物质的连续性（即不允许出现裂缝或重叠现象），而且破损机构要满足约束条件。这样，在构造的相容破损机构或给出的相容速率场中，就允许有速度间断面的存在（对一维情况为塑性铰处转角的间断性）。在这些间断面上，沿面的法线方向相对速度是连续的（对于变形时体积膨胀的材料，法向相对速度应等于材料沿法向的膨胀速度），而沿面的切平面方向允许速度不连续，我们把这样的速度场称为间断速度场。对平面应变问题，速度不连续面为无

限长的柱面。如果在平面内考虑问题，有时也把该面叫作速度间断线，借助于间断速度场，我们就可以对具体问题构造出相容破损机构。

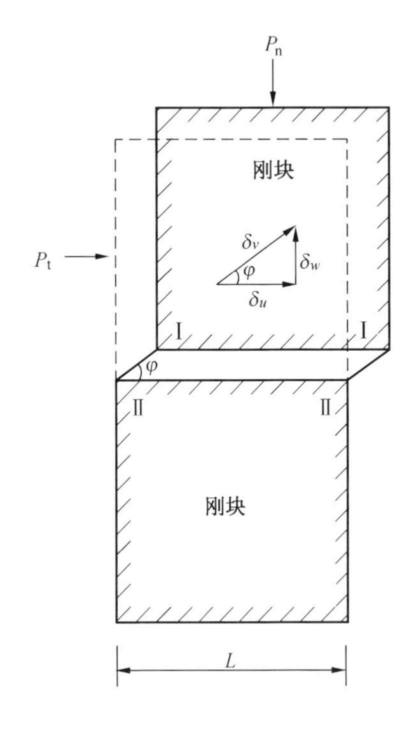

图 2－18　速度间断面

下面我们来分析 Coulomb 材料速度间断面处的运动特性。如图 2－18 所示，一块体受荷载作用，当荷载达到极限时，假设存在一破损机构（由两刚块与一速度间断面组成）。由 Coulomb 材料正交流动法则可知，相对速度方向应与 P_t 方向夹角成 φ 角，体积膨胀。相对速度的水平与铅直分量分别为 $\delta_\nu\cos\varphi$ 和 $\delta_\nu\sin\varphi$。由材料的连续性可知，速度变化区域实际上是一厚度渐增的空间体 Ⅰ—Ⅰ—Ⅱ—Ⅱ，厚度增加的速度由 Ⅱ—Ⅱ 面上的零到 Ⅰ—Ⅰ 面上的 $\delta_\nu\sin\varphi$。但在小变形或变形很短的情况下，这个厚度很小，通常可取为零。在间断面处的相对速度方向与间断面的夹角为 φ。

有了速度间断面的概念后，我们就可以在连续体中构造相容破损机构了。用速度间断面把连续体划分为若干刚块，这些刚块在一起能协调运动，并不破坏外部约束。按照能运动刚块的数目，我们可把机构分为单刚块机构、多刚块机构和无穷刚块机构。图 2－18 中只有一个刚块可以运动，则该机构称为单刚块机构。由两个或两个以上有限个刚块构成的机构称为多刚块机构。后面我们还会遇到一个机构中有无穷多个速度间断面的情况（对数螺旋线径向剪切区域），此时可以理解为该机构是由无限个刚块所构成的，即称为无穷刚块机构。多刚块机构和无穷刚块机构也称为复合机构。

2.5.2　能量耗散率的表达式

现在我们分析图 2－18 中速度间断线处单位长度的能量耗散率。由式（2－89）可知：

$$
\begin{aligned}
D &= (\tau\dot{\gamma} + \sigma\dot{\varepsilon})t = (\tau\dot{\gamma}t + \sigma\dot{\varepsilon}t) = (\tau\delta_\nu\cos\varphi - \sigma\delta_\nu\sin\varphi) \\
&= \delta_\nu\cos\varphi(\tau - \sigma\tan\varphi) = C\delta_\nu\cos\varphi
\end{aligned}
\tag{2-96}
$$

上式说明，在速度间断面处单位长度的能量耗散率等于黏聚力 C 乘以速度间断面切向的跳跃值。为求得上限解，有时需要在物体中构造一相容速率场（$\dot{\varepsilon}_{ij}^{p*}$，$\dot{u}_j^{p*}$），然后由式（2－92）计算上限解。为了便于应用式（2－92），我们再对 Coulomb 材料讨论一下一般情况的单位体积能量耗散率 $D(\dot{\varepsilon}_{ij}^{p})$ 的表达式。由式（2－89）可知：

$$D=\sigma_{ij}\dot{\varepsilon}_{ij}=\sigma_1\dot{\varepsilon}_1+\sigma_2\dot{\varepsilon}_2+\sigma_3\dot{\varepsilon}_3 \tag{2-97}$$

其中 σ_1、σ_2、σ_3 及 $\dot{\varepsilon}_1$、$\dot{\varepsilon}_2$、$\dot{\varepsilon}_3$ 分别为主应力与主应变率。

对于 Coulomb 材料，式（2－97）也可以表示为

$$D=2C\cot\varphi(\dot{\varepsilon}_1+\dot{\varepsilon}_2+\dot{\varepsilon}_3) \tag{2-98}$$

根据哈尔－卡门的完全塑性假设，空间体进入完全极限平衡状态，必有 $\sigma_2=\sigma_1$ 或 $\sigma_2=\sigma_3$，Coulomb 材料的体积改变条件为

$$\dot{\varepsilon}_1+\dot{\varepsilon}_2+\omega\dot{\varepsilon}_3=0 \tag{2-99}$$

其中

$$\omega=\frac{1-\sin\varphi}{1+\sin\varphi}=\tan^2\left(\frac{\pi}{4}-\frac{\varphi}{2}\right) \tag{2-100}$$

由式（2－99）解出 $\dot{\varepsilon}_3$ 代入式（2－98），并注意到 $\dot{\varepsilon}_1>0$，$\dot{\varepsilon}_2>0$，可得

$$D=2C\tan\left(\frac{\pi}{4}+\frac{\varphi}{2}\right)\cdot\sum|\dot{\varepsilon}_C| \tag{2-101}$$

其中 $\sum|\dot{\varepsilon}_C|$ 表示压缩主应变率绝对值之和。

对于 Tresca 材料（看成 Coulomb 材料 $\varphi=0$，$C=K$ 的特殊情况），与式（2－99）对应的关系式为不可压缩条件：

$$\dot{\varepsilon}_1+\dot{\varepsilon}_2+\dot{\varepsilon}_3=0 \tag{2-102}$$

类似地可得单位体积能量耗散率：

$$D=2K\max|\dot{\varepsilon}| \tag{2-103}$$

对于 Coulomb 材料的平面应变问题，式（2－99）中 $\dot{\varepsilon}_2=0$，$\dot{\varepsilon}_3=-\dfrac{1}{\omega}\dot{\varepsilon}_1=-\dot{\varepsilon}_1\tan^2\left(\dfrac{\pi}{4}+\dfrac{\varphi}{2}\right)$，则式（2－101）成为

$$\frac{L}{\gamma_0}=\frac{(\gamma_0\cos\theta_0-\gamma_h\cos\theta_h)}{\gamma_0}=\cos\theta_0-\cos\theta_h e^{(\theta_h-\theta_0)}\tan\varphi \tag{2-104}$$

其中 $\dot{\gamma}_{\max}=\dot{\varepsilon}_1-\dot{\varepsilon}_3$ 为最大剪应变率。

2.5.3 关于上限方法的有效性简述

在岩土工程中，确定岩土体的极限荷载及稳定性是十分重要的。然而，在一般情况下要得到精确的理论解答是极其困难的，有时甚至是不可能的，因此通过简单计算就可得出有用结果的近似方法，就显得十分重要了。极限分析方法是一种十分有效的近似方法，该方法简单易用，便于工程技术人员掌握。在极限荷载计算及稳定性分析中，往往只需花费很少的工作量就能获得十分满意的结果。特

别是对那些根本无法求出理论解的问题更是如此。该方法不但可给出有用的结果，而且也指出了精确解答的范围，这又可以在另一侧面检验该方法的有效性。

极限分析上限方法通过在岩土体中构造相容破损机构，假定机构有一微小运动，并通过令总的外力功率等于机构中速度间断面处总的能量耗散率，可求得极限荷载的上限解答。其中一个十分重要的结论是选取不同的破损机构对上限解答的影响很小。这说明任意选取相容机构都可以得到满意的解答。可见上限方法是十分有效的。

例如，图 2－19a 所示的含五孔物体（Tresca 材料）放置于基础上，受压力 P 作用。如果选取单刚块机构，如图 2－19a 上部相对于下部穿过 3 个孔斜向下滑，AB、CD、EF、GH 为速度间断线。利用上述方法，即假想给机构一微小运动，通过令外力功率（P × 间断线处相对速度 × cos45°）等于间断线处的能量耗散率（间断线处相对速度 × C × 间断线长度）。可求出极限荷载的上限解 P_u = 44.70。如果对原来机构作改变，如图 2－19b 所示，对图中 α 取不同的数值，就可求得相应的上限解。当在 35°≤α≤45°范围内选取机构时，所得解答误差不到 1%。这个例子有力地说明了极限分析上限方法的有效性，该问题用理论分析方法是很难得到正确解答的。

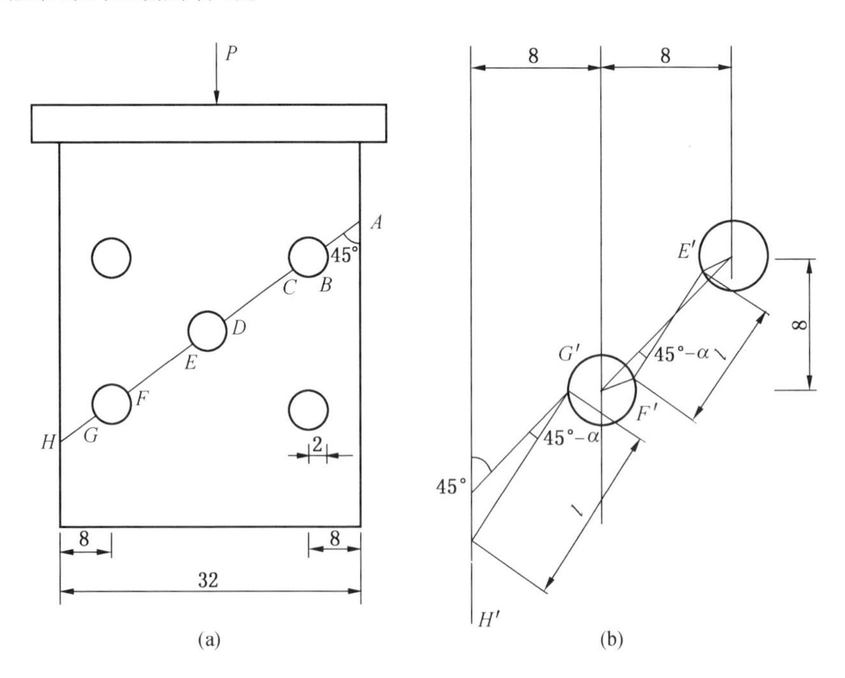

图 2－19　应力间断线

图2－20中，对于条形基础下Tresca材料的极限平衡问题，给出了各种机构及其对应的极限荷载上限解答。从图2－20中可以看出，尽管给出的机构差别较大，但用上限方法得到的各个极限荷载上限解答却差别不大，而且这些解答都很

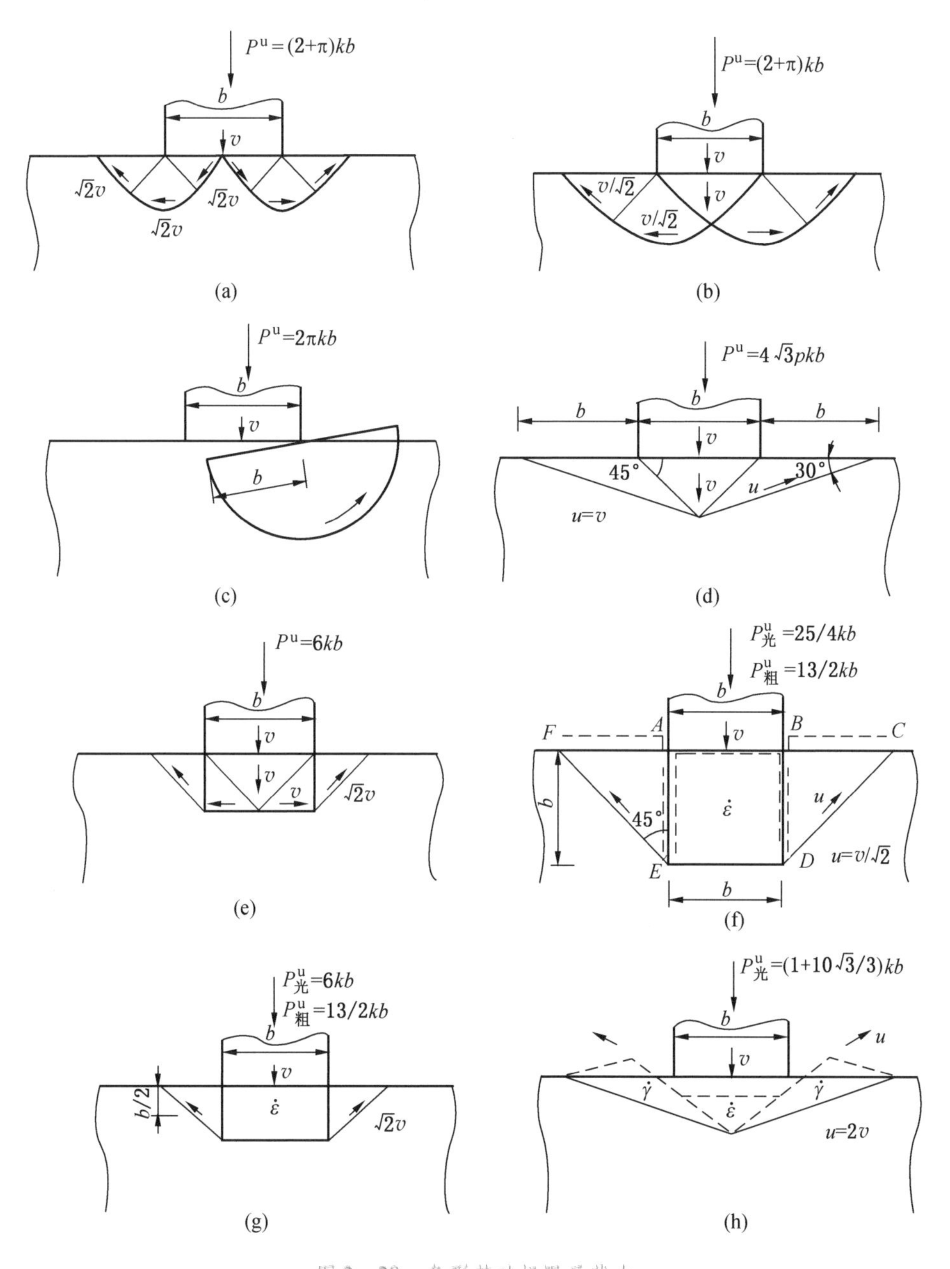

图2－20　条形基础极限承载力

容易得到。

在用极限分析方法求荷载的上限解时，对于给定的问题，究竟选取什么样的机构往往并不重要，当然若选取的机构与实际的塑性流动情况越接近，得到的上限解就越接近精确解。选取的机构与实际流动情况的接近程度取决于研究者对实际问题的分析能力和思维能力以及研究者的实践经验等因素。

2.5.4 上限方法的应用：条形基础下 Coulomb 材料的极限平衡问题

2.5.4.1 Hill 机构

假设基础底部与地基表面为光滑接触，Hill 给出的破损机构形式如图 2－21 所示。条形基础在垂直于纸面方向的尺寸设为无限长，此时为平面应变问题，计算时垂直于纸面方向的尺寸取为单位长。

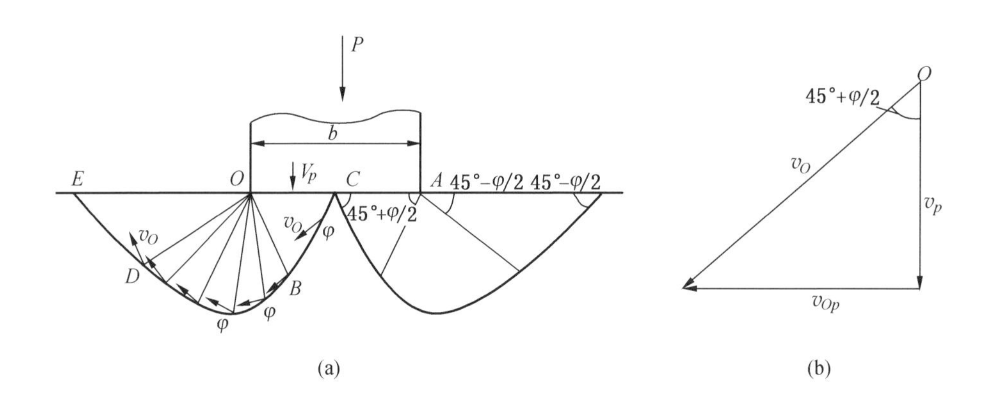

图 2－21 Hill 机构

由于机构关于基础中心线对称，计算时只需考虑一半即可。图中 *OBC* 及 *ODE* 为刚块机构；*BD* 为对数螺旋线：*OBD* 为对数螺旋线径向剪切区域，该区域可看作无限条通过 *O* 的径向间断线的无穷刚块区。

当地基中 *OBC* 区域内在基础荷载 *P* 作用下有一微小的移动速度 v_O 时，沿速度间断线 *CBDE* 上的速度场如图 2－21a 所示，v 与滑动面成 φ 角。

1. *OBC* 区域的速度

由图 2－21b 可知：

$$v_O = v_p \sec\left(\frac{\pi}{4} + \frac{\varphi}{2}\right) \tag{2-105}$$

或

$$v_p = v_O \cos\left(\frac{\pi}{4} + \frac{\varphi}{2}\right) \tag{2-106}$$

2. *OBD* 区域的速度分布

由图2－21a可以看出，三角形OBC作瞬时平移运动，OB线上各点在垂直OB方向的速度为v_O，这样OBD区域在OB线上各点的法向速度也为v_O。为了导出OBD区域的速度分布，用过O点且等分该区域顶角的直线把该区域分割成许多个很小的曲边三角形，如图2－22a所示。图2－22b所示为相邻区域速度之间的关系（当顶角的等分量很小时），由此可得各速度之间的关系：

$$\begin{cases} v_1 = v_O(1+\Delta\theta\tan\varphi) \\ v_2 = v_1(1+\Delta\theta\tan\varphi) \\ \quad\vdots \\ v_n = v_{n-1}(1+\Delta\theta\tan\varphi) \\ v_n = v_O\left(1+\dfrac{\theta}{n}\tan\varphi\right)^n \end{cases} \tag{2-107}$$

$$v = \lim_{n\to\infty} v_n = v_O e^{\theta\tan\varphi} \tag{2-108}$$

OD边上的速度为

$$v_D = v_p \sec\left(\frac{\pi}{4}+\frac{\varphi}{2}\right)e^{\frac{\pi}{2}\tan\varphi} \tag{2-109}$$

3. ODE区域的速度

$$v_E = v_D$$

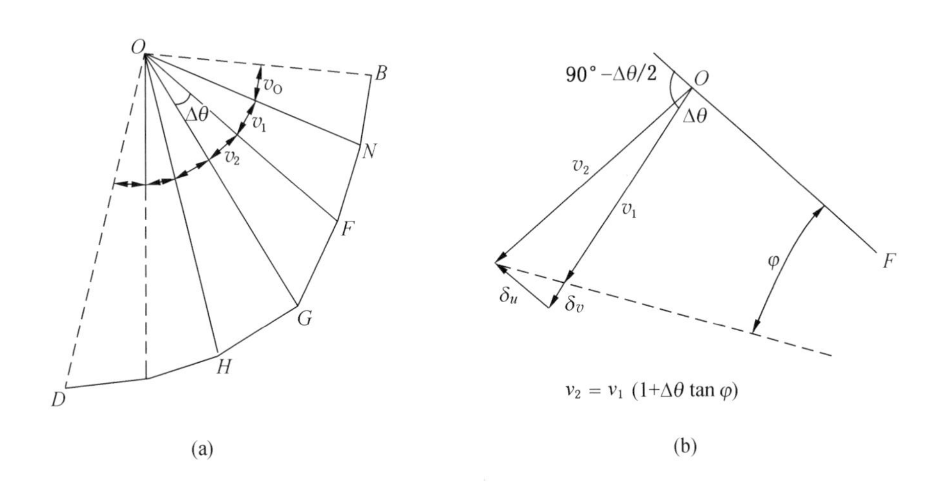

图2－22 OBD区域的速度分布

4. 上限解

由于机构的对称性，故只需考虑一半，在这里考虑左半部分。外力功率：由

于地基的重量不考虑，只有外力$\frac{P}{2}$做功，功率为

$$\frac{P}{2}v_p=\frac{P}{2}v_O\cos\left(\frac{\pi}{4}+\frac{\varphi}{2}\right) \tag{2-110}$$

5. 能量耗散率

破损机构 $OCBDE$ 的能量耗散率由 3 个部分组成。下面逐一进行分析。

（1）沿 CB 面的能量耗散率：由式（2－96）可得

$$Cv_O\cos\varphi\left[\frac{B}{4\cos\left(\frac{\pi}{4}+\frac{\varphi}{2}\right)}\right] \tag{2-111}$$

（2）沿 DE 面的能量耗散率：

$$Cv_O\mathrm{e}^{\frac{\pi}{2}\tan\varphi}\left[\frac{B\mathrm{e}^{\frac{\pi}{2}\tan\varphi}}{4\cos\left(\frac{\pi}{4}+\frac{\varphi}{2}\right)}\right]\cos\varphi \tag{2-112}$$

（3）对数螺旋线径向剪切区 OBD 的能量耗散率：

OBD 区域为连接主动区 OBC 和被动区 ODE 的过渡区，当主动区与被动区分别以速度 v_O 和 v_D 发生不同方向的移动时，要保证机构运动协调，OBD 区域必然沿径向形成无穷多个速度间断线（过 O 点）。

为了计算 OBD 内部的能量耗散率，参考图 2－22a 所示的三角形 ONF 及 OFG 的速度关系。在 OF 面上，三角形 ONF 与 OFG 的速度分别为 v_1 和 v_2，相对速度 v_{12}沿 OF 方向的分量为 $\delta_u=v_2\Delta\theta$，故沿径向线 OF 的能量耗散率为

$$\delta_u\cdot C\cdot\overline{OF}=v_2\Delta\theta\cdot C\cdot\overline{OF} \tag{2-113}$$

沿 NF 上的能量耗散率为

$$(v_2\cos\varphi)\cdot C\cdot\left(\frac{\Delta\theta\cdot\overline{OF}}{\cos\varphi}\right)=v_2\Delta\theta\cdot C\cdot\overline{OF} \tag{2-114}$$

这说明沿 NF 上的耗散率等于沿径向线 OF 的耗散率，当 $\Delta\theta$ 足够小时沿对数螺旋线边界上的能量耗散率为

$$C\int_0^{\theta_h}\gamma v\mathrm{d}\theta=C\int_0^{\theta_h}(\gamma_0\mathrm{e}^{\theta\tan\varphi})(v_O\mathrm{e}^{\theta\tan\varphi})\mathrm{d}\theta=\frac{1}{2}Cv_0\gamma_0\cot\varphi(\mathrm{e}^{2\theta\tan\varphi}-1) \tag{2-115}$$

其中

$$\gamma_0=\frac{B}{4\cos\left(\frac{\pi}{4}+\frac{\varphi}{2}\right)}$$

在 OBD 区域内，径向间断线上的总能量耗散率只需令 $\theta=\varepsilon=\frac{\pi}{2}$得到，为

$$Cv_O\cot\varphi(e^{2\theta\tan\varphi}-1)\frac{B}{4\cos\left(\frac{\pi}{4}+\frac{\varphi}{2}\right)} \quad (2-116)$$

令外力功率等于总的能量耗散率，化简之后得到：

$$P_u=\frac{P}{B}=C\cot\varphi\left[e^{\pi\tan\varphi}\tan^2\left(\frac{\pi}{4}+\frac{\varphi}{2}\right)-1\right]=CN_{cu} \quad (2-117)$$

N_{cu}在工程上被称为极限承载因数，上式与 Prandtl 用滑移线方法求得的结果一致。由式（2－117）可知，对于无黏性土（$C=0$），极限荷载为零。

若基础两侧地面有均布荷载 q 的作用时，在计算总的外力功率时，应加上由 q 的引起的功率：

$$-\left[2\gamma_D\cos\left(\frac{\pi}{4}-\frac{\varphi}{2}\right)\cdot q\right]\left[v_D\cos\left(\frac{\pi}{4}-\frac{\varphi}{2}\right)\right]=-\frac{1}{2}qBv_Oe^{\pi\tan\varphi}\frac{\sin^2\left(\frac{\pi}{4}+\frac{\varphi}{2}\right)}{\cos\left(\frac{\pi}{4}+\frac{\varphi}{2}\right)} \quad (2-118)$$

求得

$$P_u=\frac{P}{B}=CN_{cu}+\left[e^{\pi\tan\varphi}\tan^2\left(\frac{\pi}{4}+\frac{\varphi}{2}\right)-1\right]q=CN_{cu}+qN_{uq} \quad (2-119)$$

这是另一极限承载因素。

2.5.4.2 Prandtl 机构

如图 2－23a 所示的 Prandtl 机构（平面应变问题），由三角形域 ABC、ADE、BFG 及两个对数螺旋线剪切区域 ADC 及 BCF 组成。$ACFG$ 及 $BCDE$ 为速度间断线。另外，在对数螺旋线剪切区域中的每条径向线都是速度间断线。该机构关于基础中心对称，计算时只需考虑一半。

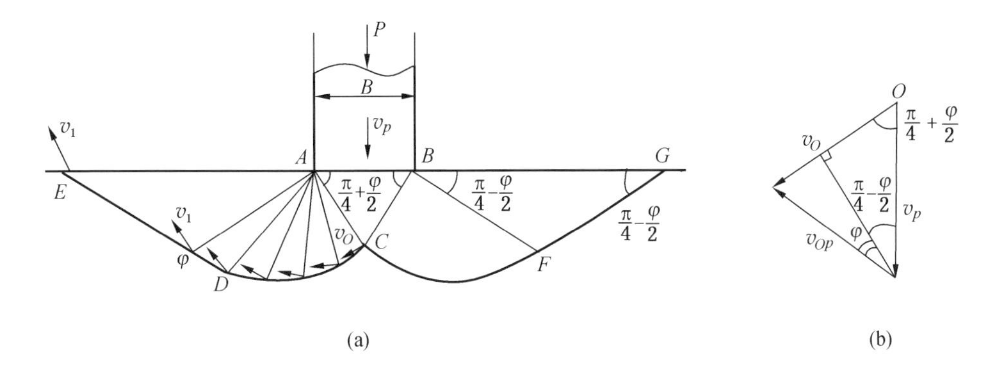

图 2－23 Prandtl 机构

如图 2－23b 所示，$v_p = 2v_O\cos\left(\frac{\pi}{4}+\frac{\varphi}{2}\right)$或 $v_O = \frac{1}{2}v_p\sec\left(\frac{\pi}{4}+\frac{\varphi}{2}\right)$，由于不考虑材料自重，外力功率只有 P 的功率，其值的一半为

$$\frac{1}{2}Pv_p = Pv_O\cos\left(\frac{\pi}{4}+\frac{\varphi}{2}\right) \tag{2-120}$$

在速度间断线 AC 上的能量耗散率为

$$C\gamma_0(v_{Op}\cos\varphi) = \frac{1}{2}BCv_O\cos\varphi\sec\left(\frac{\pi}{4}+\frac{\varphi}{2}\right) \tag{2-121}$$

在 DE 上的能量耗散率为

$$C(\gamma_0 e^{\frac{\pi}{2}\tan\varphi})(v_O e^{\frac{\pi}{2}\tan\varphi}\cos\varphi) = \frac{1}{2}BCv_O e^{\frac{\pi}{2}\tan\varphi}\cos\varphi\sec\left(\frac{\pi}{4}+\frac{\varphi}{2}\right) \tag{2-122}$$

在对数螺旋线 CD 上的能量耗散率，如同 Hill 机构的分析一样，结果也完全相同，其值为

$$Cv_O\cot\varphi(e^{\pi\tan\varphi}-1)\frac{B}{4\cos\left(\frac{\pi}{4}+\frac{\varphi}{2}\right)} \tag{2-123}$$

对数螺旋线径向剪切区域 ADC，总的能量耗散率（分析完全同 Hill 机构）与 CD 上的耗散率相等，即

$$Cv_O\cot\varphi(e^{\pi\tan\varphi}-1)\frac{B}{4\cos\left(\frac{\pi}{4}+\frac{\varphi}{2}\right)} \tag{2-124}$$

对 Prandtl 机构的一半，最后令外力功率等于总的能量耗散率，得

$$P_u = \frac{P}{B} = C\cot\varphi\left[e^{\pi\tan\varphi}\tan\left(\frac{\pi}{4}+\frac{\varphi}{2}\right)-1\right] = CN_{cu} \tag{2-125}$$

可见由 Prandtl 机构计算的极限荷载上限解与 Hill 机构的计算结果一致。但应注意，对于 Prandtl 机构所计算的上限解，适用于光滑基础，尤其适用于非光滑基础，这是由于基础与地基间可考虑为无相对滑动。而 Hill 机构的结果只适用于光滑基础情况，对于粗糙基础，在计算耗散率时还应把基础与地基之间的摩擦耗散率考虑进去。同样我们也可以考虑在基础两边有均布压力 q 作用时的情形。

2.5.4.3 Coulomb 材料地基考虑自重作用情况

这里以 Hill 机构光滑基础的情况为例，考虑重力与不考虑重力区别在于计算外力功率上。若考虑重力作用，计算时重力功率与基础荷载 P 的外力功率相加得到总的外力功率。

如图 2－21a 所示的 Hill 机构，由于机构对称，我们也只考虑一半的计算。重力引起的总的外力功率可通过分别计算 3 个区域得到，即 OBC、OBD 及 ODE 区域。

在 OBC 区域的重力功率：

$$\frac{B}{4}\left[\frac{B}{4}\tan\left(\frac{\pi}{4}+\frac{\varphi}{2}\right)\right]\cdot\gamma\cdot\left[v_O\cos\left(\frac{\pi}{4}+\frac{\varphi}{2}\right)\right] \tag{2-126}$$

在 ODE 区域的重力功率：

$$-\gamma\left[\frac{B}{4}e^{\frac{\pi}{2}\tan\varphi}\tan\left(\frac{\pi}{4}+\frac{\varphi}{2}\right)\cdot\frac{B}{4}e^{\frac{\pi}{2}\tan\varphi}\right]\cdot\left[v_O e^{\frac{\pi}{2}\tan\varphi}\sin\left(\frac{\pi}{4}+\frac{\varphi}{2}\right)\right] \tag{2-127}$$

在 OBD 区域的重力功率计算：

该区域总的重力功率通过考虑一微小区域的重力功率，然后进行积分得到（参考图 2－24）：

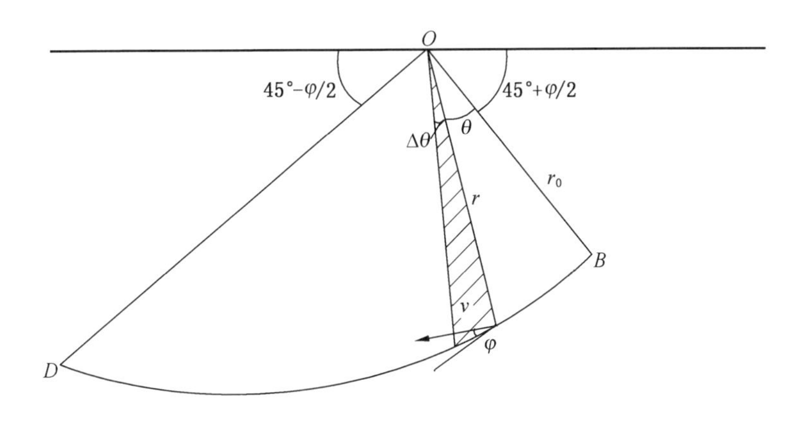

图 2－24　OBD 区域的重力功率

$$\frac{\gamma}{2}\int_0^{\frac{\pi}{2}}\frac{B^2 2\theta\tan\varphi}{16\cos^2\left(\frac{\pi}{4}+\frac{\varphi}{2}\right)}\left[v_O e^{\theta\tan\varphi}\cos\left(\frac{\pi}{4}+\frac{\varphi}{2}+\theta\right)\right]d\theta=$$

$$\frac{\gamma B^2 v}{16\cos^2\left(\frac{\pi}{4}+\frac{\varphi}{2}\right)(1+9\tan^2\varphi)}\left\{e^{\frac{3}{2}\pi\tan\varphi}\left[\cos\left(\frac{\pi}{4}+\frac{\varphi}{2}\right)-\right.\right.$$

$$\left.\left.3\tan\varphi\sin\left(\frac{\pi}{2}+\frac{\varphi}{2}\right)\right]-\left[\sin\left(\frac{\pi}{2}+\frac{\varphi}{2}\right)+3\tan\varphi\cos\left(\frac{\pi}{4}+\frac{\varphi}{2}\right)\right]\right\} \tag{2-128}$$

上述计算的三部分重力功率相加得到总的重力功率。再把总的重力功率考虑进去，最后可得基础荷载的上限为

$$P_u=\frac{P}{B}=CN_{cu}+\frac{1}{2}\gamma BN_\gamma \tag{2-129}$$

N_γ 在工程中称为无量纲承载系数，其表达式为

$$N_{\gamma}=\frac{1}{4}\tan\left(\frac{\pi}{4}+\frac{\varphi}{2}\right)\left[\tan\left(\frac{\pi}{4}+\frac{\varphi}{2}\right)\mathrm{e}^{\frac{3}{2}\pi\tan\varphi}-1\right]+\frac{3\sin\varphi}{1+8\sin^{2}\varphi}$$

$$\left\{\left[\tan\left(\frac{\pi}{4}+\frac{\varphi}{2}\right)-\frac{1}{3}\cot\varphi\right]\mathrm{e}^{\frac{3}{2}\pi\tan\varphi}+\frac{1}{3}\tan\left(\frac{\pi}{4}+\frac{\varphi}{2}\right)\cot\varphi+1\right\} \quad (2-130)$$

N_{γ} 的表达式与太沙基（Terzaghi）在 1943 年用极限平衡方法给出的形式相同，N_{γ} 仅与 φ 值有关。

2.5.4.4　考虑重力作用时的深埋基础情况

前面 3 个问题都是考虑表层基础（或浅基础）的情况，现在考虑深基础极限荷载情况。在这里，采用深基础的 Prandtl 机构。如图 2－25a 所示，刚块区域 $bdef$ 以速度 v 发生移动，v 与 bd 线垂直，de 线在 d 点与对数螺旋线 Cd 相切。故 v_2 在 d 点与速度间断线方向成 φ 角，过渡区 bCd（对数螺旋线径向剪切区）的顶角为 θ。故 d 点的速度 v 为

$$v_2=v_O\mathrm{e}^{\theta\tan\varphi}=v_O\mathrm{e}^{(\pi+\beta-\xi-\eta)\tan\varphi} \quad (2-131)$$

沿 bc 面上的速度 v_{Op} 与 v_p、v_O 的关系如图 2－25b 所示，即

$$\begin{cases}V_p=\dfrac{v_O\cos\varphi}{\cos(\xi-\varphi)}\\[2ex] v_{Op}=\dfrac{v_O\sin\varphi}{\cos(\xi-\varphi)}\end{cases} \quad (2-132)$$

沿 bc 上的能量耗散率为

$$Cv_O\frac{\sin\xi\cos\varphi}{\cos(\xi-\varphi)} \quad (2-133)$$

在区域 bcd 内及 cd 上的能量耗散率相等，其值为

$$\int_0^{\pi+\beta-\xi-\eta}C\gamma_O\mathrm{e}^{\theta\tan\varphi}v_O\mathrm{e}^{\theta\tan\varphi}\mathrm{d}\theta=\frac{1}{2}C\gamma_Ov_O\cot\left[\mathrm{e}^{2(\pi+\beta-\xi-\eta)\tan\varphi}-1\right] \quad (2-134)$$

沿 de 上的能量耗散率为

$$C\gamma_Ov_O\frac{\sin\eta\cos\varphi}{\cos(\eta+\varphi)}\mathrm{e}^{2(\pi+\beta-\xi-\eta)\tan\varphi} \quad (2-135)$$

外力功率包括重力功率与基础荷载 P 的功率。P 的功率为

$$\frac{2P\gamma_Ov_O\cos\varphi\cos\xi}{\cos(\varphi-\xi)} \quad (2-136)$$

重力功率分以下三部分计算：

（1）abc 区域的重力功率：

$$\frac{\gamma\gamma_Ov_O\sin\xi\cos\xi\cos\varphi}{\cos(\xi-\varphi)}=-\gamma\gamma_Ov_Oh_1(\xi) \quad (2-137)$$

$$h_1(\xi)=\frac{-\sin\xi\cos\xi\cos\varphi}{\cos(\xi-\varphi)} \quad (2-138)$$

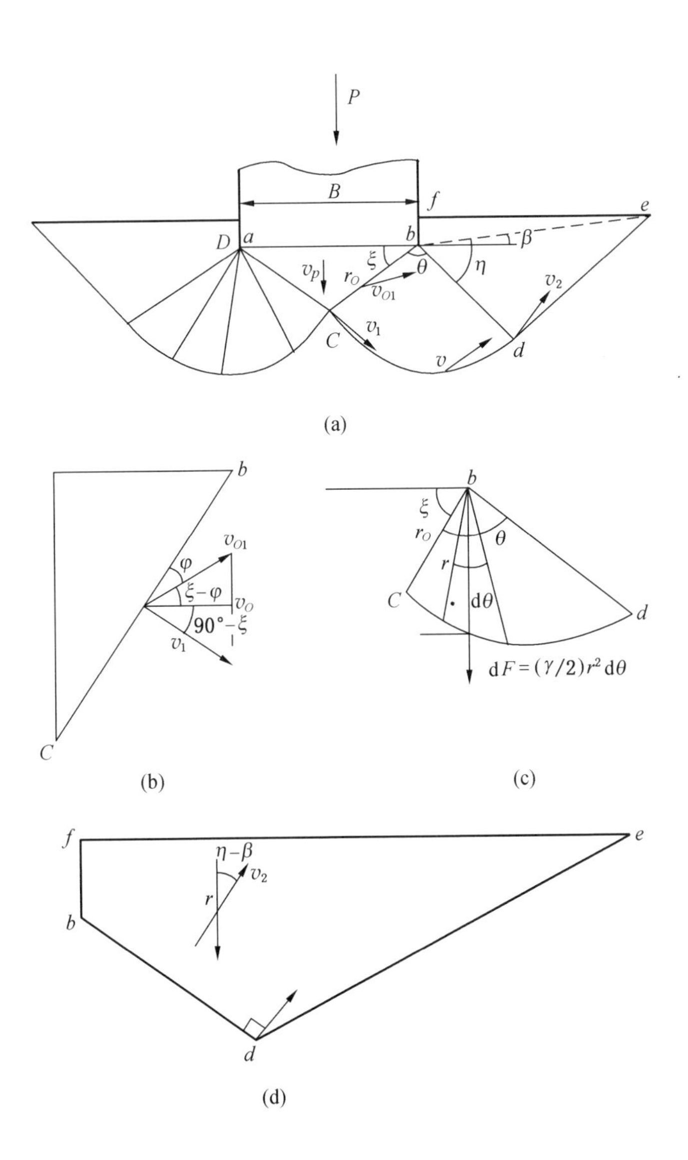

图 2-25 深埋基础

(2) bcd 区域的重力功率:

$$\int_0^{\pi+\beta-\xi-\eta} v\cos(\theta+\xi)\frac{1}{2}\gamma\gamma_O^2\mathrm{d}\theta = \frac{1}{2}\gamma\gamma_O^2 v_O\int_0^{\pi+\beta-\xi-\eta}\mathrm{e}^{3\theta\tan\varphi\cos(\theta+\xi)}\mathrm{d}\theta$$

$$= -\frac{1}{2}\gamma\gamma_O^2 v_O h_2(\xi,\eta) \tag{2-139}$$

$$h_2(\xi,\eta)=\frac{1}{(1+9\tan^2\varphi)}\{[3\tan\varphi\cos(\eta-\beta)\sin\xi]+[3\tan\varphi\cos(\beta-\eta)+\sin(\beta-\eta)]\cdot e^{3(\pi+\beta-\xi-\eta)\tan\varphi}\} \tag{2-140}$$

（3）*bdef* 区域的重力功率为

$$-\frac{1}{2}\gamma\gamma_0^2 v_0 h_3(\xi,\eta) \tag{2-141}$$

其中

$$h_3(\xi,\eta)=\left[\frac{\sin\eta\cos\varphi}{\cos(\eta+\varphi)}+\frac{\sin\beta\cos\beta\cos^2\varphi}{\cos^2(\eta+\varphi)}\right]\cos(\beta-\eta)\cdot e^{3(\pi+\beta-\xi-\eta)\tan\varphi} \tag{2-142}$$

最后，令总的外力功率与总的能量耗散率相等，化简可得

$$\frac{P}{C}=N_c(\xi,\eta)+\frac{1}{2}\frac{\gamma B}{C}N_\gamma(\xi,\eta) \tag{2-143}$$

其中

$$N_c(\xi,\eta)=\cot\varphi\left[\frac{\cos\eta\cos(\xi-\varphi)}{\cos\xi\cos(\eta+\varphi)}e^{2(\pi+\beta-\xi-\eta)\tan\varphi}-1\right] \tag{2-144}$$

$$N_\gamma(\xi,\eta)=\frac{\cos(\xi-\varphi)}{2\cos\varphi\cos^2\xi}[h_1(\xi)+h_2(\xi)+h_3(\xi)] \tag{2-145}$$

$$\sin\beta\cdot e^{\beta\tan\varphi}=\frac{2\left(\frac{D}{B}\right)\cos\xi\cos(\varphi+\eta)}{\cos\varphi e^{(\pi-\xi-\eta)\tan\varphi}} \tag{2-146}$$

对式（2-143）求 ξ 及 η 的偏导数，并分别令其为零，即可求得 ξ、η、β 的另外两个关系式，然后求出极小上限解答。

2.6 极限分析的下限方法

极限分析的下限方法不同于上限方法，其主要区别在于：下限方法只考虑平衡方程和屈服条件，而上限方法主要考虑在相容速率场上的外力功率与能量耗散。从极限分析的下限定理可以看出，要得到极限平衡问题的下限解，关键是如何在处于极限平衡状态的物体中构造一完整的且不违反屈服条件的应力场。一般来说，Coulomb 材料物体在处于极限平衡状态时，其真实应力分布是很复杂的，要确定它是极其困难的。尽管我们难以得到真实的极限解答，但从下限定理可知，只要在物体中构造一满足下限定理条件的应力分布，就能够得到下限解答。下限方法最大的优点在于所构造的应力状态往往是简单应力状态，构造应力场的方法也较简单。

2.6.1 间断应力分布及均匀应力场叠加

在求下限解时，需要在物体内构造应力场。按照下限定理的条件，该应力场应满足：①在物体内部满足平衡方程；②在应力边界上满足应力边界条件；在物体内部处处不违反屈服条件。

满足上述条件的应力场称为静力许可的应力场（简称静力场）。在所有满足上述条件的静力场中，间断应力分布是最简单的静力场，而且也是最容易构造的静力场，它的简洁性主要表现在把应力间断线与简单的应力状态有机地结合起来，使得形成的静力场富有直观感并便于运算。

1. 应力间断线的概念与间断应力场的构造

如图 2－26a 所示，$A—A'$线为两个静力场分界线，在$A—A'$线上取一跨两个区域的应力微元，微元上的应力状态如图 2－26a 所示。由于物体在分界线处无裂缝，故$A—A'$处的法向正应力与剪应力应是连续的，而平行于分界线$A—A'$的正应力可以不连续，这样的应力场分界线就称为应力间断线。在间断线$A—A'$处，有

$$\begin{cases}\sigma_n^{(1)}=\sigma_n^{(2)}\\ \tau_{nt}^{(1)}=\tau_{nt}^{(2)}\end{cases} \tag{2-147}$$

其中，允许

$$\sigma_t^{(1)}\neq\sigma_t^{(2)} \tag{2-148}$$

应力间断线上一点的应力状态可以用摩尔圆表示，如图 2－26b 所示。从图 2－26b 中可以看出，在σ_n与τ_{nt}给定的情况下，σ_t有无穷多个值与之对应，反映到图 2－26b 中就是，过A点可以作无穷多个应力圆。过图 2－26b 中的A点作图 2－26a $A—A'$线的平行线分别与两个摩尔圆的极点P_1和P_2相交。摩尔圆极点的意义为：过该点作平行于应力微元某边的平行线，该平行线与圆上另一交点处的应力，恰好是应力微元在该边上的应力状态。这样，图 2－26b 中的N_1及N_2点分别是图 2－26a 中应力微元在区域（1）及区域（2）与$A—A'$线垂直面上的应力状态，显然A点是$A—A'$面上的应力状态。如果应力间断线两侧的应力场处于塑性状态，应力间断线则可以解释为弹性区收缩后的极限情况。

间断应力场中存在应力间断线，应力间断线两侧为静力场。在图 2－27a 中BB'及BB''为应力间断线，图 2－27b 中的OB也为应力间断线。从图 2－27 可以看出，可以由一些以间断线为界的比较简单的应力状态构造出间断应力场，这就为应用下限方法创造了条件。

为了得到最大下限解，往往考虑塑性极限状态的间断应力场。这时应力间断线两侧区域都处于塑性状态，间断线上一点的应力微元可以作出两个摩尔应力圆，这两个圆都与 Coulomb 屈服直线相切，如图 2－26c 所示。

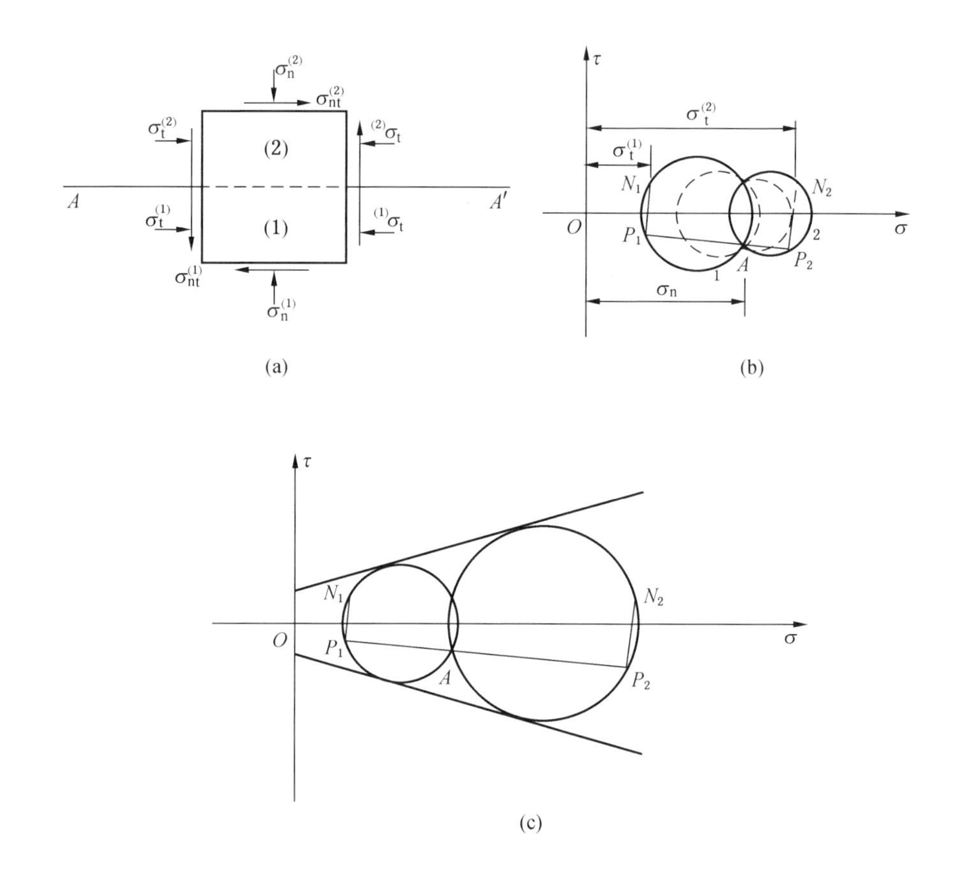

图 2-26　间断应力场

2. 均匀应力场的叠加

在下限方法中，经常会遇到几个已知的均匀应力场（即应力场的主应力大小和方向都已知）叠加问题。我们知道，每一个均匀应力场在 $\tau-\sigma$ 坐标系下都可以表示为一摩尔圆，圆心在 σ 轴上，原点到圆心的距离为正应力的平均值，以 P 表示，摩尔圆的半径 S 为最大剪应力大小。如图 2-28 所示，用 $\vec{T}$ 表示一个面上应力的合力，把 $\vec{T}$ 看作 $\vec{P}$、$\vec{S}$ 的合矢量，$\vec{P}$、$\vec{S}$ 的大小分别为 P、S，如图 2-28b 所示。

$$\vec{T}=\vec{P}+\vec{S} \tag{2-149}$$

其中 $\vec{S}$ 称为剪应力矢量，可以借助于摩尔圆实现两个均匀应力场的叠加。分别作出两个均匀应力场的摩尔圆，如图 2-29 中标有（1）、（2）的圆。图 2-29b 中的两个应力场在同一面上（x 坐标面）的合力矢量分别为 $\vec{T}_1$ 与 $\vec{T}_2$，两个应力

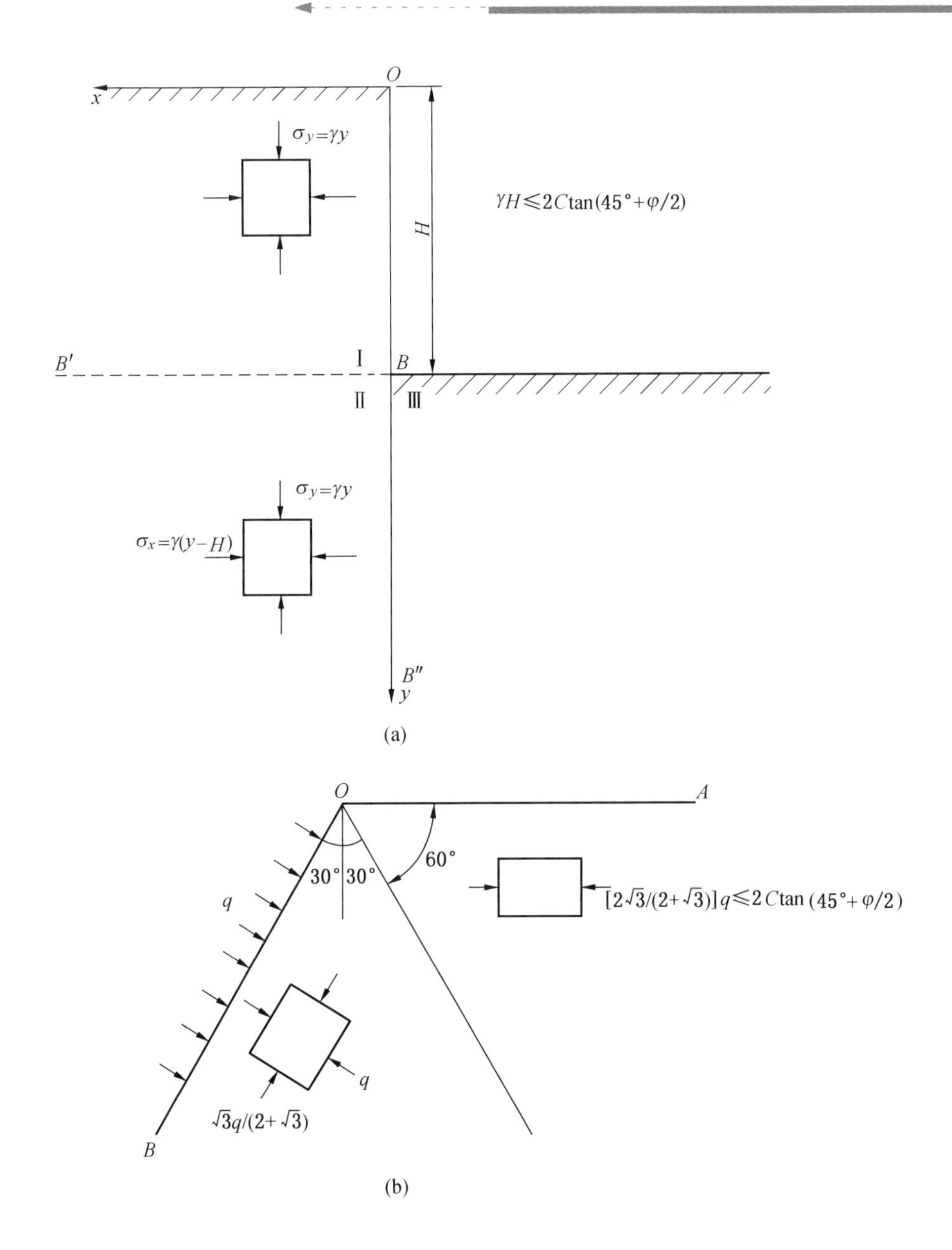

图 2－27　简单应力状态的间断应力场

场的叠加，就是在考虑的同一 x 坐标面上求 $\vec{T}_1$ 与 $\vec{T}_2$ 的矢量和，这个矢量和就是叠加后在该面上的合应力矢量，从而得到叠加后该面上的应力分布。

如图 2－29b 所示，有

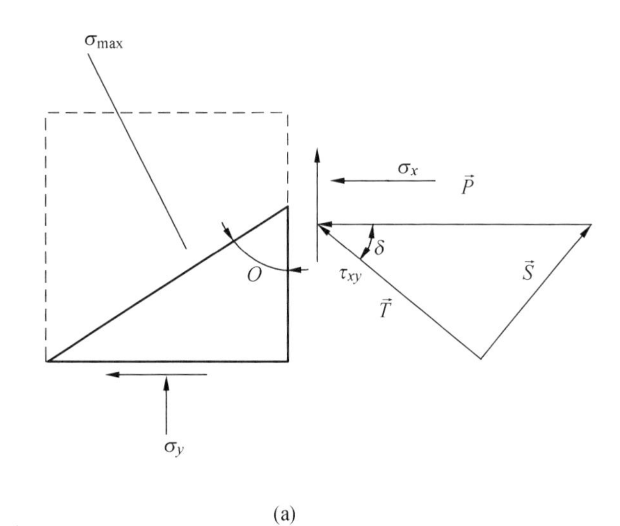

(a)

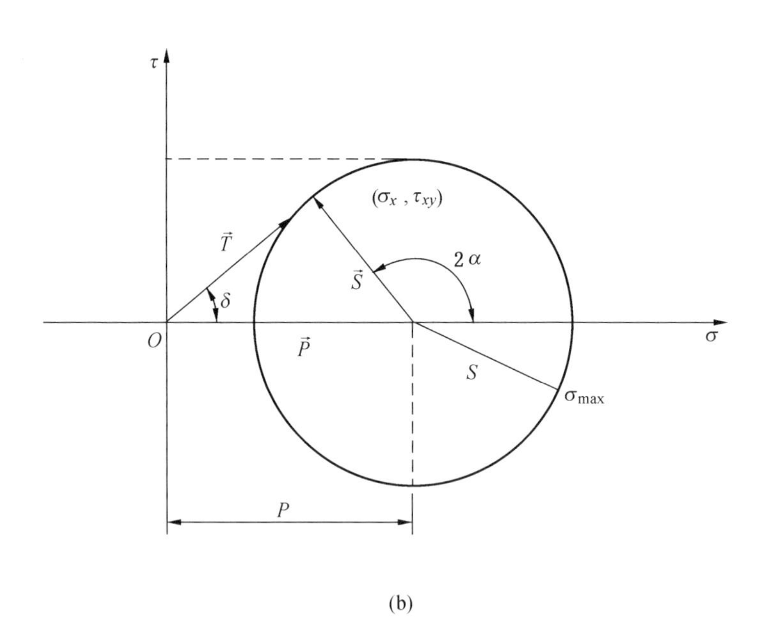

(b)

图 2-28　应力场叠加

$$\vec{T}=\vec{T}_1+\vec{T}_2=(\vec{P}_1+\vec{P}_2)+(\vec{S}_1+\vec{S}_2)=\vec{P}+(\vec{S}_1+\vec{S}_2) \qquad (2-150)$$

$\vec{P}_1$ 和 $\vec{P}_2$ 的方向一致，实际上它们也都是标量，始终位于 σ 上，大小分别为各应力场正应力的平均值，其矢量和就是代数相加，即（$\vec{P}_1+\vec{P}_2$）；合剪应力

矢量 $\vec{S}=\vec{S}_1+\vec{S}_2$ 为矢量相加，两个剪应力的大小分别为各应力场最大剪应力的值。由上述分析及图 2-29 可给出均匀应力场叠加规则：各场正应力的平均值代数和相加，剪应力矢量相加，叠加后在某界面上的应力矢量由垂直于该面的正应力平均值 P 与剪应力矢量 $\vec{S}$ 两部分组成。

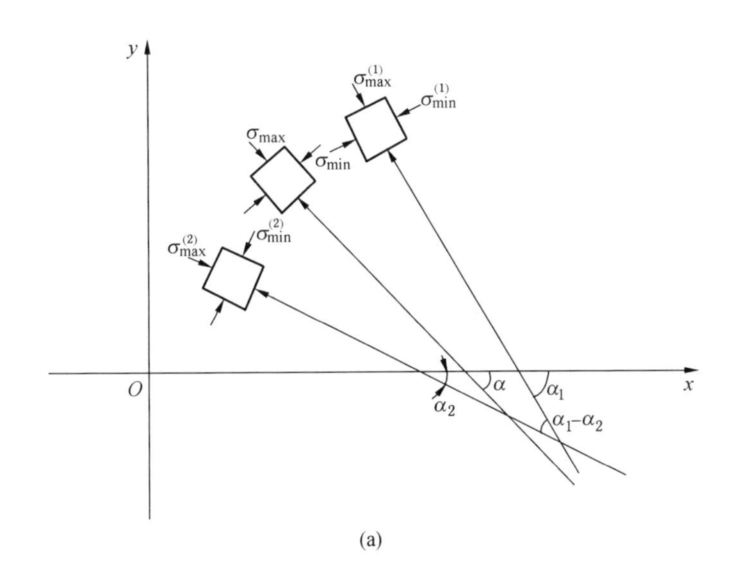

(a)

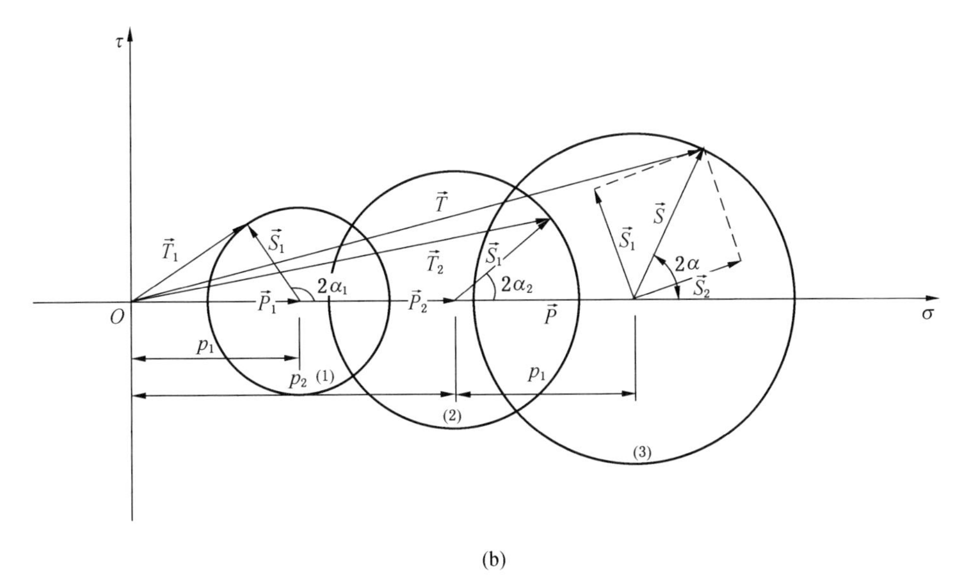

(b)

图 2-29 均匀应力场叠加

2.6.2 半无限平面上的条形基础间断应力场

半无限平面受条形基础荷载作用，为求极限平衡状态时的基础荷载，我们在地基中构造间断应力场。如图 2－30a 所示，首先构造两个关于基础中心铅垂线对称的倾斜支柱 $ACFD$ 及 $BCGE$，它们受单向压应力 P 作用，两斜柱的重叠区为 ABC，在 ABC 中产生铅垂压应力 Q 和水平压应力 q；在整个地基中增加一个水平压应力 R，同时在基础的铅垂下方区域 $ABHI$ 中增加一铅垂压应力 R，R 的取值可使水平单向压缩区域处于塑性状态，即 $R=2C\tan\left(\frac{\pi}{4}+\frac{\varphi}{2}\right)$。$P$、$\alpha$ 是按照区域 BCM 与区域 $BMGE$ 处于塑性状态的条件取值的；Q、q 及 γ 则是根据 ABC 区域之半的平衡条件以及该区域为塑性区的条件取值的，如图 2－30c 所示。

（1）BCM 为塑性区，要求：

$$\frac{2R+P}{2}=C\cot\varphi=-\frac{P}{2\sin\varphi}$$

把 $R=2C\tan\left(\frac{\pi}{4}+\frac{\varphi}{2}\right)$ 代入上式，可求得

$$P=2C\tan^3\left(\frac{\pi}{4}+\frac{\varphi}{2}\right) \tag{2-151}$$

（2）$BMGE$ 为塑性区。不同方向的单向压应力场的叠加如图 2－30b 所示。

$$S^2=\left(\frac{1}{2}P\right)^2+\left(\frac{1}{2}R\right)^2-2\left(\frac{1}{2}P\right)\left(\frac{1}{2}R\right)\cdot\cos2\alpha=\frac{1}{4}(P^2+R^2-2PR\cos2\alpha) \tag{2-152}$$

又由图 2－30b 可得

$$S=\left(C\cot\varphi+\frac{P+R}{2}\right)\sin\varphi \tag{2-153}$$

由式（2－152）和式（2－153）可以求出：

$$P=\frac{4C(\cos\alpha+\sin\varphi)}{\cos\varphi(1-\sin\varphi)} \tag{2-154}$$

联立式（2－151）和式（2－154），可求得 α：

$$\sin\alpha=\frac{1}{2}\cos\varphi \tag{2-155}$$

（3）Q、q 及 γ 的确定。Q、q 及 γ 的值根据 ABC 区域之半的平衡条件（参考图 2－30c）及 ABC 区域处于塑性状态的条件确定，可得

$$Q=\frac{1}{2}C\tan^3\left(\frac{\pi}{4}+\frac{\varphi}{2}\right)\left[4+\sin\varphi+\sin^2\varphi+(1+\sin\varphi)\sqrt{4+\sin^2\varphi}\right] \tag{2-156}$$

2.6.3 半平面体承受深埋基础荷载的下限解

半平面地基上作用条形基础，基础的深度为 D，假设材料为 Tresca 材料，比

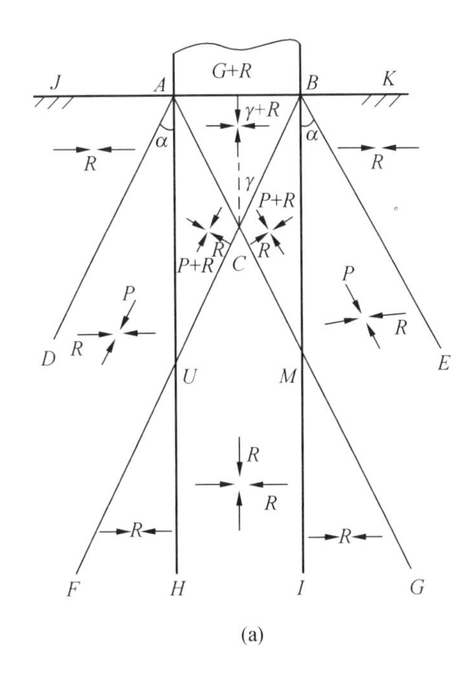

(a)

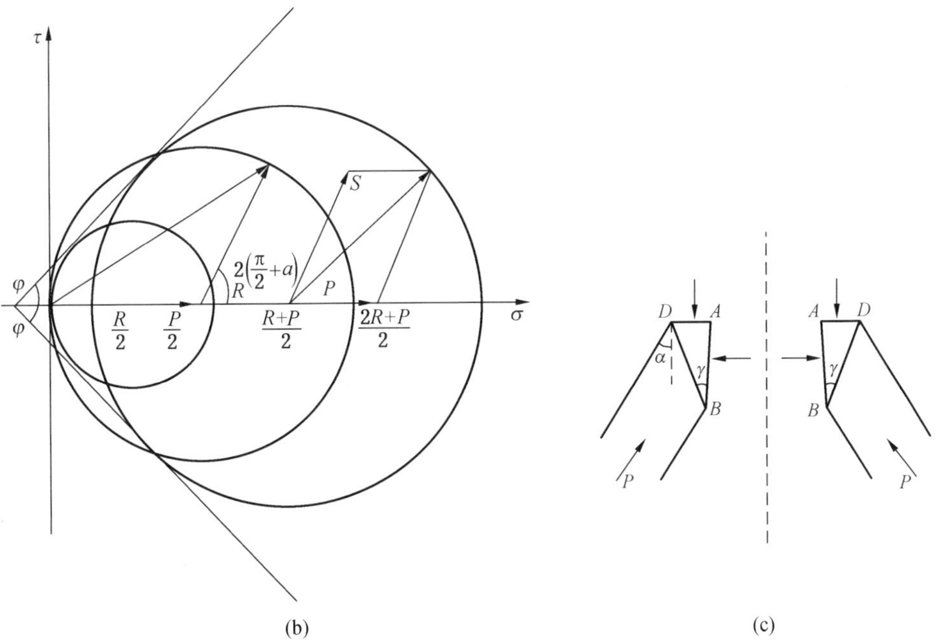

(b)

(c)

图 2-30 地基中的间断应力场

重为 γ。不考虑材料自重时，容易构造出如图 2－31 中的两种间断应力场。从图 2－31 可知，两种间断应力场的主要应力区都处于塑性状态，两种应力场的形式不同，给出基础荷载 P 的下限分别为 $4KB$ 及 $5KB$。

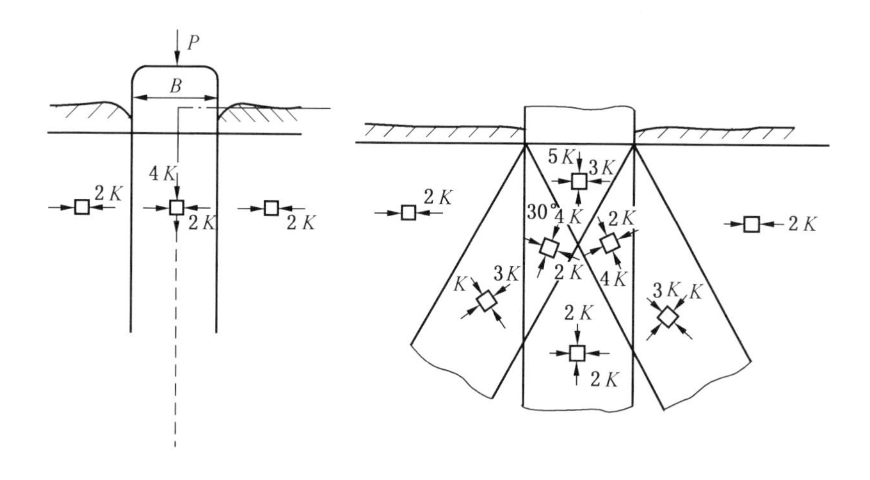

图 2－31　深埋基础间断应力场

当考虑地基材料的自重时，我们可以在图 2－31 间断应力场的基础上叠加一等向压力 γy（由于增加静水压力不影响 Tresca 材料的屈服）得到考虑自重时的间断应力场，如图 2－32 所示。从图 2－32 可知此时极限荷载的下限解为

$$P=(5K+\gamma D)B \tag{2-157}$$

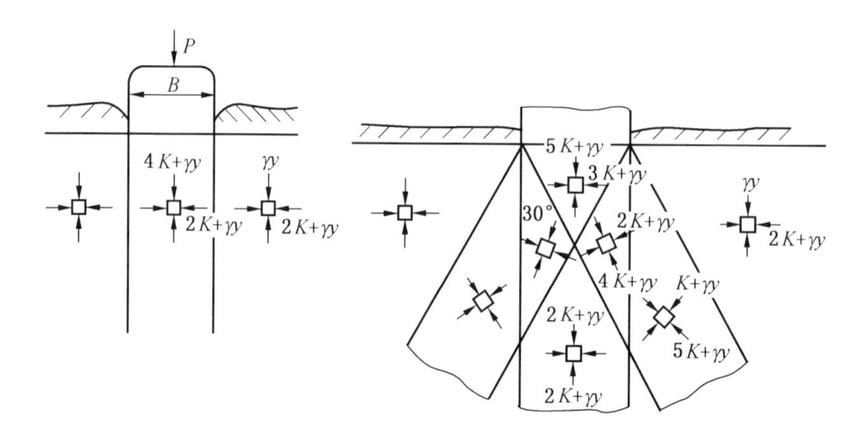

图 2－32　考虑自重时的间断应力场

此时所对应的间断应力场，只需在图 2－32 中用 q 替换 γy 即可。

2.7 圆形条带碹塑性极限分析

条带碹支护是在巷道内采用断续的间断衬砌结构的一种特殊支护形式。这种支护方法在变形较大的松软岩层巷道中能起到良好的支护效果。图 2－33 是某矿副斜井井筒采用的条带碹支护示意图。采用条带碹支护不但施工方便，易于翻修，省工省料，更重要的是在一定的围岩条件下，其承载力要高于一般的连续碹。

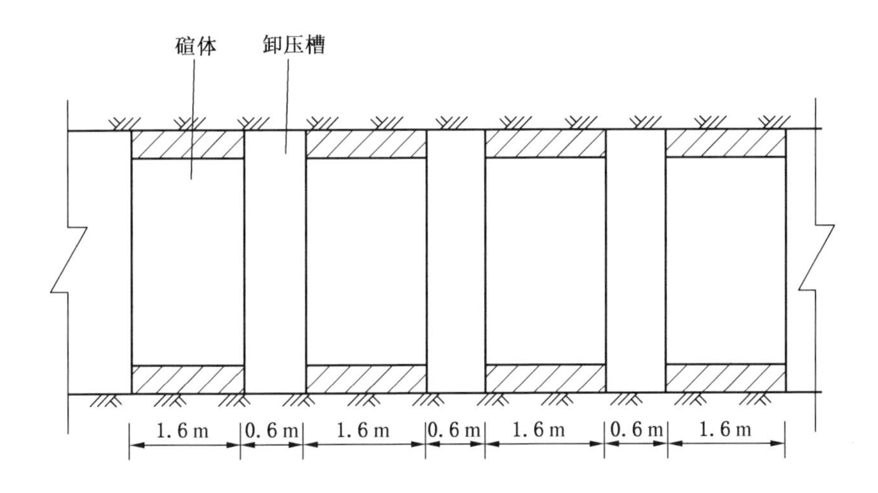

图 2－33　某矿副斜井井筒的条带碹支护示意图

2.7.1　圆形条带碹的塑性力学分析方法

圆形条带碹支护受轴对称荷载作用是空间轴对称问题。理想塑性材料的空间轴对称问题有 7 个未知数：应力分量 σ_r、σ_z、σ_θ 和 τ_{rz}；速度分量 u、ω 和 λ。同时具备 7 个基本方程：3 个应力方程，包括 2 个平衡方程和 1 个屈服条件；4 个物理方程，因此问题是超静定的。不仅如此，1949 年 Symonas P S 证明了由该问题的基本方程所建立的应力方程组不是双曲线型的，因此不能应用平面问题有效的特征线法。这样使得理想塑性材料的空间轴对称问题的解析在数学上遇到了很大的困难。

Haar A 和 Von karman 提出了一个非真实的假设——完全塑性假设：假定材料屈服时，环向应力 σ_θ 等于其余两个主应力之一。因此可以得出 4 个应力方程，用静定方法求解，这在数学上得到了很大的简化。但人为地多了一个约束条件，则必须证明该条件对于与屈服准则相关联的流动法则是协调的，其解才正确。

在本节中利用极限分析的上下限定理确定围岩在极限状态下条带碹所受的压力大小范围。假设围岩是各向同性的理想塑性材料，服从 Tresca 或 Mises 屈服条件，即当 $\tau_{rz}=0$ 时，在塑性区中满足：

$$\sigma_r-\sigma_z=2k \tag{2-158}$$

2.7.2 圆形条带碹支护压力的上限解

2.7.2.1 条带碹支护围岩相容速度场的构造

建立如图 2-34 所示的速度场，图中 l 为碹体长度的一半，l_1 为“卸压通道”和碹体长度之和的一半，a 为巷道掘进半径，b 为速度场的外半径，可由优化方法确定。速度场分为两个区域，AC、BD 和 CD 为速度间断线，CD 的曲线形状可由速度间断条件确定。

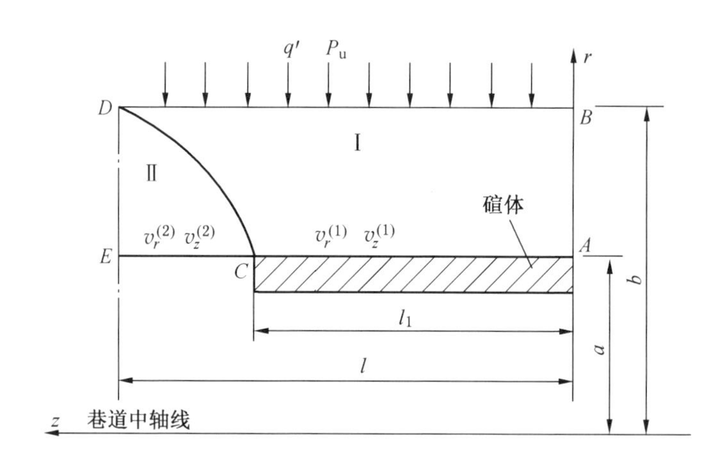

图 2-34 围岩速度场

设区域Ⅰ和区域Ⅱ的速度场分别为

$$\begin{cases} v_z^{(1)}=kz & v_r^{(1)}=v_r^{(1)}(r) \\ v_z^{(2)}=0 & v_r^{(2)}=v_r^{(2)}(r) \end{cases} \tag{2-159}$$

由于 Tresca 和 Mises 材料均满足体积不可压缩条件：

$$\dot{\varepsilon}_r+\dot{\varepsilon}_\theta+\dot{\varepsilon}_z=0 \tag{2-160}$$

将式（2-159）代入式（2-160），解微分方程，并利用边界条件：

$$\begin{cases} v_z^{(1)}\big|_{r=a}=0 \\ v_z^{(1)}\big|_{r=b}=-v_0 \end{cases} \tag{2-161}$$

得

$$v_r^{(1)}=-\frac{bv_0}{r}\cdot\frac{r^2-a^2}{b^2-a^2} \tag{2-162}$$

$$v_z^{(1)}=\frac{2bv_0}{b^2-a^2}Z \tag{2-163}$$

$$v_r^{(2)}=\frac{av_0}{r} \tag{2-164}$$

$$v_z^{(2)}=0 \tag{2-165}$$

在速度间断线 CD 两侧法向速度连续：

$$v_z^{(1)}\cos\theta-v_r^{(1)}\sin\theta=v_z^{(2)}\cos\theta-v_r^{(2)}\sin\theta \tag{2-166}$$

式中 θ 为速度间断线上任意一点的切线与 r 轴的夹角。

式（2-166）可以表示为

$$v_z^{(1)}-v_z^{(2)}=(v_r^{(1)}-v_r^{(2)})\frac{\mathrm{d}z}{\mathrm{d}r} \tag{2-167}$$

将式（2-162）~式（2-165）代入式（2-167），并利用边界条件：$r=a$ 时 $z=l$；$r=b$ 时 $z=l_1$，即可得曲线 CD 的方程：

$$z=\frac{l_1l(b^2-a^2)}{l_1(b^2-r^2)+l(r^2-a^2)} \tag{2-168}$$

2.7.2.2 能量耗散率的计算

速度场内能量总耗散率为

$$\dot{E}_{\mathrm{T}}=\dot{E}_{\mathrm{I}}+\dot{E}_{\mathrm{II}}+\dot{E}_{AC}+\dot{E}_{DE}+\dot{E}_{DC} \tag{2-169}$$

式中 $\dot{E}_{\mathrm{I}}$、$\dot{E}_{\mathrm{II}}$ 为区域Ⅰ和Ⅱ内的能量耗散率。

1. 区域Ⅰ的能量耗散率

对于 Tresca 材料，单位体积的能量耗散率为

$$D=zk\max|\dot{\varepsilon}| \tag{2-170}$$

式中 $\max|\dot{\varepsilon}|$ 为主应变率中绝对值的最大值，$\max|\dot{\varepsilon}|=\dot{\varepsilon}_z^{(1)}=\frac{2bv_0}{b^2-a^2}$，于是有

$$\dot{E}_{\mathrm{I}}=\int_{V_{\mathrm{I}}}D\mathrm{d}v=\frac{4\pi kbll_1}{l_1-l}\ln\left(\frac{l_1}{l}\right) \tag{2-171}$$

2. 区域Ⅱ的能量耗散率

在区域Ⅱ中，式（2-170）中

$$\max|\dot{\varepsilon}|=\dot{\varepsilon}_z^{(2)}=\frac{bl_1v_0}{(l_1-l)r^2}$$

因此 $$\dot{E}_{\mathrm{II}} = \int_{V_{\mathrm{II}}} D\mathrm{d}v \frac{2\pi kbl_1^2 v_0}{l_1 - l}\left[2\ln\left(\frac{b}{a}\right) - \frac{l(b^2 - a^2)}{l_1 b^2 - la^2}\ln\left(\frac{l_1 b^2}{la^2}\right)\right] \quad (2-172)$$

3. AC、BD 速度间断面上的能量耗散率

此能量耗散率为

$$\dot{E} = k\int_S |[v_t]|\mathrm{d}s \quad (2-173)$$

式中 S 为 AC、BD 的速度间断线，$|[v_t]|$为间断面上切向速度间断的绝对值，在 AC 和 BD 上 $|[v_t]| = v^{(1)}$，将式（2－173）对于 AC、BD 积分，得

$$\dot{E}_{AC} = \frac{2\pi kabv_0}{b^2 - a^2} l^2 \quad (2-174)$$

$$\dot{E}_{BD} = \frac{2\pi kb^2 v_0}{b^2 - a^2} l_1^2 \quad (2-175)$$

4. CD 速度间断面上的能量耗散率

在 CD 面上：

$$|[v_t]| = [v_r]\cos\theta + [v_z]\sin\theta \quad (2-176)$$

式中$[v_r] = |v_r^{(1)} - v_r^{(2)}|s, [v_z] = |v_z^{(1)} - v_z^{(2)}|s$。将式（2－174）~式（2－176）代入式（2－173）积分，最后可得

$$\dot{E}_{CD} = 2\pi kbv_0\left\{\frac{bl_1^2 - al^2}{B} - \frac{l_1 l(bl_1 - al)}{2A} + \frac{l_1^2 lB}{4\sqrt{AC}}\ln\frac{A - D\sqrt{AC} - abC}{A + D\sqrt{AC} - abC} + \frac{1}{a+b}\left[\frac{l}{C}B + \frac{1}{3}(2a^2 - ab - b^2)\right]\right\} \quad (2-177)$$

式中 $A = l_1^2 b^2 - la^2$，$B = b^2 - a^2$，$C = l_1 - l$，$D = b - a$。

2.7.2.3 圆形条带碹支护压力的上限解

1. 外力功率

外力对整个机构所做的功率由应力边界条件确定。

$$\dot{W} = \int_{S_{\mathrm{T}}} T_i U_i \mathrm{d}s \quad (2-178)$$

式中 S_{T} 为应力边界上的面积，T_i 为应力边界上的面力，U_i 为沿 T_i 方向的速度分量。对于整个机构除了 BD 边界外，其余均为 $T_i U_i = 0$，因此

$$\dot{W} = 2\pi bl_1 v_0 q' \quad (2-179)$$

式中 q'为 BD 边界上的面力。

2. BD 边界上面力的上限解

令外力功率等于塑性区中的能量总耗散率：

$$\dot{W} = \dot{E}_{\mathrm{T}} \quad (2-180)$$

将式（2－169）、式（2－171）、式（2－172）、式（2－174）、式（2－175）、式（2－177）、式（2－179）代入式（2－180），最后得到圆形条带碹支护的围岩极限平衡状态上限解：

$$q' = \frac{2kl}{C}\ln\frac{l_1}{l} + \frac{kl_1}{C}\left\{2\ln\frac{b}{a} - \frac{lB}{A}\ln\frac{b^2 l_1}{a^2 l} + \frac{k}{l_1}\left[\frac{2bl_1^2}{B} - \frac{l_1 l(bl_1 - al)}{2A} + \frac{l_1 lB}{4\sqrt{A^3 C}}\ln\frac{A - D\sqrt{AC} - abC}{A + D\sqrt{AC} - abC} + \frac{1}{a+b}\left(\frac{l}{C}B + \frac{2a^2 - ab - b^2}{3}\right)\right]\right\} \tag{2-181}$$

这里可以通过优化参数 b 而获得 q' 的最小值，以便得到条带碹支护地压的最优上限解。

3. 条带碹支护地压的上限解

下面利用上述协调的机动场求出条带碹支护所承受的地压的上限解，如图 2－35 所示，在区域Ⅰ中：

$$\tau_{rz} = \frac{1}{\lambda}\dot{\gamma}_{rz} = \frac{1}{\lambda}\cdot\frac{1}{2}\left(\frac{\partial v_r}{\partial z} + \frac{\partial v_z}{\partial r}\right) = 0 \tag{2-182}$$

文献［8］证明了对于服从 Tresca 屈服条件的材料或服从 Mises 屈服条件的材料的轴对称问题，当 τ_{rz} 时，Haar－Karman 假设是正确的。因此在图 2－35 中有

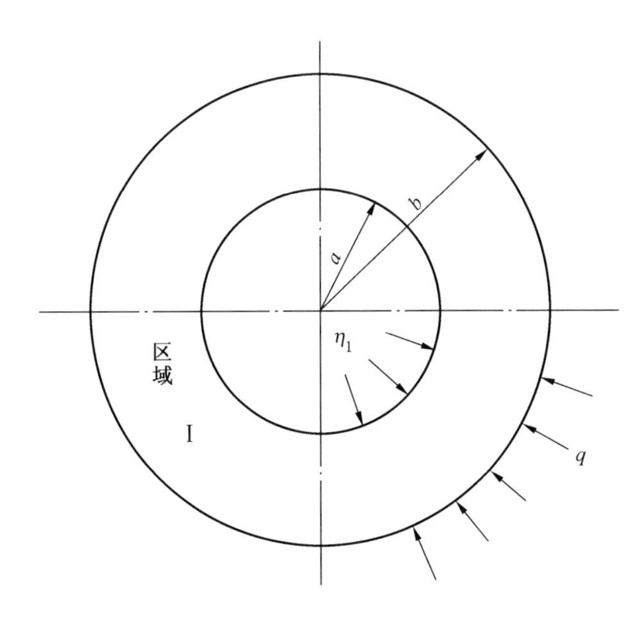

图 2－35　条带碹支护地压

$$\sigma_r = \sigma_\theta$$

将上式代入平衡方程：

$$\frac{\partial \sigma_r}{\partial r} + \frac{\partial \tau_{rz}}{\partial z} + \frac{\sigma_r - \sigma_\theta}{r} = 0 \tag{2-183}$$

并利用边界条件 $\sigma_r|_{r=b} = q'$，$\sigma_r|_{r=a} = q_1$，得

$$q' = q_1 \tag{2-184}$$

这里 q' 由式（2－181）确定。

从图 2－34 可以看出，条带碹不但受径向压力 q_1，而且在 AC 圆柱面上，受沿柱面轴向均布的剪力 k。因此条带碹还会出现沿巷道轴向的拉应力，最大内力出现在条带碹碹体中部，最大的平均拉应力可由下式确定：

$$\sigma = \frac{2alk}{a^2 - a_1^2} \tag{2-185}$$

式中 σ 为条带碹碹体中部截面上的平均拉应力，a_1 为条带碹的内半径，k 为围岩残余抗压强度的一半。

事实上，条带碹碹体沿巷道轴向出现拉应力已被实验证实，文献［30］的实验中出现的条带碹环向裂隙就是拉应力产生的。

2.7.3　圆形条带碹支护压力的下限解

考虑图 2－36 所示的简单间断应力场，CD 为应力间断面，在区域Ⅰ中：

$$\sigma_\theta = \sigma_z = 2k \qquad \sigma_r = 0 \tag{2-186}$$

在区域Ⅱ中：

$$\sigma_r = \sigma_\theta = 4k \qquad \sigma_z = 2k \tag{2-187}$$

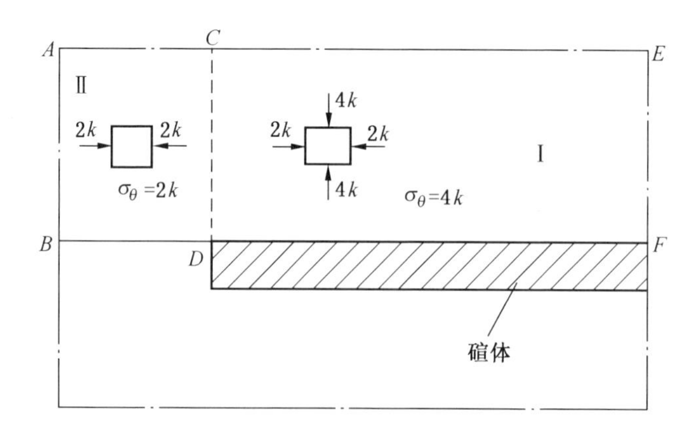

图 2－36　圆形条带碹围岩静力许可场

显然，区域Ⅰ和区域Ⅱ分别满足平衡方程式和屈服条件式，在应力间断面 *CD* 上满足应力跳跃条件，因此该应力场是静力许可场，由边界 *BD* 确定条带碹碹体所受的压力：

$$q_2 = 4k \tag{2-188}$$

是圆形条带碹支护地压的下限解，该值小于或等于起初的极限荷载。

2.7.4　圆形条带碹支护地压分析

从上面的分析可以看出，圆形条带碹支护所受的地压值大于式（2－188）而小于式（2－181），即真实的地压值在式（2－188）和式（2－181）之间。

举例，考虑某条带碹碹体长 3.0 m，卸压槽宽 1.0 m，即 $l = 1.5$ m，$l_1 = 2.0$ m，$a = 2.0$ m，利用式（2－181），选择不同的 b 值而获得不同的上限解答。在这些解答中，最小的上限解答与真实解答最接近，在计算中可以采用优化的方法（如最速下降法等）求得最小的上限解答。在本例中，当 $b = 3.08$ m 时，$q_1 = 5.584k$ 为最小的上限解，而根据式（2－188），$q_2 = 4k$ 为下限解，因此圆形条带碹所受的地压值在 $4k$ 和 $5.584k$ 之间。

从上例可见，上、下限解是比较接近的，而且在确定下限解时所构造的静力许可场是最简单的应力间断场，它与支护参数无关。因此有理由认为，真实的解答更接近于上限解。这样利用式（2－188）分析条带碹支护参数对碹体所受的地压值的影响有一定意义。

图 2－37 是支护参数对地压值大小的影响曲线，图 2－37a 是在其他条件不变的情况下，碹体所受的地压值与支护参数 l/a 的关系曲线，从图中可以看出，碹体长度越大，碹体所受的压力就越大，因此在保证碹体自身稳定性的前提下，尽量减小碹体长度是有利的。图 2－37b 是碹体所受的地压值与卸压槽宽度的关系曲线。图 2－37b 表明，卸压槽越宽，地压值越小，当卸压槽宽度达到一定的值时，再增加其宽度则压力下降就不明显了。另外，如果卸压槽太窄，碹体所受的地压值就很大，可能在围岩尚未进入流动状态时碹体就被压坏，发挥不了条带碹应有的作用。

条带碹支护作用的实质是：在卸压槽中围岩处于二维应力状态，因此围岩比三维应力状态更容易进入塑性流动状态，这样围岩所释放的变形能可以通过考虑条带碹周围岩体做塑性功而耗散掉，从而减小围岩作用于支护上的压力。因此可以认为，条带碹支护不同于一般的支护形式，它是通过弱化围岩而达到降低围岩对支架的压力的目的。

条带碹所受的地压值与围岩的性质有关，围岩越松软，强度越低，则支护所受的地压值越小，因此条带碹支护适应于较为软弱、塑性变形较大的围岩，否则可能在围岩尚未进入塑性流动状态时支护就被压坏。

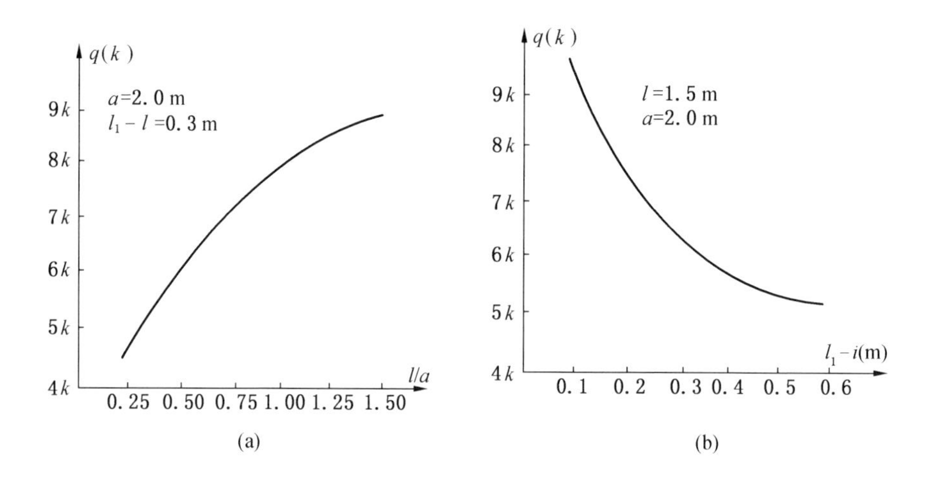

图2-37　支护参数对地压值影响曲线

条带碹所受的压力与支护参数密切相关，碹体越长，卸压槽越窄，则支护所受压力越大，因此在保证支护本身稳定性的条件下，应尽量减小碹体长度，以降低围岩对支护的压力。

条带碹支护不但受围岩径向压力的作用，而且受沿巷道轴向的切向力作用，切向力产生的碹体轴向拉应力大小与碹体长度成正比，在进行条带碹支护设计时应考虑此因素。

条带碹所受的径向压力在前文中所述的下限解与上限解之间。算例表明，上下限解是比较接近的，由此亦说明了采用此分析与计算方法是有效的。

3　基于塑性极限分析的巷道底板稳定性及控制技术研究

巷道开挖前岩体处于三向应力平衡的状态，开挖后岩体内应力重新分布，使得巷道围岩处于不稳定状态，致使开挖空间上覆岩体的自重应力逐渐转移到巷道两帮。深部软岩巷道中，直接底板多为软弱的黏土质或泥质页岩、砂岩等，当两帮和顶板的强度大大高于底板的强度（如两帮和顶板为砂岩并进行有效支护），而此时两帮传递给底板的荷载又达到一定值，底板岩体的应力状态达到或超过其屈服强度时，在两帮岩柱压模效应的作用下，软弱底板岩体将沿最大剪应力迹线的方向被挤压流动到巷道临空区内，出现整体剪切破坏，软弱岩层被挤压到巷道内，产生持续的底鼓，这种底板破坏形式被称为挤压流动性底鼓，与条形基础的整体剪切破坏模式有类似之处，如图 3－1 所示。

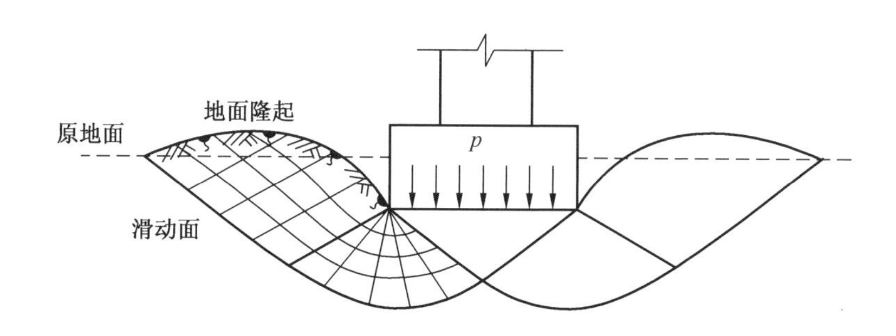

图 3－1　地基土的整体剪切破坏模式

3.1　基于塑性极限分析的巷道底板稳定性的滑移线解答

假设底板岩体为服从 Mohr－Coulomb 屈服准则的理想刚塑性材料，不考虑底板岩体自重，基底反力均匀分布。由于巷道轴向“无限长”，而塑性区轴向相对变形量很小，故可将巷道变形问题视为塑性平面应变问题，即质点的塑性流动只发生在各相互平行的平面内，且各平面的变形情况完全相同。

挤压流动性底鼓的实质是由底板岩体承载力不足而引起的剪切破坏，与地基整体剪切破坏类似，故可将底板等效为承受顶板及两帮传递荷载的地基。将巷道两帮岩体看作构筑物基础，巷道顶板及上覆岩体通过两帮传递给底板的荷载简化为均布荷载 q，q_s 为底板的支护反力。当两帮传递给底板的荷载达到或超过底板岩体的极限承载能力时，底板岩体出现连续的剪切滑动面，进入塑性极限平衡状态，一旦荷载略增，剪切破坏区沿连续滑动面向巷道内移动，向上隆起而产生底鼓。对比半平面无限空间刚性冲模的压入问题，得到岩土材料的 Prandtl 滑移线解答和 Hill 滑移线解答。

3.1.1 巷道底板变形的 Prandtl 解答

3.1.1.1 应力场分析

巷道底板进入屈服状态后的 Prandtl 滑移线场如图 3－2 所示。分析△BDE 区，其自由边界 BE 为直线，故△BDE 为均匀应力区，α 线和 β 线均为直线；在边界 BE 上有 $\sigma_n = q_s$，$\tau_n = 0$，则△BDE 区域内任意点的应力值 p 和 α 线的切线方向与 x 轴的夹角 θ 为一常数，可由边界条件确定。△BDE 内任意一点的莫尔圆如图 3－3a 所示。

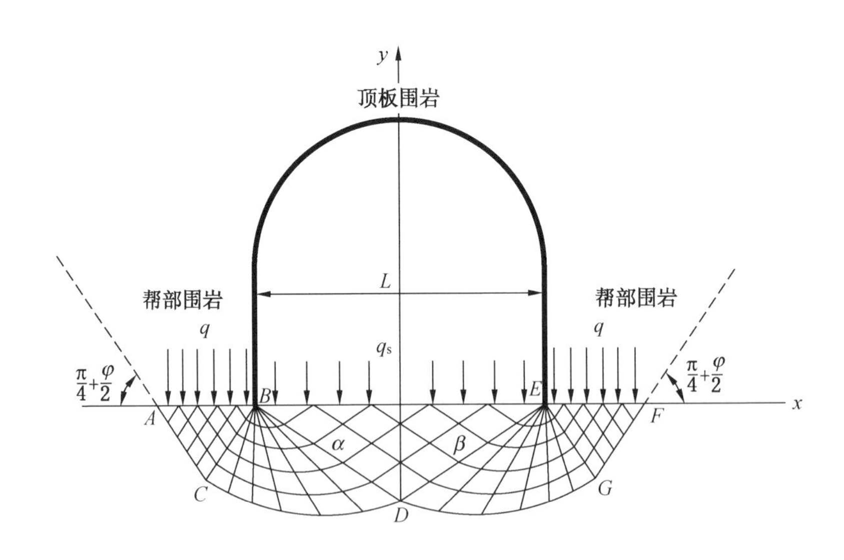

图 3－2 巷道底板的 prandtl 滑移线场

由图 3－3a 中的几何关系得

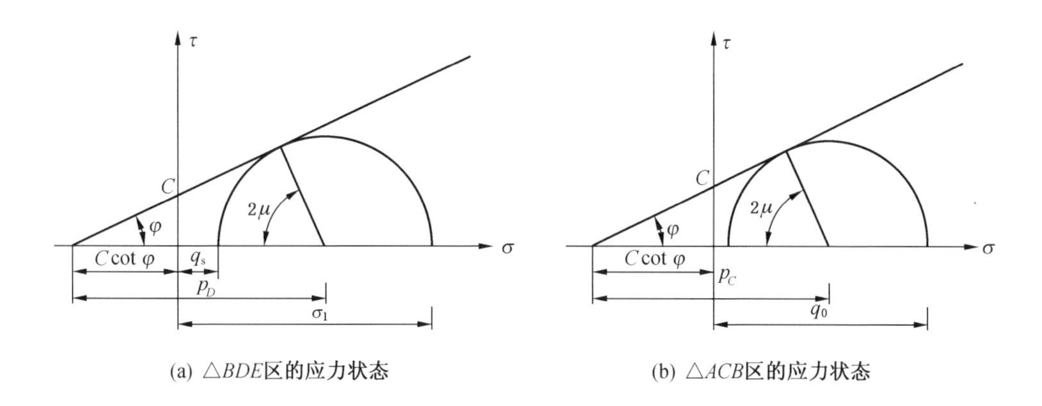

图3-3　底板岩体的应力状态

$$
\begin{cases}
p_D = \dfrac{q_s + C\cot\varphi}{1 - \sin\varphi} \\
\theta_D = \mu
\end{cases}
\tag{3-1}
$$

其中，C、φ 分别为底板岩体的黏聚力和内摩擦角；$\mu = \dfrac{\pi}{4} - \dfrac{\varphi}{2}$。同理，考虑△$ACB$ 区（或△EGF 区），假设 AB 面上没有剪应力，且 AB、BC 均为直线，则△ACB 为均匀应力区，在边界 AB 上有 $\sigma_n = q$，$\tau_n = 0$，如图3-3b所示。△ACB 区的应力状态可表示为

$$
\begin{cases}
p_C = \dfrac{q + C\cot\varphi}{1 + \sin\varphi} \\
\theta_C = \dfrac{\pi}{2} + \mu
\end{cases}
\tag{3-2}
$$

BCD 区为退化的 Riemann 问题，该区域所有的 α 族滑移线均为直线，而 α 与 β 线的夹角为 2μ，在极坐标中表示 β 线，如图3-4所示。

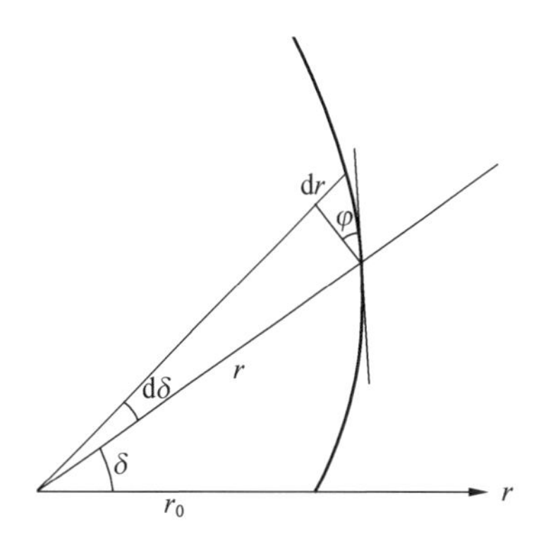

图3-4　极坐标下的 β 族滑移线形式

由图3-4可得

$$
\mathrm{d}r = r\mathrm{d}\delta\tan\varphi \tag{3-3}
$$

当坐标有一个 $\mathrm{d}\delta$ 的变化，径向也有一个 $\mathrm{d}r$ 的变化，δ 由 $0\rightarrow\delta$，r 由 $r_0\rightarrow r$，故有

$$
\int_{r_0}^{r} \frac{\mathrm{d}r}{r} = \tan\varphi \int_0^{\delta} \mathrm{d}\delta \tag{3-4}
$$

积分上式可知，β 线为一组对数螺旋线，

其表达式为

$$r = r_0 \exp(\delta \tan\varphi) \tag{3-5}$$

式中，r_0 为 $\delta=0$ 时的矢径，即 CD 的长度；δ 为初始矢径与当前矢径的夹角。

根据应力平衡方程：

$$\begin{cases} \dfrac{\partial \sigma_x}{\partial x} + \dfrac{\partial \tau_{xy}}{\partial y} = 0 \\ \dfrac{\partial \tau_{xy}}{\partial x} + \dfrac{\partial \sigma_y}{\partial y} = 0 \end{cases} \tag{3-6}$$

由极限应力圆与 M－C 屈服线的关系有

$$\begin{cases} \sigma_x = \sigma - R\cos 2\theta \\ \sigma_y = \sigma + R\cos 2\theta \\ \tau_{xy} = R\sin 2\theta \end{cases} \tag{3-7}$$

将式（3－7）代入式（3－6）可得

$$\begin{cases} \dfrac{\partial \sigma}{\partial y}\sin\varphi\sin 2\theta + \dfrac{\partial \sigma}{\partial x}(1 - \sin\varphi\cos 2\theta) + 2R\left(\dfrac{\partial \theta}{\partial y}\cos 2\theta + \dfrac{\partial \theta}{\partial y}\sin 2\theta\right) = 0 \\ \dfrac{\partial \sigma}{\partial x}\sin\varphi\sin 2\theta + \dfrac{\partial \sigma}{\partial y}(1 + \sin\varphi\cos 2\theta) + 2R\left(\dfrac{\partial \theta}{\partial x}\cos 2\theta - \dfrac{\partial \theta}{\partial y}\sin 2\theta\right) = 0 \end{cases} \tag{3-8}$$

式（3－8）是一组双曲线型的一阶偏导数的非线性微分方程，利用特征线法可以推导出无重的 $\varphi - c$ 型材料沿 β 族滑移线的平均应力 σ 和交角 θ 的差分方程为

$$\mathrm{d}\sigma + 2p \cdot \tan\varphi \mathrm{d}\theta = 0 \tag{3-9}$$

其中，$p = \sigma + C\cot\varphi$，将上式中的平均应力 σ 用 p 替换，积分上式可得到应力值 p 沿 α 与 β 线的变化规律：

$$\ln p + 2\theta\tan\varphi = C \tag{3-10}$$

由于 C 点和 D 点在同一条 β 线上，故有

$$\ln p_C + 2\theta_C \cot 2\mu = \ln p_D + 2\theta_D \cot 2\mu \tag{3-11}$$

并将式（3－1）、式（3－2）代入解得底板所能承受的极限荷载为

$$q_0 = (q_s + C\cot\varphi)\frac{1 + \sin\varphi}{1 - \sin\varphi}\exp(\pi\cot 2\mu) - C\cot\varphi \tag{3-12}$$

底板支护力 q_s 对底板承载能力的贡献为

$$p_s = q_s \exp(\pi\cot 2\mu)\frac{1 + \sin\varphi}{1 - \sin\varphi} = q_s \exp(\pi\tan\varphi)\tan^2\left(\frac{\pi}{4} + \frac{\varphi}{2}\right) \tag{3-13}$$

3.1.1.2　速度场分析

由 3.1.1.1 节推导可知，$\triangle ACB$、$\triangle EGF$ 和 $\triangle BDE$ 区域内两族滑移线均为直线，由速度场的性质可知，这些区域的位移为刚体位移，即上述区域任意点的速度分量 v_α 和 v_β 都是常数。由于 ACD 和 FGD 为刚塑性分界线，必然也是速度间

断线，在刚性区一侧速度均为零。从塑性区到刚性区，速度改变的方向必定与 ACD 和 FGD 线成 φ 角，即在整个 $ACDB$ 区域内速度改变与 α 线垂直，故 $v_\alpha=0$；在整个 FGD 区域内与 β 线垂直，故 $v_\beta=0$。

分析 $ACDB$ 区域，由于△ACB 区垂直于 BC 作瞬时的刚体运动，如图3－5 所示，若极限荷载 q_0 产生的垂直速度为 v_0，由几何关系可知，该区域任意点的实际运动速度 $v_{BC}=v_0\sec\left(\frac{\pi}{4}+\frac{\varphi}{2}\right)$，则该区域沿 β 线的速度为

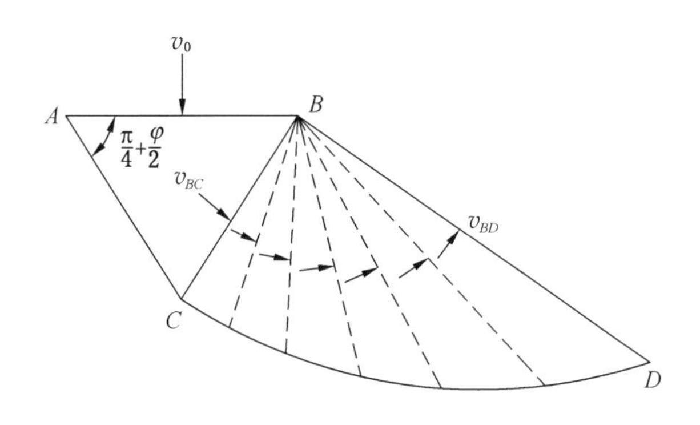

图3－5 速度场分析

$$v_{BC}^{\beta}=v_0\cos\varphi\cdot\sec\left(\frac{\pi}{4}+\frac{\varphi}{2}\right) \tag{3-14}$$

BCD 区域内沿 α 和 β 族滑移线的速度分布必须满足：

$$\begin{cases}\text{沿 }\alpha\text{ 线}\quad \mathrm{d}v_\alpha+(v_\alpha\cdot\tan\varphi-v_\beta\cdot\sec\varphi)\mathrm{d}\theta=0\\ \text{沿 }\beta\text{ 线}\quad \mathrm{d}v_\beta+(v_\alpha\cdot\sec\varphi-v_\beta\cdot\tan\varphi)\mathrm{d}\theta=0\end{cases} \tag{3-15}$$

将 $v_\alpha=0$ 代入沿 β 线的方程可将方程简化为

$$\mathrm{d}v_\beta=v_\beta\cdot\tan\varphi\mathrm{d}\theta \tag{3-16}$$

积分得到：

$$v_\beta=A\exp(\theta\tan\varphi) \tag{3-17}$$

由于 BC 边上 $\theta=\frac{\varphi}{2}-\frac{3\pi}{4}$，将式（3－14）代入式（3－17）可求得积分常数 A。因此，BCD 区域内任意点沿 β 线的速度表达式为

$$v_\beta=\frac{v_0\cos\varphi\cdot\sec\left(\frac{\pi}{4}+\frac{\varphi}{2}\right)}{\exp\left[\left(\frac{\varphi}{2}-\frac{3\pi}{4}\right)\cdot\tan\varphi\right]}\cdot\exp(\theta\tan\varphi) \tag{3-18}$$

将 $\theta=-\mu$ 代入式（3-18）可得 BD 边沿 β 线的速度 v_{BD}^{β}，同理可求得 v_{ED}^{β}。由于 $v_{\beta}=\cos\varphi\cdot v$，$BD$ 和 ED 边上的速度为

$$v_{BD}=v_{ED}=\frac{v_{BD}^{\beta}}{\cos\varphi}=v_0\sec\left(\frac{\pi}{4}+\frac{\varphi}{2}\right)\exp\left(\frac{\pi}{2}\tan\varphi\right) \tag{3-19}$$

$\triangle BDE$ 区为均匀应力区，作刚体运动，其速度为 v_{ED} 和 v_{BD} 的合速度：

$$v_{BDE}=2v_{BD}\cos\left(\frac{\pi}{4}-\frac{\varphi}{2}\right)=2v_0\tan\left(\frac{\pi}{4}+\frac{\varphi}{2}\right)\exp\left(\frac{\pi}{2}\tan\varphi\right) \tag{3-20}$$

根据上述分析可知，$\triangle ACB$ 区域在 q_0 的作用下垂直向下运动，BCD 区域的各点绕 C 点移动，速度与径向正交，$\triangle BDE$ 在两边简单场的共同作用下垂直向上运动，这种位移模式与底板整体抬起的底板变形模式相吻合。

3.1.1.3　塑性区范围分析

由图 3-2 可知，巷道宽为 L，$\triangle BDE$ 为等腰三角形，$\angle DBE=\angle BED=\frac{\pi}{4}-\frac{\varphi}{2}=\mu$，则 $\triangle BDE$ 的高 $h=\frac{L}{2}\tan\mu$，$BD=\frac{L}{2}\sec\mu$；又因为 $\triangle ABC$ 为等腰三角形，$\angle ABC=\angle BAC=\frac{\pi}{4}+\frac{\varphi}{2}$，又 $\angle BED=\frac{\pi}{4}-\frac{\varphi}{2}$，所以 $BD\perp BC$。由前面推导可知，区域 BCD 中 CD 为对数螺旋线，BC、BD 的长度分别为 r_0、r_D，将 $\delta=\frac{\pi}{2}$ 代入式（3-5）中有 $BD=r_D=r_0\exp\left(\frac{\pi}{2}\tan\varphi\right)$，又因为 $BD=\frac{L}{2}\sec\mu$，则有

$$BC=r_0=\frac{L}{2}\sec\mu\exp\left(-\frac{\pi}{2}\tan\varphi\right) \tag{3-21}$$

则两帮传递给底板的荷载作用范围 AB 为

$$AB=2BC\cos\left(\frac{\pi}{4}+\frac{\varphi}{2}\right)=r_0=L\sec\mu\cos\left(\frac{\pi}{4}+\frac{\varphi}{2}\right)\exp\left(-\frac{\pi}{2}\tan\varphi\right) \tag{3-22}$$

3.1.2　巷道底板变形的 Hill 解答

3.1.2.1　应力场分析

底板的 Hill 滑移线场关于硐室中轴线对称分布，如图 3-6 所示。取一半进行研究，同 3.1.1.1 节的分析方法，$\triangle ACB$、$\triangle BDE$ 均为均匀应力区，BCD 区的应力分布为退化的 Riemann 问题，由于 Hill 解的应力边界条件与 Prandtl 解的应力边界条件相同，虽然两种解的滑移线场范围不同，但两种解的应力分布相同，故此处不再赘述。应力分布相同且均服从 M-C 屈服准则的理想刚塑性材料沿 β 族滑移线上的 $p-\theta$ 的变化规律方程，因此两种解对应的极限荷载也完全相同。

3.1.2.2　速度场分析

分析底板位移场时仍取左半部分进行研究。同 3.1.1.2 节的分析方法，

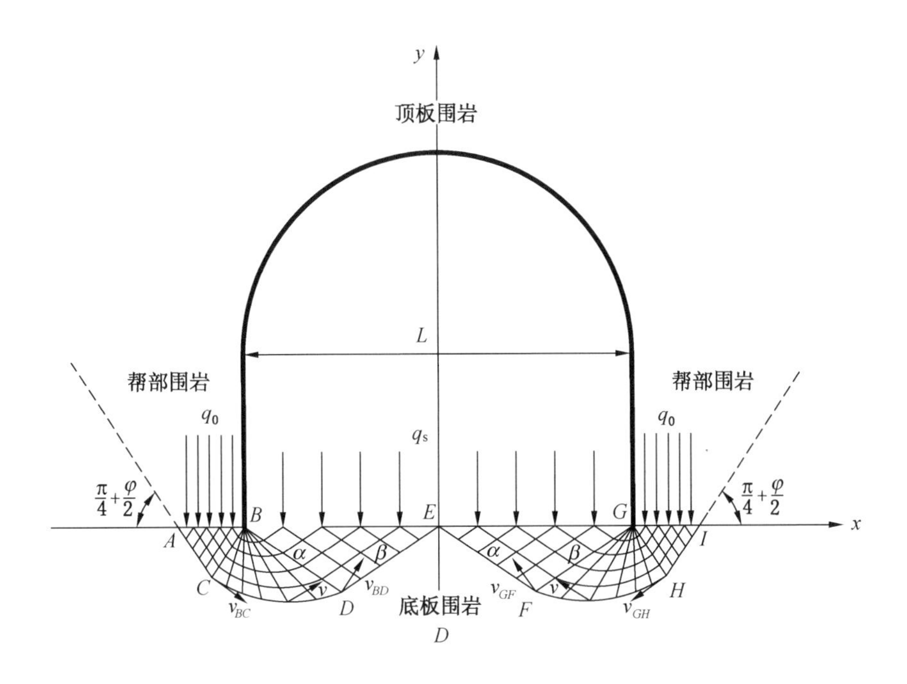

图 3-6 巷道底板的 Hill 滑移线场

△*ACB* 和△*BDE* 区的位移为刚体位移。*ACDE* 为刚塑性分界线，由速度间断线的性质可推断在整个左半滑移区内有 $v_\alpha=0$，$v_\beta=\cos\varphi\cdot v$（$v$ 为质点实际运动速度的大小）。由于△*ACB* 区垂直于 *BC* 作瞬时的刚体运动，若 q_0 产生的垂直速度为 v_0，则该区域任意点的速度 $v_{BC}=v_0\sec\left(\frac{\pi}{4}+\frac{\varphi}{2}\right)$。将 $\theta=-\mu$ 代入式（3-18）得 *BD* 边沿 β 线的速度 v_β^{BD}。由 $v_\beta=\cos\varphi\cdot v$ 可得 *BD* 边的实际速度［式（3-19）］。

由于 *DE* 外侧为刚性区，根据上述分析可知，△*BDE* 区整体沿与 x 轴呈$\frac{\pi}{4}-\frac{\varphi}{2}$的方向作刚体运动，其速度大小为

$$v_{BDE}=v_0\cos\varphi\cdot\sec\left(\frac{\pi}{4}+\frac{\varphi}{2}\right)\cdot\exp\left(\frac{\pi}{2}\tan\varphi\right) \tag{3-23}$$

显然，Prandtl 解和 Hill 解对应的塑性区范围不同，速度场有差别，但应力场分布相同，对应的极限荷载也相同。通过对这两种解的应力场和位移场分析以及底板的极限承载能力式（3-12）可以看出，当两帮传递给底板的垂直荷载大小达到 q_0 时，底板岩体发生塑性流动，产生持续不断的底鼓。硐室底板的稳定性与底板岩体强度（包括黏聚力 C 和内摩擦角 φ）以及对底板的支护阻力 q_s 有

关。岩体强度和支护阻力越大，底板的极限承载力越高，硐室底板越稳定。此外，降低两帮传递给底板的主动荷载也是提高底板稳定性的有效措施。

3.1.2.3　塑性区范围分析

由图3－6可知，巷道宽为L，$\triangle BDE$为等腰三角形，$\angle DBE=\angle BED=\frac{\pi}{4}-\frac{\varphi}{2}=\mu$，则$\triangle BDE$的高$h=\frac{L}{4}\tan\mu$，$BD=\frac{L}{4}\sec\mu$；又因为$\triangle ABC$为等腰三角形，$\angle ABC=\angle BAC=\frac{\pi}{4}+\frac{\varphi}{2}$，又$\angle BED=\frac{\pi}{4}-\frac{\varphi}{2}$，所以$BD\perp BC$。由前面推导可知，区域$BCD$中$CD$为对数螺旋线，$BC$、$BD$的长度分别为$r_0$、$r_D$，将$\delta=\frac{\pi}{2}$代入式（3－5）中有$BD=r_D=r_0\exp\left(\frac{\pi}{2}\tan\varphi\right)$，又因为$BD=\frac{L}{4}\sec\mu$，则有

$$BC=r_0=\frac{L}{4}\sec\mu\exp\left(-\frac{\pi}{2}\tan\varphi\right)\tag{3-24}$$

则两帮传递给底板的荷载作用范围AB为

$$AB=2BC\cos\left(\frac{\pi}{4}+\frac{\varphi}{2}\right)=r_0=\frac{L}{2}\sec\mu\cos\left(\frac{\pi}{4}+\frac{\varphi}{2}\right)\exp\left(-\frac{\pi}{2}\tan\varphi\right)\tag{3-25}$$

由图3－2、图3－6可知，速度场Prandtl解的几何尺寸为Hill解的2倍。

3.1.3　反底拱支护后巷道底板的应力场分析

假设反底拱提供均布的支护阻力q_f作用于底板岩体，顶帮传递给底板的垂直荷载大小为q。按前文的方法分析得到铺设反底拱后底板的滑移线场如图3－7所示。$\triangle ACB$区的应力状态可用式（3－1）表示。

分析CDE区，该区域的边界CE为一段圆弧，需在极坐标下讨论。圆弧CE的应力边界条件是$\sigma_r=q_f$，$\tau_{r\varphi}=0$，对应的莫尔圆有$\sigma_1=\sigma_\varphi$，$\sigma_3=\sigma_r=q_f$。在该区域内滑移线上任意点的切线方向与该点距离开挖圆心的矢径r成$\frac{\pi}{4}+\frac{\varphi}{2}$的夹角，因此两族滑移线都是对数螺旋线，其表达式为

$$r=Re^{m\cot\left(\frac{\pi}{4}+\frac{\varphi}{2}\right)}\tag{3-26}$$

式中，R为反底拱半径；m为滑移线上任意点的矢径r与该条滑移线边界点的矢径R（即反底拱半径）的夹角，规定逆时针旋转为正，顺时针旋转为负，定义m_0为边界上任意点的矢径R与y轴负方向的夹角。铺设反底拱后边界CE上M点的应力状态为

$$\begin{cases}p_M=\dfrac{q_f+C\cot\varphi}{1-\sin\varphi}\\[2ex]\theta_M=m_{0M}+\dfrac{\varphi}{2}+\dfrac{\pi}{4}\end{cases}\tag{3-27}$$

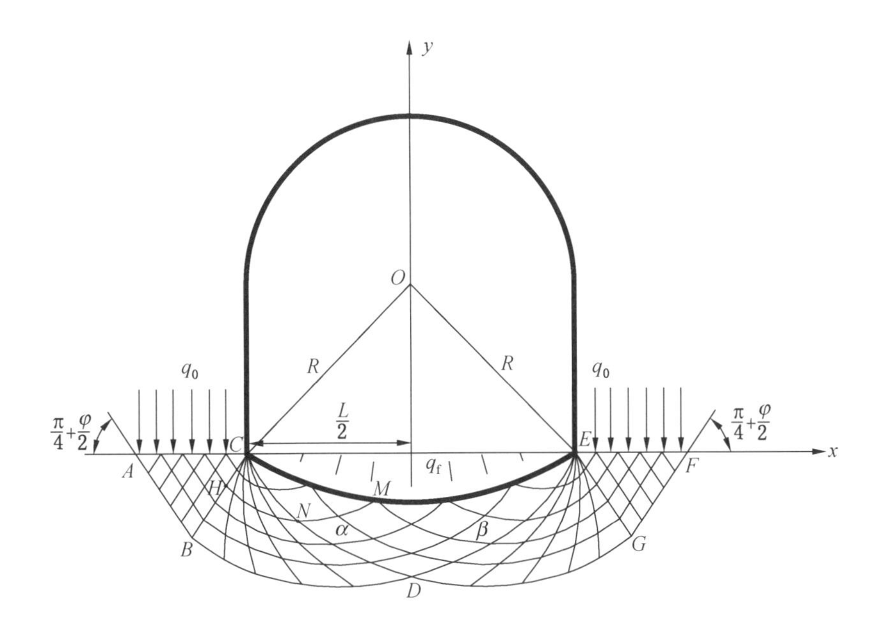

图 3-7 开挖反拱后底板的滑移线场

式中，m_{0M}为M点的矢径R与y轴负方向的夹角。过渡区BCD的应力分布属于退化的 Riemann 问题。M、N点在同一条β线上，其中$\theta_N = m_{0M} + m_M + \frac{\varphi}{2} + \frac{\pi}{4}$，将式（3-27）代入式（3-11）得到$N$点的平均应力：

$$p_N = \frac{q_f + C\cot\varphi}{1 - \sin\varphi}\exp(-2m_M\cot2\mu) \tag{3-28}$$

式中，m_M为M、N两点矢径的夹角。建立N点与H点的关系式，并代入C点的m_0，解得铺设反底拱后底板的极限承载力：

$$q = (q_f + C\cot\varphi)\frac{1 + \sin\varphi}{1 - \sin\varphi}\exp\left[\left(\pi - 2\arcsin\frac{L}{2R}\right)\cot2\mu\right] - C\cot\varphi \tag{3-29}$$

令$q_f = 0$可以得到巷道底板在开挖反拱后，未及时铺设反底拱支护前底板的极限承载力：

$$q = C\cot\varphi\frac{1 + \sin\varphi}{1 - \sin\varphi}\exp\left[\left(\pi - 2\arcsin\frac{L}{2R}\right)\cot2\mu\right] - C\cot\varphi \tag{3-30}$$

令式（3-12）中$q_s = 0$可以得到巷道底板在未采取任何支护措施时底板的极限承载能力：

$$q_0 = C\cot\varphi\frac{1 + \sin\varphi}{1 - \sin\varphi}\exp(\pi\cot2\mu) - C\cot\varphi \tag{3-31}$$

由于巷道宽度一定大于或等于开挖反拱的直径，即 $L\geqslant 2R$，因此 $0\leqslant \arcsin\frac{L}{2R}\leqslant\frac{\pi}{2}$，对比式（3－30）和式（3－31）可以看出，开挖反拱后反而削弱了底板的承载能力。从巷道施工力学角度来看，实际工程中反拱开挖是巷道开挖的最后一步工序，此时巷道断面尺寸达到最大值，巷道结构整体的稳定性最差，是成巷过程中最不利、最易发生事故的阶段。开挖半径越小意味着巷道尺寸越大，成巷越危险。因此，底板开挖后需及时铺设反底拱进行支护，当底板岩体强度较大不需要反底拱加固时，应尽量避免对底板的开挖扰动。

3.2 基于塑性极限分析的底鼓控制技术力学效应分析及支护参数设计

长期以来，人们利用自己的智慧，探索了各种治理和控制底鼓的技术，比如底板锚杆（索）技术、反底拱技术、底板注浆技术、底板卸压技术、超挖回填技术和抗滑桩技术等。这些技术的应用能在一定程度上抑制底鼓的扩展，达到预期的加固效果，但在目前的工程实践中，也有因支护技术选择不当、支护参数设计不合理而导致支护失效的案例。本节在前文对自重应力场作用下的挤压流动性底鼓力学机理研究的基础上，对底板锚杆技术、抗滑桩技术、反底拱技术这三种加固技术控制底鼓的力学原理作出分析，同时给出各技术参数的确定方法，为煤巷支护设计提供科学依据。

3.2.1 底板锚杆控制底鼓的原理和方法

1. 底板锚杆控制底鼓的加固机理

在巷道底板布设锚杆是底鼓巷道施工设计中最常规的底板加固措施，在设计布置得当的情况下，底板锚杆能对巷道底鼓起到很好的抑制作用。底板锚杆的作用主要表现在两个方面：一是把底板岩层中浅部软弱不稳定的岩层与其下部稳定岩层联结在一起，起到抑制扩容、膨胀引起裂隙张开和新裂隙产生的作用；二是通过底板锚杆的联结作用将几个岩层串起来，在巷道底板形成一个组合岩梁，此组合梁的极限抗弯强度比单一岩层抗弯强度的总和大。通过打入刚性底板锚杆，一方面可以提高底板的完整性，另一方面又可以通过自身的强度抵抗来自两帮向巷道内的滑移，从而有效地控制底板鼓起变形。然而，底板锚杆的使用往往因锚杆失效而难以推广。归纳起来，底板锚杆失效主要有两个原因：一是在不明确底板变形机制的情况下盲目加固使得锚杆没有进入刚性区，起不到锚固作用；二是围岩应力过大而锚杆锚固力不足致使底板失稳。因此，合理设计底板锚杆的支护参数是有效控制底板变形的关键。

2. 底板锚杆支护荷载设计

在实际工程中，两帮传递给底板的荷载 q 的大小一般可根据两帮的岩性及两帮的加固和支护条件所确定，若底板锚杆采用垂直布置的方式，将式（3－12）变形可得底板锚杆要提供的保持底板稳定的单位面积上的支护荷载 q_s：

$$q_s = (q + C\cot\varphi)\frac{1-\sin\varphi}{1+\sin\varphi}\exp(-\pi\cot 2\mu) - C\cot\varphi \tag{3-32}$$

3. 底板锚杆长度设计

底板锚杆的长度取决于巷道底板可能鼓起的范围和深度。本节根据图3－2中Prandtl解的塑性区范围来设计底板锚杆的长度，隔离过渡区 BCD，如图3－8所示。

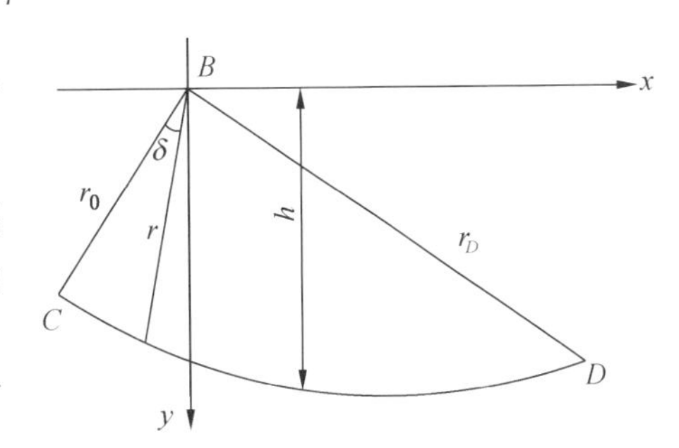

图3－8 塑性区发展深度分析

区域 BCD 的破坏深度 h 与 δ 角有关：

$$\begin{aligned} h &= r\sin\left(\frac{3\pi}{4} - \frac{\varphi}{2} - \delta\right) \\ &= \frac{L}{2}\sec\mu\exp\left[\left(\delta - \frac{\pi}{2}\right)\tan\varphi\right]\cdot\sin\left(\frac{3\pi}{4} - \frac{\varphi}{2} - \delta\right) \end{aligned} \tag{3-33}$$

令 $\frac{dh}{d\delta}=0$，可得 $\delta = \frac{\pi}{4} + \frac{\varphi}{2}$，代入式（3－33）得到塑性区发展的最大深度即为锚杆自由段长度：

$$l = L\cdot\exp\left[\left(\frac{\varphi}{2} - \frac{\pi}{4}\right)\tan\varphi\right]\cdot\sin\left(\frac{\pi}{4} - \frac{\varphi}{2}\right) \tag{3-34}$$

底板锚杆埋头长度取0.6～0.8 m，这种布置方式的优点在于底板中虽安装有锚杆，但需要时还可以卧底。

4. 锚杆间排距的校核

假设锚杆间排距分别为 b 和 c，单根锚杆的拉拔荷载为 P_d。由前文知，q_s 为单位面积上锚杆所需提供的支护荷载的大小，则

$$b\times c \leqslant \frac{\xi P_d}{q_s} \tag{3-35}$$

其中，ξ 为裕度系数。需特别指出，采用底板锚杆抑制底板变形并不适用于所有情况。一般地，当巷道底板破碎岩层下有稳定岩层存在且巷道受采动影响不强烈时，使用底板锚杆的效果较好。对于节理裂隙发育、含大量膨胀性矿物的软弱岩层，不宜采用底板锚杆控制底鼓。因此，在采用锚杆加固底板前需对底板岩层的可锚性进行详细论证。

3.2.2 抗滑桩控制底鼓的原理和方法

1. 抗滑桩控制底鼓的加固机理

抗滑桩是边坡及基坑加固工程中常用的一种抗滑支挡结构，它利用伸入稳定滑床中桩身前后岩土体的抗力平衡滑坡推力，抵抗边坡的滑动失稳。一般将桩径小于300 mm的小口径钻孔灌注桩称为微型抗滑桩，它具有抗滑能力强、圬工数量小、桩位布置灵活、施工方便等优点。微型抗滑桩通过紧密布置、高强度、低成本的小口径桩穿过岩土体的潜在滑面，将滑坡体的推力传递到稳定滑床中，桩体结构自身亦能承担较大的剪应力作用。根据3.1.1.2节的巷道底板流动特征分析可以看出，深部硐室底鼓实质是底板岩体沿潜在滑移面（如图3-2中的*ACDE*）产生持续的变形，因此，垂直于底板滑移线布置微型抗滑桩，能有效地控制底板的塑性流动变形，达到稳定底板的目的。具体做法是：沿着硐室两帮向下施工微型抗滑桩，抗滑桩穿过底板偏中心扇形滑移线区，锚固于稳定的刚性区。由于底板偏中心扇形滑移线区的滑移线是近水平的，因此抗滑桩采用垂直布置能达到较好的效果。

2. 抗滑桩长度和间距设计

根据抗滑桩控制底鼓机理，抗滑桩应穿过图3-2中的偏中心扇形滑移线区*BCD*，锚固于稳定的岩体中，也就是抗滑桩的长度需大于底板塑性区的范围。由于抗滑桩垂直于底板布置，可计算出抗滑桩在滑移区的长度为

$$L_b = \frac{L}{2}\sec\left(\frac{\pi}{4} - \frac{\varphi}{2}\right) \cdot \exp\left[-\left(\frac{\pi}{4} + \frac{\varphi}{2}\right)\tan\varphi\right] \tag{3-36}$$

因此，抗滑桩的总长度为

$$L_{桩} = L_a + L_b + L_c \tag{3-37}$$

式中，L_a为抗滑桩外露出底板岩体段长度，即钢筋混凝土底板厚度；L_c为锚固段长度，即抗滑深度，应依据桩顶的约束条件确定。根据抗滑桩提供的宽度方向的抗滑阻力应与长度方向相等的原则，得到保持硐室底板稳定的抗滑桩排距为

$$N \leqslant \frac{(C\cot\varphi + q)c_1 D}{p_r} \cdot L_0 \tag{3-38}$$

其中，c_1为与φ值有关的岩石阻力系数；D为桩的直径。显然，桩的排距随岩体C、φ值的增大而增大，随桩后推力的增大而减小。

3. 抗滑桩承载能力的计算

定义底板稳定的剩余推力为$q_1 = q - q_0$，这里q和q_0分别为两帮传递给底板的实际荷载及无抗滑桩时底板的极限承载力。由抗滑桩的加固机理可知，抗滑桩需穿过塑性区深入稳定的刚性区中。抗滑桩是沿B点垂直向下，即抗滑桩位于α线（直线）上，因此底板岩体作用于抗滑桩自由段的推力为均布荷载。与3.2.1节的方法类似，可得到每延米抗滑桩上所受的荷载为

$$q_{桩} = \frac{q_1 \cos^2\varphi}{1 + \sin\varphi} \exp\left[\left(\frac{\pi}{2} - \varphi\right)\tan\varphi\right] \tag{3-39}$$

因此，这里的抗滑桩强度可按边坡和基坑工程的设计方法进行计算，按抗剪强度计算的抗滑桩截面剪应力为

$$\tau = \frac{q_{桩} \cdot L_b}{2nA} \tag{3-40}$$

式中，A 为抗滑桩的截面积，n 为单侧每延米抗滑桩的数量。变形式（3－39）和式（3－40）得到抗滑桩的抗滑力 $q_{桩}$ 对底板承载能力的贡献为

$$q_1 = \frac{2nA\tau(1 + \sin\varphi)}{L_b \cos^2\varphi} \exp\left[-\left(\frac{\pi}{2} - \varphi\right)\tan\varphi\right] \tag{3-41}$$

3.2.3　反底拱控制巷道底鼓的原理和方法

1. 反底拱支护效应分析

变形式（3－29）得到反底拱的支护阻力 q_f 的表达式为

$$q_f = (q + C\cot\varphi)\frac{1 - \sin\varphi}{1 + \sin\varphi} \exp\left[\left(2\arcsin\frac{L}{2R} - \pi\right)\cot 2\mu\right] - C\cot\varphi \tag{3-42}$$

由式（3－42）可知，铺设反底拱后底板的承载力高于只开挖不支护时底板的承载力。这是因为铺设反底拱后改善了底板岩体的应力状态，削弱了由两帮应力集中而传给底板的荷载，减弱了底板处的应力集中程度，从而达到了控制底板变形的目的。

图 3－9 所示为支护阻力与反底拱半径的关系曲线。分析图 3－9 可知，在两帮垂直压力相同的情况下，反底拱半径为巷道宽度的一半（$L = 2R$）时反底拱所能提供的支护阻力最大，当反底拱半径趋向无穷即拱梁变为简支梁时，梁所提供的支护阻力最小。从支护效果来看，设计反底拱时应尽可能选择较小的反底拱半

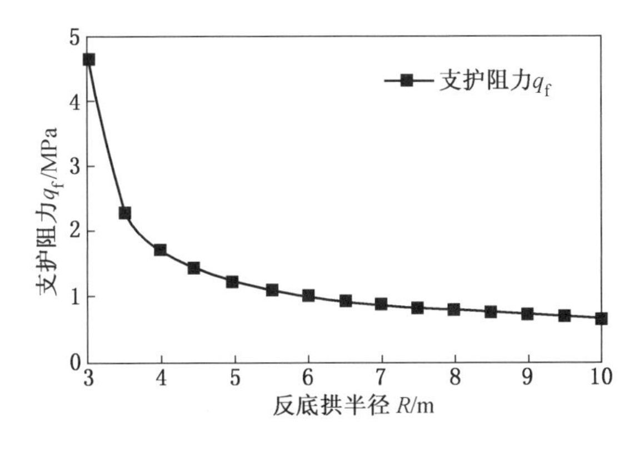

图 3－9　支护阻力与反底拱半径的关系曲线

径。而由3.1.3节的分析知，当$L=2R$时底板的承载能力最弱，而且合理的反底拱半径不仅要满足控制巷道底鼓的支护需求，还要在反底拱受力最优的前提下尽可能减少开挖量。因此，在选择反底拱半径时还需考虑底板承载力情况及开挖量等因素，分析比较后确定最优半径。

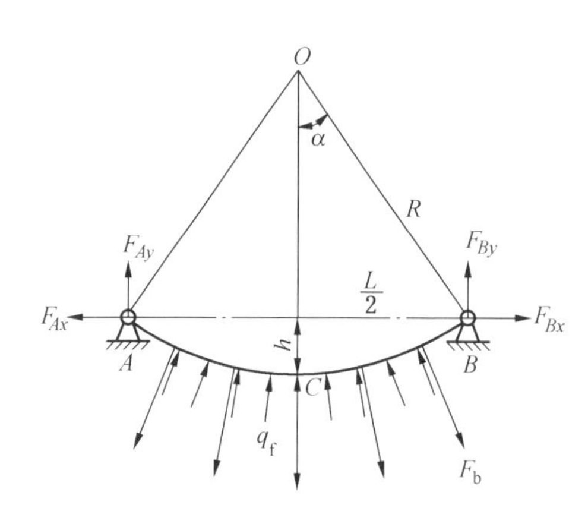

图3-10　反底拱力学模型

2. 反底拱锚固梁支护参数设计

反底拱与底板锚杆联合支护是治理软岩巷道底鼓常见的措施之一。反底拱作为一种被动支护，能提供较大的支护阻力，并能在开挖过程中使底板岩体变形得到一定程度的释放；而锚杆支护作为一种主动支护，在增加底板岩体强度的同时使集中应力向底板深处转移。不考虑反底拱与底板岩体的共同变形，基于曲梁特点，将巷道反底拱简化成具有初始挠度的两端简支的梁，模型如图3-10所示。在已知巷道宽度的前提下，拱梁的参数（包括拱高h及圆心角2α）在由前文的方法确定反底拱半径后即可确定。

锚杆的长度取决于巷道底板可能鼓起的范围和深度。根据图3-10所示的底板受力模型，滑移线场范围即为塑性区的大小。考虑塑性区中轴线上最深点D点，D点在以C点为起点的对数螺旋线上，根据前文对夹角正负号的规定，将C点与D点矢径的夹角m代入式（3-26）得到D点矢径的大小，进而求得底板中心处塑性区的深度，即锚杆自由段的长度：

$$l_1=R\exp\left[\arcsin\frac{L}{2R}\cot\left(\frac{\varphi}{2}+\frac{\pi}{4}\right)\right]-R \tag{3-43}$$

利用上述方法确定的锚杆自由段长度未考虑过渡区BCD的深度，计算得到的锚杆长度偏于不安全，设计时需考虑一定的安全系数。假设锚杆间距为s，巷道宽度为L。按图3-10所示的方式布设锚杆，则锚杆数量$n=\frac{L}{s}-1$。考虑到曲梁在竖向荷载作用下并不产生水平反力，由静力平衡条件可确定水平及竖直方向的支反力分别为

$$\begin{cases}F_{Bx}=\int_0^{\alpha}q_fR\sin\theta\mathrm{d}\theta=q_fR(1-\cos\alpha)\\F_{By}=\frac{1}{2}(nF_b-2q_f\alpha R)\end{cases}$$

其中 F_b 为单根锚杆所提供的支护阻力。取模型的右半部分进行研究，则支反力对 C 点的弯矩为

$$M_1 = F_{By}R\sin\alpha - F_{Bx}R(1-\cos\alpha) \tag{3-44}$$

反底拱提供的支护阻力对 C 点的弯矩为

$$M_2 = \int_0^{\alpha} q_f R^2 \sin\theta d\theta = q_f R^2(1-\cos\alpha) \tag{3-45}$$

按图 3-10 中锚杆的布设方式，模型的右半部分布设锚杆的根数 $m = \frac{L}{2s} - 1$，F_b 在水平方向的分量忽略不计，则第 i 根锚杆的支护阻力产生的弯矩 $M_i = iF_b s$，锚杆提供的弯矩和为

$$M_3 = F_b s \sum_{i=1}^{m} i \tag{3-46}$$

外荷载 C 点的总弯矩 $M = M_1 + M_2 - M_3$，为使反底拱能抵抗局部非均匀荷载，需要考虑一定的裕度系数 ξ，则 C 点的弯矩平衡方程为 $\xi M \leqslant [M]$，$[M]$ 为反底拱梁材料的许可弯矩，将各参数代入得到锚杆间距与单根锚杆支护阻力之间的关系式：

$$s \leqslant \frac{\xi\left[q_f R^2(1-\cos\alpha)\cos\alpha + \frac{1}{2}R\sin\alpha(nF_b - 2q_f\alpha R)\right] - [M]}{F_b \sum_{i=1}^{m} i} \tag{3-47}$$

由式（3-47）可以看出，锚杆间距及单根锚杆所提供的拉力与反底拱所需提供的支护阻力之间存在一定的关系，由于反底拱梁的抗弯承载力［M］主要由钢拱架提供，所选用的型钢抗弯刚度越高，所需锚杆数量越少。合理的锚杆密度既能降低支护成本又能有效地控制巷道底鼓。

3.3 抗滑桩联合底板锚杆控制硐室底鼓的实例

华丰煤矿位于新汶煤田最西部，采用走向长壁后退式采煤法，井田煤系地层属古生代二叠纪，现正由 -1100 m 水平向 -1300 m 水平延深。六水平斫石井绞车计划安装在 -1100 m 水平，根据对 -1100 m 水平大巷及各主要硐室的变形监测情况来看该水平地压特别大，若按常规方式安装，绞车基础极易受高地压影响产生变形，严重时将不能正常工作。由于该车房底板特殊的使用要求，常规的加固和支护方法难于实现对底板变形的有效控制。为此，必须从华丰煤矿硐室底鼓的变形破坏机理入手，深入探讨底板的变形演化过程及稳定性条件，从而研究出适应性较强且能有效抑制底板变形的加固技术。这对解决华丰煤矿 -1100 m 水

平硐室底板的稳定性，保证大型设备的正常运行及 -1100 m 水平以下水平的正常开采有重要意义。

3.3.1　工程概况

华丰煤矿六水平矸石井绞车房及绳道地面标高 +108 ~ +115 m，垂直埋深1220 余米。车房断面采用直墙半圆拱，由于提升绞车承担着井下 -1350 m 水平矸石及各种井下材料的运输任务，设计使用大型机械绞车来满足正常的生产运输，施工车房断面规格为 10.4 m×6.4 m（净宽×净高），净截面面积为 56.33 m^2。-1100 m 的矸石井、风井及管子井车房均在上石炭统太原组（C2t）的第 11 层煤上下的煤岩层中。第 11 层煤底板一般为较坚硬的泥灰岩（三灰），厚约1.4 m，深灰色，块状，质不纯，不发育；基本底为粉砂岩，厚约 5.6 m，灰黑色，均质，中厚层状。但本施工段三灰相变为厚 0.46 ~1.10 m 的泥岩或粉砂岩，遇水后易软化、膨胀，底鼓危害严重。根据车房上方已开采区 1610、1611 采煤工作面的实际揭露，本区地质构造简单，无大中型断层，附近有一弱含水层石灰岩（即二灰），遇小断层及裂隙发育地段顶板可能出现滴水、淋水现象，但对生产无威胁。根据套孔应力解除法对绞车房开挖后附近地应力进行测试，硐室两帮岩体的垂直应力达 33.9 MPa。围岩扩容碎胀变形量较大，围岩松动圈较大，一般大于 2000 mm，锚杆很难深入稳定坚硬岩层中。受高地应力作用，硐室周围的原岩已转化为软岩状态，属典型的深部高地应力软岩硐室。该矿 -1100 m 水平已掘进大巷及各主要硐室在高地压的作用下变形破坏情况突出，底鼓现象十分严重，使得矿井正常的生产运输得不到保证。

车房原设计支护方案及工序为：首先在光面爆破开挖一个循环进尺后初喷50 mm 混凝土作临时支护，遇松软煤岩层或过地质破碎带、断层带时初喷后使用间距不大于 1.2 m 的吊环式前探梁辅助支护；采用锚杆 + 金属网 + 喷混凝土的方式对顶帮进行一次支护，按间排距为 1000 mm×1000 mm 布置锚杆，锚杆直径为22 mm、长度为 2400 mm，挂金属网后喷射 C20 混凝土，喷层厚 120mm；紧跟二次支护锚杆与一次支护呈五花布置，挂网复喷混凝土层 30 mm 后，架设对称式直腿半圆拱 U29 可缩支架，棚距为 800 mm；二次支护施工完毕集中施作锚索加强支护，顶帮合计每排 9 根，直径为 35 mm、长度为 6000 mm，按间排距为2000 mm×2000 mm 布置。对车房底板的支护包括底角锚杆和底板喷层，其中底角锚杆长 2000 mm、排距 1000 mm，底板喷层厚 120 mm。

硐室上部支护采用高强锚杆、预应力锚索及 U 型钢支架被覆的支护方式，尚能满足使用要求，而硐室底板的支护强度明显弱于上部支护，在两帮高垂直应力的作用下，大跨度硐室极易发生挤压流动性底鼓，底板岩体有失稳趋势，可能的破坏形式接近 Hill 解。

3.3.2 底板支护方案设计

由于该硐室跨度较大，根据绞车房硐室基础特点，并考虑底板岩体受力的均匀性，拟采用抗滑桩和底板锚杆相结合的加固方式控制底鼓，以期达到长期稳定的目标。初步拟定抗滑桩材料利用矿山现有的废旧钢轨，其规格见表3－1。

表3－1 钢轨规格表

规格名称	钢轨型号	理论重量/($kg \cdot m^{-1}$)	截面面积/cm^2	钢材材质	抗拉强度 σ_b/MPa
具体参数	GB22	22.3	28.39	55Q	780

底板锚杆采用GY38中空自钻式注浆锚杆，锚杆单体抗拉强度为280 kN，间排距为1000 mm×1000 mm，在硐室底板均匀布置，因此底板锚杆所提供的支护力 p_s =0.28 MPa。抗滑桩沿墙根四周分两排布置，排距300 mm、间距500 mm，抗滑桩上部与硐室底板浇灌为一体。硐室直接底板岩石为泥质砂岩，其力学参数 C=1.86 MPa、φ=22°，硐室跨度 L=10.4 m，抗滑桩按垂直布置考虑，钢筋混凝土板厚 L_a=0.7 m，取锚固长度 L_c=1.8 m，考虑绞车房基础底板为0.7 m，代入式（3－36），得 L=4.61 m，因此抗滑桩长度取5.0 m。根据底板加固方案的设计，具体的施工工艺如下：

（1）抗滑桩加筋体材料由该矿废弃导轨制成，桩长在3～5 m之间。首先采用75型钻机穿孔，钻孔直径1800 mm，钻孔长度低于桩长300 mm；钻孔完毕后直接将钢轨和固定于钢轨上的注浆管一并插至孔底，钢轨底部朝外布置，外斜10°；最后采用全孔一次性注浆的方式自下而上进行注浆，浆液采用C30细混凝土。

（2）非提升机基础即操作平台部位，在抗滑桩外露端与绞车基础浇筑一体前，采用锚拉抗滑桩结构提高抗滑桩上部的稳定性，锚拉结构为 ϕ22L3000的高强锚杆，采用组合槽钢梁连接锚杆与抗滑桩端部并与操作平台底板浇筑为一体。

（3）底板锚杆采用预应力自进式锚杆，杆体材料为R32N型中空杆体，具体参数为：锚杆内径16 mm、外径32 mm，提升机基础和操作平台部位锚杆长分别为3.2 m和5 m；锚杆垂直布置于绞车房的中线周围。采用孔底返浆式注浆，浆液与抗滑桩注浆材料相同。注浆材料凝结硬化后安装锚杆托盘并采用空心千斤顶对锚杆进行张拉，设计张拉力为50%的杆体屈服强度，保持时间为20 min。硐室底板最终加固形式如图3－11所示。

3.3.3 支护效果评价

对硐室底板加固方案的可行性进行论证。将 C、φ、L 及 q_s=0代入式（3－12），得无支护时底板的极限承载力 q_0=31.40 MPa。底板抗浮锚杆所能提供的支护力 p_s=0.28 MPa，代入式（3－13）得到抗浮锚杆对底板承载能力的贡献

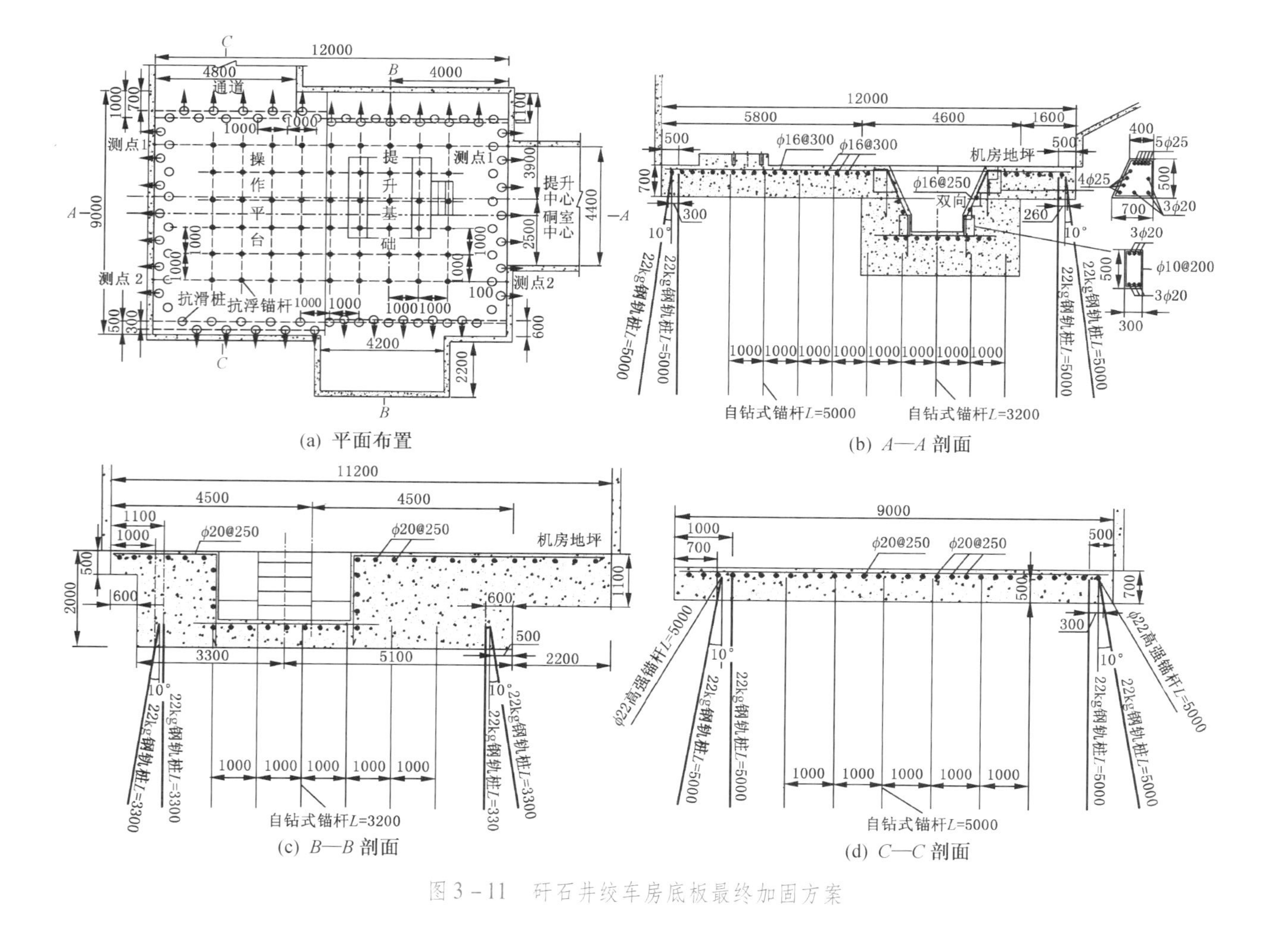

图 3-11 矸石井绞车房底板最终加固方案

值 $q_s=2.19$ MPa。取 $n=2$，$A=28.39\ cm^2$，钢轨的抗剪强度 τ 取 $0.5\sigma_b$，代入式（3-41）得到抗滑桩的贡献值 $q_1=2.08$ MPa。因此，采用本方案加固后底板的最终承载能力 $q_{总}=q_0+q_s+q_1=35.67\ MPa>33.9\ MPa$，满足底板稳定的要求。

在矸石井车房共设 2 个表面位移监测点，对开挖后硐室的表面位移进行监测，采用“十”字布点法监测得到的数据，如图 3-12 所示。

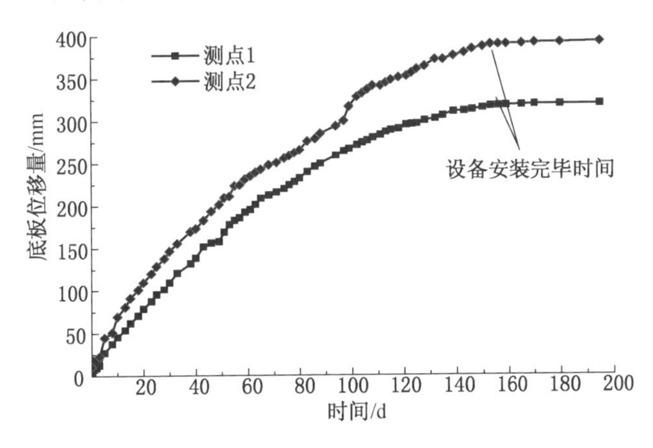

图 3-12 现场监测曲线

从现场的位移监测曲线来看，采用抗滑桩联合抗浮锚杆控制深部高应力大跨度硐室底板变形，在开挖初期，硐室要释放部分变形能，底板必然会产生一定量的变形，而随着抗滑桩及抗浮锚杆达到设计强度，底板变形迅速趋于稳定。设备安装完毕后底板变形已达到稳定状态，累积变形量控制在 400 mm 以下，符合设备正常运行的要求。图 3-13 所示为矸石井绞车房底板施工一年后的情况。

图 3-13 矸石井绞车房底板的加固效果

4 极限状态下巷道底板稳定性的模型试验研究

深部软岩巷道中，当直接底板为软弱岩层而顶板和两帮的强度远远大于底板时，两帮岩柱会向底板传递荷载，当传递给底板的荷载大于其极限承载能力时，底板会在两帮岩柱压模效应的作用下发生失稳破坏，这种底板破坏模式被称为挤压流动性底鼓。挤压流动性底鼓的实质是由底板岩体承载力不足而引起的剪切破坏，与地基整体剪切破坏类似，故可将底板等效为承受顶板及两帮传递荷载的地基来看待。将巷道变形看作平面应变问题，通过塑性极限分析可以得到巷道底板变形的 Prandtl 滑移线解答和 Hill 滑移线解答，然而这两种解都只是底板变形可能的状态，缺乏试验支持。为了充分了解挤压流动性底鼓发生时底板的变形情况，在考虑挤压流动性底鼓变形破坏机制的基础上，设计了一套专门研究该类型底鼓变形破坏机制的巷道底板变形细观量测系统，它由模型试验装置和数字散斑相关测量系统组合而成。该试验系统可以直接得到底板变形前后的数字散斑图像，通过对比研究获取各瞬时的位移场和应变场，描述荷载作用下底板岩体的运动规律及变形破坏的全过程。数字散斑相关方法利用被测试件表面随机分布的散斑作为变形、运动信息的载体，通过图像采集装置采集、记录变形前后试件表面的散斑场，并将数字图像存入计算机中计算变形后各离散点的位移矢量，通过位移数据计算得出应变场。因此，将数字散斑相关方法应用于巷道底板的变形研究，可以很好地揭示底板的破坏机制及变形演化规律，验证由塑性极限分析得到的巷道底板变形的 Prandtl 解答和 Hill 解答，同时也为地下硐室支护设计提供科学的参考依据，弥补理论分析和现场试验的不足。

4.1 数字散斑相关方法的理论与应用

光测力学是近年来新发展起来是一门实验力学分支，是以光的干涉原理或者直接以数字图像分析技术为基础的一类实验方法，主要研究方法有光弹法、动态光测法、云纹法、全息干涉法、云纹干涉法、激光散斑法、数字散斑相关方法等。20 世纪 70 年代以来，现代光学与实验力学相结合的现代光测力学迅速发展，在震动、无损检测、三维位移测量、生物力学等领域得到了广泛应用。

数字散斑相关方法（Digital Speckle Correlation Method，DSCM）在相关研究中又被称作数字照相量测技术或 PIV（Particle Image Velocimetry）方法，它们的基本原理相同，都是以数字图像相关（Digital Image Correlation，DIC）分析为变形计算的核心算法。数字散斑相关测量方法是现代数字图像处理技术与光测力学理论相结合的产物，它利用计算机视觉技术从物体表面随机分布的斑点或伪随机分布的人工散斑场中直接提取物体变形的全场位移和全场应变，是一种新型的非接触式的光学量测方法。与传统的光学量测方法相比，它的优点在于原始数据采集过程简单、测量环境要求低且测量精度高，可直接测得位移和应变两组信息，便于实现整个测量过程的自动化。早期的数字散斑相关测量方法只能对位移进行测量，而应变的获得是通过位移求导得出，后来逐渐发展起来的相关迭代法能获得位移和应变两组信息，是一种全场应变测量方法。

4.1.1 数字散斑相关方法的原理

4.1.1.1 基本原理

数字图像相关（DIC）方法的技术原理是假定物体图像的灰度在变形前后保持一致，且不同图像子区的灰度值各不相同，利用基准子区做相关运算，匹配出变形后图像灰度对应的最精准的变形子区，从而获得位移或变形的相关数据。对于岩土材料来说，一般用人工斑化的方法在试件表面制作散斑（散斑可以做随机散斑点，也可做规则的网格点），岩土材料表面的一些特殊纹理也可以当作散斑场进行研究分析。测量时需要在相同光源条件下进行拍摄，一般用 CCD 摄像机拍摄变形前的原始散斑图，然后记录被测对象变形后的散斑图，最后对前后数字灰度场做模数转换等运算，获得相关系数极值点条件下的位移及变形等数据，如图 4－1 所示。

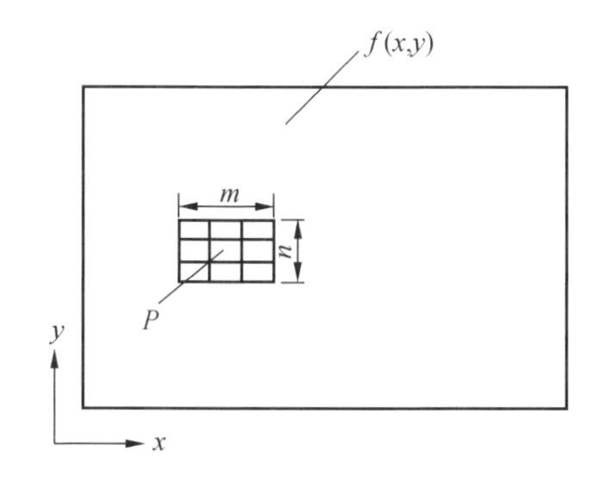

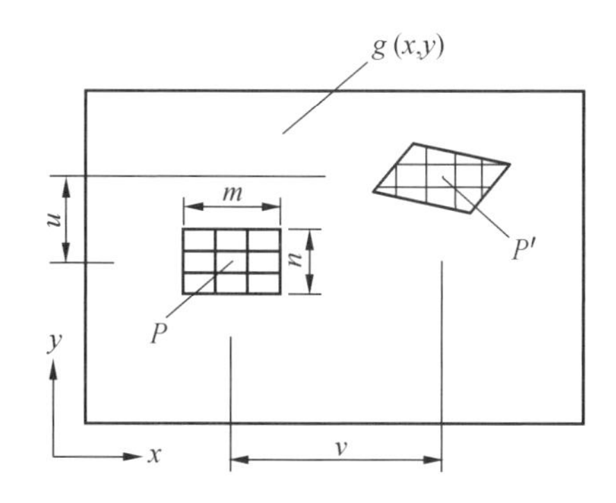

图 4－1 测量原理

给定物体变形前的图像$f(x, y)$和变形后的图像$g(x, y)$，要求在变形后的图像中识别出对应于变形前的图像场中某一图像子区的那个图像子区。取P点为待测点，在参考图像中围绕计算点P取子集A，其大小为$m \times n$个像素的正方形图像子区，并确定该图像子区在变形后图像中的位置，当靶面发生位移或变形后，子集A移到子集B的位置，基于最小平方距离相关算法和互相关函数计算，反映变形后图像子区有多大程度来自变形前图像子区，其匹配程度由相关函数的极值点来分析评价。DIC方法的基本原理可表述为：以参考图像子区计算代表点为起点，当搜索到某图像的形状和位置与参考图像子区存在最大或最少相关系数极值时，某图像可确定原始图像子区对应的目标图像子区，且两个子区中心点坐标之差定义为待测点P的位移矢量。

图4-1中，$f(x, y)$、$g(x, y)$分别代表变形前图像灰度函数和变形后图像灰度函数，$f(P)$和$g(P)$分别代表变形前图像和变形后图像上任意一点的灰度。由于参考图像子区变形后，除了中心位置发生了变化，其整个子区形状也可能发生变化，为此可引用有限元中的位移形函数及连续体力学基本理论，设参考图像中任一点（x, y）经变形后，对应图像子区中的（x', y'）点，如果图像只发生了刚体位移，可以用式（4-1）来描述：

$$\begin{cases} x' = x + u \\ y' = y + v \end{cases} \tag{4-1}$$

式中，u、v是子区中心点（x_0, y_0）分别在x、y方向上的位移。

大多数情况下，被测物体表面不仅仅发生刚体位移，还可能发生拉压、弯曲、剪切及其组合变形。于是要引入一阶位移形函数：

$$\begin{cases} x' = x + u + \dfrac{\partial u}{\partial x}\mathrm{d}x + \dfrac{\partial u}{\partial y}\mathrm{d}y \\ y' = y + v + \dfrac{\partial v}{\partial x}\mathrm{d}x + \dfrac{\partial v}{\partial y}\mathrm{d}y \end{cases} \tag{4-2}$$

式中，$\frac{\partial u}{\partial x}$、$\frac{\partial u}{\partial y}$、$\frac{\partial v}{\partial x}$、$\frac{\partial v}{\partial y}$为图像子区的位移梯度，$\mathrm{d}x$、$\mathrm{d}y$为点（$x, y$）到参考图像子区中心点（$x_0, y_0$）的距离。由上式可知，子区内任一点（$x, y$）在变形后的位置可以用子区中心点的位移$u$、$v$和位移梯度$\frac{\partial u}{\partial x}$、$\frac{\partial u}{\partial y}$、$\frac{\partial v}{\partial x}$、$\frac{\partial v}{\partial y}$来表示，也就是子区变形后的形状可以用子区中心点的位移和梯度来表示。

在某些比较复杂的变形情况下，一阶形函数无法准确描述子区的变形情况，于是可以引入二阶形函数：

$$\begin{cases} x' = x + u + \dfrac{\partial u}{\partial x}dx + \dfrac{\partial u}{\partial y}dy + \dfrac{\partial^2 u}{\partial x^2}dx^2 + \dfrac{\partial^2 u}{\partial xy}dxdy + \dfrac{\partial^2 u}{\partial y^2}dy^2 \\ y' = y + v + \dfrac{\partial v}{\partial x}dx + \dfrac{\partial v}{\partial y}dy + \dfrac{\partial^2 v}{\partial x^2}dx^2 + \dfrac{\partial^2 v}{\partial xy}dxdy + \dfrac{\partial^2 v}{\partial y^2}dy^2 \end{cases} \tag{4-3}$$

式中，$\frac{\partial^2 u}{\partial x^2}$、$\frac{\partial^2 u}{\partial xy}$、$\frac{\partial^2 u}{\partial y^2}$、$\frac{\partial^2 v}{\partial x^2}$、$\frac{\partial^2 v}{\partial xy}$、$\frac{\partial^2 v}{\partial y^2}$为图像子区的二阶位移梯度。形函数从一阶变为二阶后，变形参数也从6个变为了12个，虽然能表示更多的子区变形情况，但会加大求解方程的难度和速度，大多数情况下并不用二阶形函数，本书采用一阶形函数计算。同时还要注意的是：形函数成立的条件是被测物体表面只发生面内位移或离面位移和位移导数对面内位移的影响很小，可以忽略不计；并且为了满足连续体力学基本理论成立条件，图像子区不能取得太大。

4.1.1.2 相关函数

相关函数是评价被测物体变形前后图像子区间相似度的一个函数，在变形前后的图像中进行相关搜索，找到与参考图像子区的相关函数为极值的子区。相关系数是样本子区和目标子区间匹配程度的一个重要准则，因此它的性能直接影响到数字图像相关方法的精度和收敛速度。相关函数主要分为互相关函数和最小平方距离相关函数两类，以下列出几种常见的互相关函数：

（1）直接互相关函数：

$$C_1 = \sum_{x=-m}^{m}\sum_{y=-n}^{n} f(x,y)\cdot g(x',y') \tag{4-4}$$

（2）归一化互相关函数：

$$C_2 = \frac{\sum_{x=-m}^{m}\sum_{y=-n}^{n} f(x,y)\cdot g(x',y')}{\sqrt{\sum_{x=-m}^{m}\sum_{y=-n}^{n} f(x,y)^2}\sqrt{\sum_{x=-m}^{m}\sum_{y=-n}^{n} g(x',y')^2}} \tag{4-5}$$

（3）归一化协方差互相关函数：

$$C_3 = \frac{\sum_{x=-m}^{m}\sum_{y=-n}^{n} [f(x,y)-f_m]\cdot[g(x',y')-g_m]}{\sqrt{\sum_{x=-m}^{m}\sum_{y=-n}^{n} [f(x,y)-f_m]^2}\sqrt{\sum_{x=-m}^{m}\sum_{y=-n}^{n} [g(x',y')-g_m]^2}} \tag{4-6}$$

式(4-4)~式(4-6)中，m代表计算子区大小表征值，子区大小即为$2m+1$，$f(x,y)$和$g(x'y')$分别代表变形前后图像子区，x、y分别表示子区中心点的坐标。式（4-6）中，$f_m = \frac{1}{(2m+1)^2}\sum_{x=-m}^{m}\sum_{y=-n}^{n} f(x,y)$，$g_m = \frac{1}{(2m+1)^2}\sum_{x=-m}^{m}\sum_{y=-n}^{n} g(x',y')$为参考图像子区和对比图像子区的灰度平均值。在数字图像相关计算时需选择抗

干扰能力较强的相关函数，通过比较不同相关函数的抗干扰能力，推荐使用式(4-6)定义的相关函数。

4.1.1.3 相关搜索

相关搜索的基本过程就是要找到参考图像子区在对比图像中的位置。一般分为整数像素位移相关搜索方法和亚像素位移相关搜索方法两部分，相关搜索过程如图4-2所示。

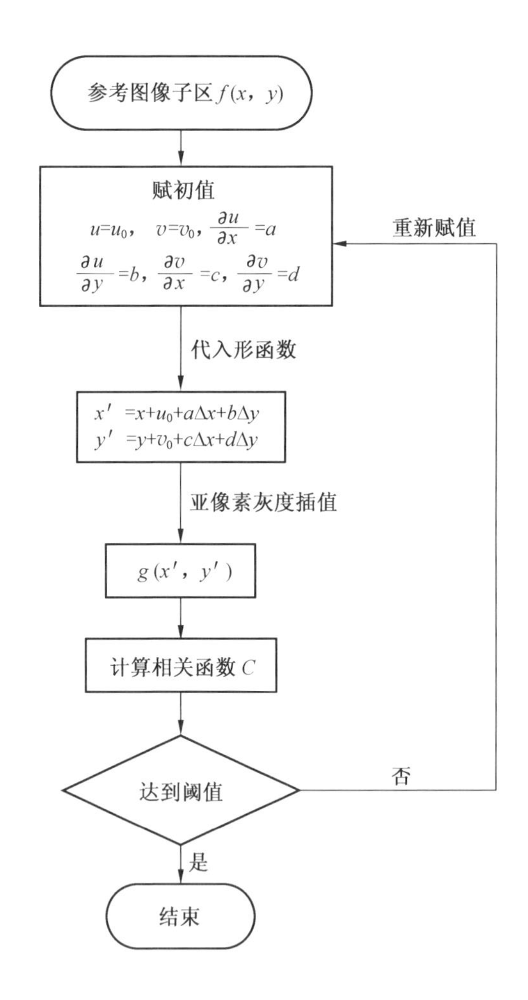

图4-2 相关搜索过程

1. 整像素位移搜索

整像素位移搜索即在变形后的图像中逐点移动图像子区并计算相关系数，当互相关函数为最大值时，此点即为目标位置。可是这样逐点搜索所需的计算量非常大，因此为了减少计算量和提高计算效率，一般采用粗－细（金字塔）搜索法首先对整个搜索区域进行大步长的相关搜索，再用邻近域搜索法以所找到的极大值为中心缩小相关搜索区域进行小步长的相关搜索，如此反复，找出相关系数的最大值。

2. 亚像素位移搜索

数字图像相关测量方法所记录的是离散的灰度信息，只能以像素为单位来进行相关搜索，所获得的位移也只能是像素的整数倍，无法获得整像素之间位置的灰度值。因此，需要利用插值的方法重建连续的图像，获得整像素之间亚像素位置的灰度值，才能得到准确的相关函数值。发展至今，出现了很多种亚像素位移搜索法，其中 Newton－Rapshon 法和曲面拟合法应用最为广泛。

4.1.1.4 像素位移与实际位移的转换

基于实际距离的土木工程测量，不同于基于像素个数的 DIC 方法测量计算，位移计算单位不一致，两者必须通过转换。转换方法：散斑布置完成之后，在被测对象拍摄表面标定两点并测量其实际距离值 l，或拍摄一个标尺，用标尺上某两点的实际距离对应这两点之间所包含的像素个数 n，则实际距离和像素个数的比值称为转换系数$\left(r=\frac{l}{n}\right)$。以上方法能够实现实际位移和像素位移的转化，而且操作简单方便，但由于两点间像素不能精确计算到亚像素以及人工选择参考点时可能引起附加误差，对转换精度有不良影响并容易增加误差。

为了最大限度减少误差或提高精度，本书提出了一种新的自动转换技术。该技术方法是在同一拍摄视场中布置两幅相同的散斑图，测量得到两者间的实际距离 l，然后用 DIC 方法获得像素距离 n，其精度可以达到 0.01 像素。由此可知，如果忽略 l 的测量误差，相对传统测量方法其精度能提高到 100 倍。

上述技术具体操作方法如下：首先制作两张散斑一致的标定图，将标定图打印到标定板上并保持一定的距离，再测量距离值 l_x、l_y，接着将标定板粘贴到被测对象拍摄表面，最后拍摄采集多张图像备用。用 DIC 方法计算出两散斑图间的像素距离 n_x、n_y，从而得到上述转换系数为

$$\begin{cases} r_x=\dfrac{l_x}{n_x} \\ r_y=\dfrac{l_y}{n_y} \end{cases} \tag{4-7}$$

若数字图像相关方法计算得到的某点位移为 d'_x、d'_y，则实际位移值为

$$\begin{cases} d_x = d'_x r_y \\ d_y = d'_y r_y \end{cases} \tag{4-8}$$

近年来，随着计算机技术和数字图像处理技术的飞速发展，数字散斑相关方法凭借其诸多优点，在岩土力学和岩土工程试验研究中得到了迅速发展和广泛应用。在岩土工程相关试验研究中，数字照相量测已被证明是一种先进的变形测试手段。

4.1.2　数字散斑相关方法的仪器设备及操作步骤

数字散斑相关方法标准的测量设备系统很简单，该系统主要有两部分：一是图像采集，利用二维数字散斑测量仪对模型表面散斑点进行高速图像采集，并将采集到的图像存储到计算机，该部分是整个试验的基础；二是图像处理与分析，基于研制开发的数字图像分析软件在计算机上对采集的图片进行目标变形计算或特征识别，该部分是整个试验的核心。

测量设备的主要部件有摄像机（数字图像捕捉仪）、计算机（数字图像存储仪器）和光源，以及配套使用的三脚架和连接线。数字散斑测量系统如图 4－3 所示。

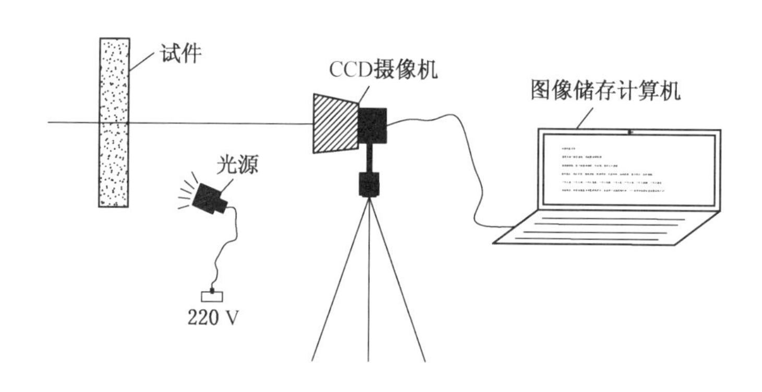

图 4－3　数字散斑测量系统

数字散斑相关方法在实际应用中通过以下 3 个步骤实现全场变形测量：

（1）在被测物体表面制作随机散斑点，其作为变形信息的载体，随着物体表面的变形而发生相应的变化。目前，常用的获取物体表面随机散斑的方法有 3 种，分别是：激光散斑——通过激光照射物体表面形成；天然散斑——利用被测物体表面的自然纹理；人工散斑——通过人工在物体表面随机喷涂黑白漆，如图 4－4 所示。

（2）通过数字散斑相关测量图像采集系统获得变形前后物体表面的数字图

图4-4 人工随机散斑图

像。在试验过程中，CCD 摄像机放置在被测物体的正前方，保证相机光轴垂直于被测物体表面，被测物体表面的散斑图利用 CCD 摄像机采集，然后利用数字散斑相关程序计算得到物体表面的变形信息。

（3）利用数字散斑相关方法计算变形后被测物体表面散斑图像中各离散像素点的位移矢量，如有需要可进一步通过位移数据来计算应变场。数字散斑相关技术通过 CCD 摄像机记录被测物体变形前后的两幅数字散斑图，通常将变形前的散斑图像称为参考图像（Reference Image），变形后的散斑图像称为目标图像（Current Image）。

4.1.3 数字散斑相关方法在岩土工程中的应用

国内外很多学者已经开始利用数字散斑相关方法研究岩土工程中的问题。文献［47］、［48］利用数字图像相关方法测量了弹塑性断裂力学问题中的裂纹尖端近区的变形场以及 J 积分和应力强度因子（SIF）；文献［49］用 DSCM 测量了岩石－水泥桩基界面上的应变分布，实现了传统方式难以实现的全场应变测量；文献［50］、［51］根据岩石观测的特点发展了专用的 DSCM 观测系统，并通过该系统研究了花岗岩、砂岩、煤及土的变形局部化过程，测量了局部化带的宽度并对变形场的演化规律进行了定量分析；文献［52］运用非接触式的光学测量技术对煤层深部开采情况下上覆岩层的移动规律进行了分析；文献［53］在室内直剪试验中采用 DSCM 技术对砂土与钢板接触面的剪切变形进行了记录观测；文献［54］采用 DSCM 进行岩石单轴压缩试验，研究计算分析了岩石破坏瞬间的变形场演化规律；文献［55］运用 DSCM 和电测法分别观测岩石在荷载作用下的变形，比较两种方式得到的位移场和应变场，认为两种方法所测结果是一致的；文献［56］采用DSCM研究了岩石局部化变形，测定了煤岩变形局部化的开始、演化过程及局部化带的宽度；文献［57］通过自主研发的岩土工程数字照相量测软件系统PhotoInfor对隧道围岩破裂带的分布进行了研究，并认为数字照相量测不仅能适用于砂土模型试验，还能用于岩石相似模型试验。

纵观数字散斑相关方法在岩土工程中的应用，可以发现这种方法已经成为现代光测力学领域的一种重要的测试方法，它使得量测技术在岩土工程领域的应用从弹性范畴扩大到弹塑性范畴，从宏观范畴扩大到细观范畴。从未来的发展上看，随着计算机技术和图像采集设备性能的提高，数字图像相关技术的测量精确度和速度也将得到飞速发展，它在岩土工程中的应用必将更加广泛。

4.1.4 二维数字散斑相关测量系统

本项试验采用TRUST O&E INSTRUMENTS（SUZHOU）CO，LTD生产的二维数字散斑相关测量系统（TS－DSC－1000），它采用高分辨率摄像头结合亚像素处理技术使系统的测量精度达到微米量级，可用于物体表面二维面内变形测量，尤其适用于大变形的测量。由于该仪器可以配备普通变焦镜头，也可以配备显微镜头，因此该仪器能满足宏观和细观二维面内位移测量的需要，配以功能强大的二维数字相关处理软件，使得该系统能满足大型结构、材料试样等表面的全场变形测量，获取表面应变分布。

4.1.4.1 仪器外观及参数配置

仪器整体配置包括：图像采集系统1套、LED光源1套、拉伸试件及加载架1套、荷载显示仪表1个。

仪器参数配置如下：

光源：LED光源；

镜头：25 mm定焦镜头（标配），可选配其他C接口镜头；

相机：1280×1024 USB2.0数字摄像头（标配），可选配其他摄像头；

软件：二维数字相关图像处理软件；

系统分辨率：优于0.02像素（2/100000）；

有效测量面积：50 mm×70 mm～250 mm×350 mm；

有效测量距离：0.5～2.5 m；

加载架最大荷载：150 kg。

4.1.4.2 仪器操作方法

1. 图像采集步骤

（1）将仪器固定在平台上（图4－5）。

图4－5　仪器外观

（2）将被测试件固定在加载架上，光源对准试件（LED 光源亮度可调，请选择合适的亮度）。

（3）将相机连接到电脑，打开图像采集软件 ksjmulti.exe （图4－6），点击 Ini ，然后点击 ▶ ，此时窗口中将显示相机采集到的画面，将显示窗口最大化后，点击 ⊖ 两次使得相机采集到的所有图像全部显示在窗口中，点击 ╋ 按钮窗口中将会显示红色十字中心线，此时调节相机高度以及与试件之间的距离使得需要测量的区域尽可能地占据整个显示窗口，调节镜头上光圈及焦距。

（4）选择图像的保存路径（图4－7）。

（5）点击 file→save sequence 按钮会弹出图4－8 所示的窗口。

间隔时间为连续采集时两张图片的采集时间间隔，采集帧数为图像采集总数。两参数均可任意设置（间隔时间应不低于 70 ms，最小间隔时间与相机参数有关；采集帧数应低于 100）。

（6）利用加载架对试件进行加载，具体的荷载大小将会显示在仪表上（荷载单位：kg）；

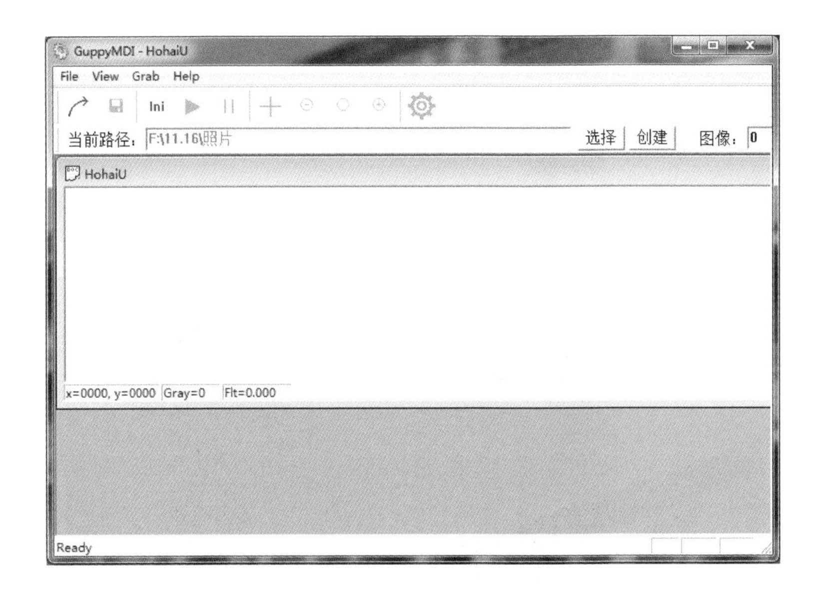

图 4－6　图像采集软件界面

当前路径：C:\Users\Administrator\Desktop

选择　创建

图 4－7　保存路径

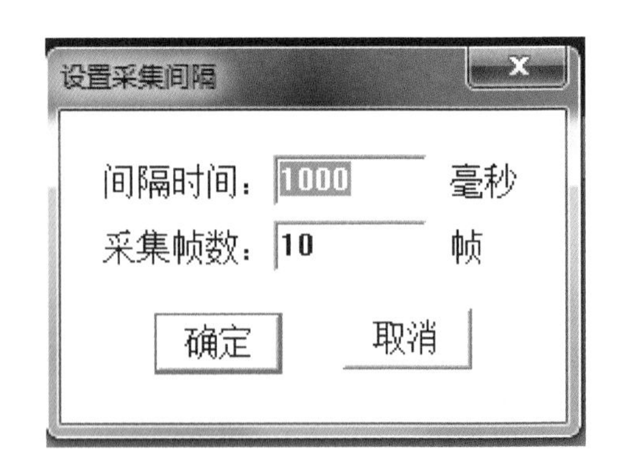

图 4－8　采样间隔设置

（7）加载结束后按步骤（5）采集变形后的图像，关闭图像采集软件。

2. 图像处理步骤

（1）打开图像处理软件（UU 软件）。

（2）选择菜单栏中的“文件—打开”，依此打开采集的两张图像（以参考图 D2_unload. jpg 和 D2_load. jpg 为例，如图 4－9 所示）。

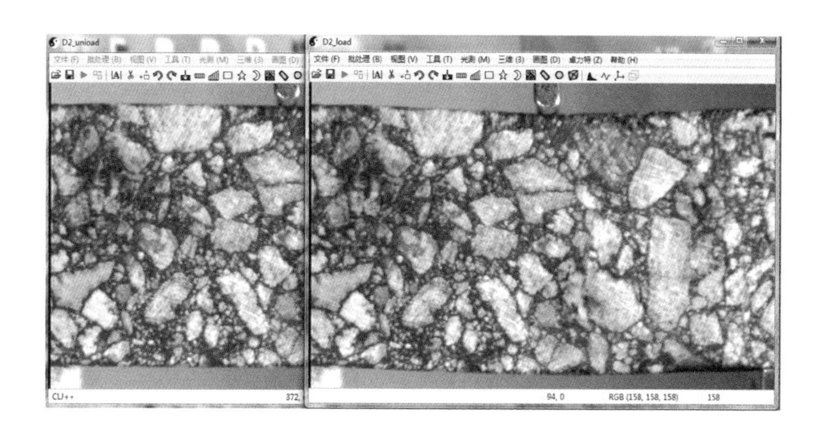

图 4－9 采集到的数字图像

（3）选择任意一个图像，点击“文件—新建”，此时会再出现一个模板图（新建的目的就是将选择的图像复制来创建模板图片）。

（4）在复制的图片（模板图）窗口中点击“工具→数值→赋值→矩形”，然后选择需要计算的区域，给这个区域设定一个大于 255 的值，如图 4－10 所示。

（5）在模板图窗口上选择“视图→显示模式→自动拉伸”（改变显示模式为自动拉伸，这样显示的最大值在所画的矩形中）。

（6）在模板图窗口上选择“工具→二值化→手动”，移动二值化对话框中的滚动条到 255，然后点击 OK（这将会把矩形从整个图像中完全分离出来，这个模板图在被“UU→光测→图像相关”使用时，正值区域将显示结果，而任何负值或零值区域将从结果中移除），如图 4－11 所示。

（7）在模板图窗口上选择“光测→图像相关”，依此选择变形后的图像 D2_load. jpg、变形前的图像 D2_unload. jpg、模板图，然后选择一个文件夹保存计算出的结果。

（8）计算结果共有 15 个文件，其中 5 个 flt 文件、5 个 jpg 文件、5 个 shp 文

图4-10 选择计算区域

图4-11 二值化后的模板图

件，Disp$X$为X方向位移场，Disp$Y$为Y方向位移场，DXX为X方向正应变场，DYY为Y方向正应变场，shear为剪应变场，用UU打开shp文件可以看到图像的位移及应变情况，如图4-12所示。

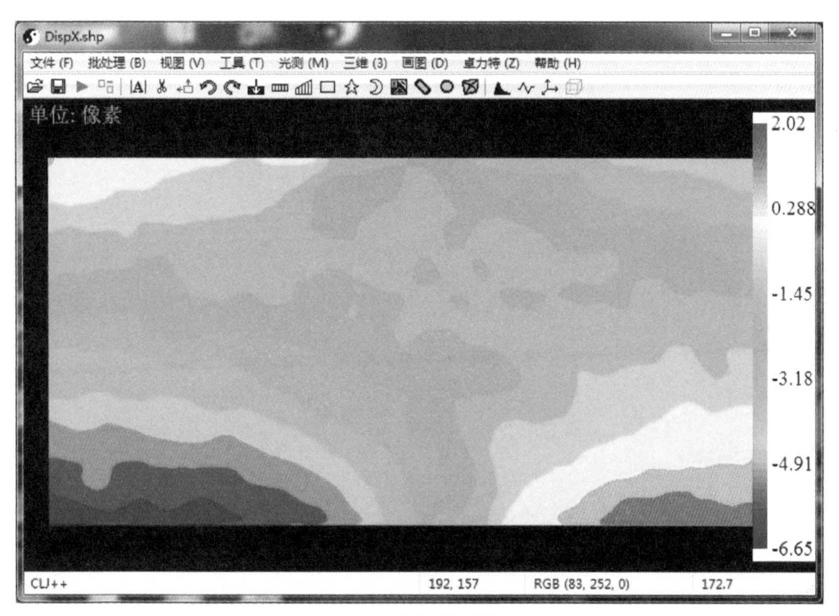

(a) X 方向位移场

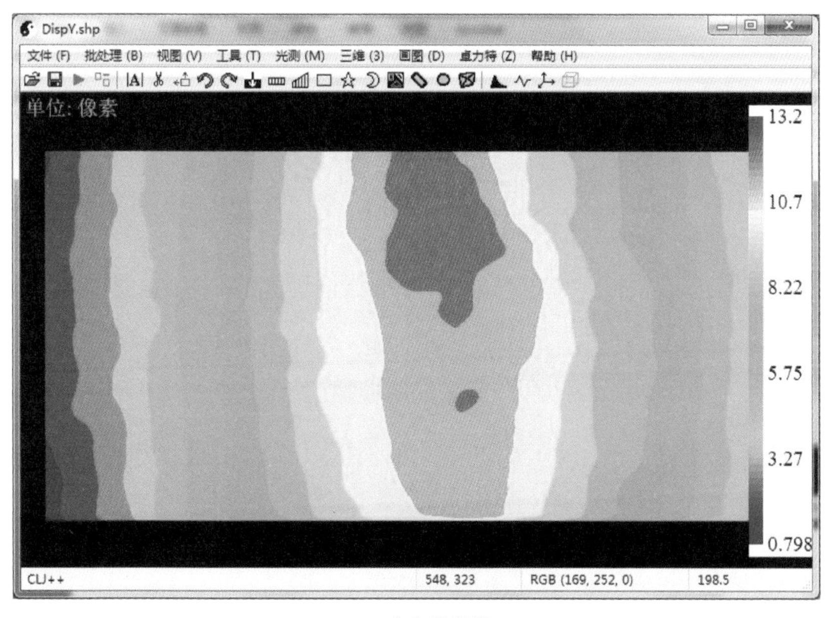

(b) Y 方向位移场

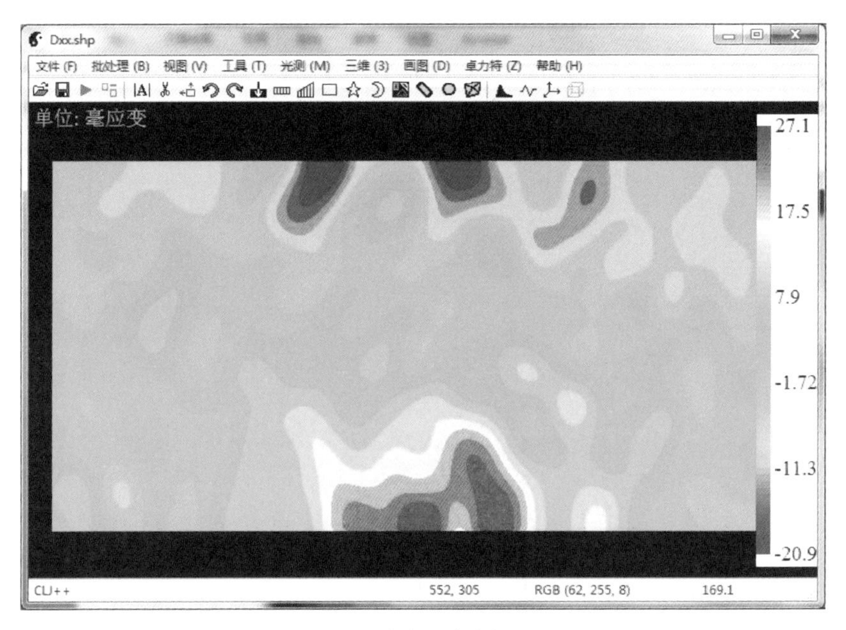

(c) X 方向正应变场

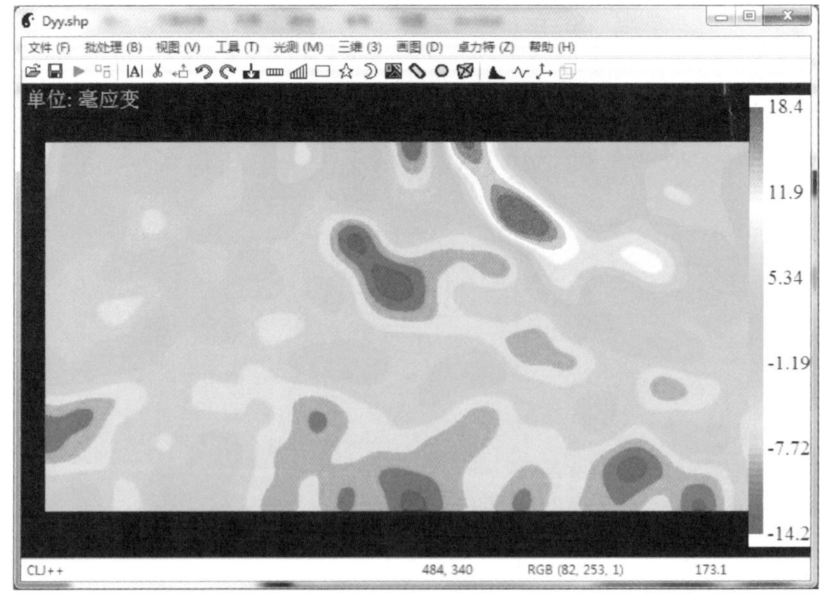

(d) Y 方向正应变场

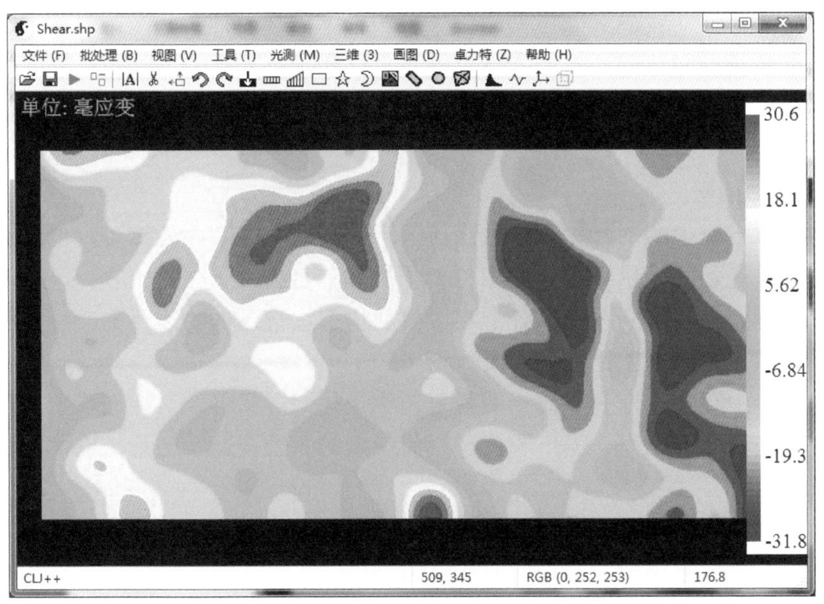

(e) 剪应变场

图 4－12　计算结果

4.2　模型试验的相似条件

4.2.1　基本概念

1. 相似现象

在几何相似系统中，进行同一性质的物理过程，如果所有有关的物理量在其几何对应点及相对应的瞬时都各自保持一定的比例关系，则将这样的物理过程叫作相似现象。相似现象遵循相同的物理定律，相互相似的现象用文字表示的物理方程式是相同的。

2. 相似常数

相似常数也称相似比尺、相似系数。在相似现象中，各对应点上同种物理量的比值叫作该物理量的相似常数。通常用带下标的 C 表示，例如几何长度相似常数记作 C_L，时间相似常数记作 C_t。在相似现象中，各相似常数之间受物理定律的约束，因此这些常数往往不能任意选取。

3. 相似指标

由于相似现象是性质相同的物理过程，因此与现象有关的各物理量都遵循相同的物理定律，从它们共同遵循的物理方程式中得到相似常数的组合，这些组合的数值受到物理定律的约束，这就限制了各个物理量相似常数的自由选取，这种相似常数的组合就叫作相似指标。由此可见，相似现象的各个相似常数之间存在一定的关系。

4. 相似模数

将相似指标中的同种物理量之比代入，便得同一体系中各物理量的无量纲组合，这种物理量的无量纲组合称为相似模数，有时也称为相似准则、相似判据、相似不变量。在具体问题中，各个相似模数均有它自己的物理意义。

4.2.2 模型试验相似三定理

自然界中存在许许多多的相似现象，称为相似现象群。对相似现象所遵循的物理方程进行分析研究，得出了关于相似现象的3条普遍性结论，被称为相似三定理。

1. 相似第一定理

如果两个现象相似，则它们的相似指标等于1，对应点上相似模数（相似判据、相似准则、相似不变量）数值相等。相似第一定理表明，彼此相似的现象其相似常数的组合，即相似指标的数值必须等于1。

当已知描述现象的物理方程时，一般可以通过将相似常数代入方程式的办法求得相似指标。

2. 相似第二定理

相似第二定理也称作π定理，它的含义为：若物理系统的现象相似，则其相似模数方程（相似判据方程）就相同。换言之，对所有相似的现象来说，它们各自的相似模数之间的关系完全相同。

相似第二定理的作用在于，它表明了任何物理方程均可转换为无量纲量间的关系方程。无量纲模数方程包括相似模数、同种物理量之比和无量纲物理量自身。

3. 相似第三定理

相似第三定理又称相似逆定理，它描述的是现象相似的充分必要条件，即发生在几何相似系统中，物理过程用同一方程表达，包括单值量模数在内所有的相似模数在对应点上的数值相等。这说明有些复杂现象其物理过程要用微分方程来表达，尽管这些现象出现在几何相似系统中，表达的微分方程也相同，但还不能保证这些现象是相似的，还要求包括单值量组成的相似模数数值在对应点必须相等，才能保证现象是相似的。

相似第三定理所说的单值量条件就是得以从许多现象中把某个具体现象区分

出来的条件，它包括：

（1）几何条件：凡参与物理过程的物体的几何大小是应当给出的单值量条件。

（2）物理条件：凡参与物理过程的物质的性质是需要给出的单值量条件，例如材料的弹性模量、泊松比、容重、重力加速度等。

（3）边界条件：所有具体现象都必然受到与其直接相邻的周围情况的影响，因此发生在边界的情况也是应当给出的单值量条件。例如，梁的支承情况，边界荷载分布情况，研究热现象时的边界温度分布情况等。

（4）起始条件：任何物理过程的发展都直接受起始状态的影响，因此起始条件也是应当给出的单值量条件，例如振动问题中的初相位、运动问题中的初速度等。

当单值量条件给定以后，现象中的其他量就可以确定下来，单值量模数也就随之被确定了。

4.2.3 相似模拟的定义

模型是一种装置，对它进行试验测量，可以得到需要研究的体系中各有关物理量的数值以及各个物理量之间的关系，这种装置就叫作所研究体系的模型，而把所研究的体系称为原型。模型的尺寸可以比原型小，也可以比原型大。

目前所应用的模型可划分为如下类别：

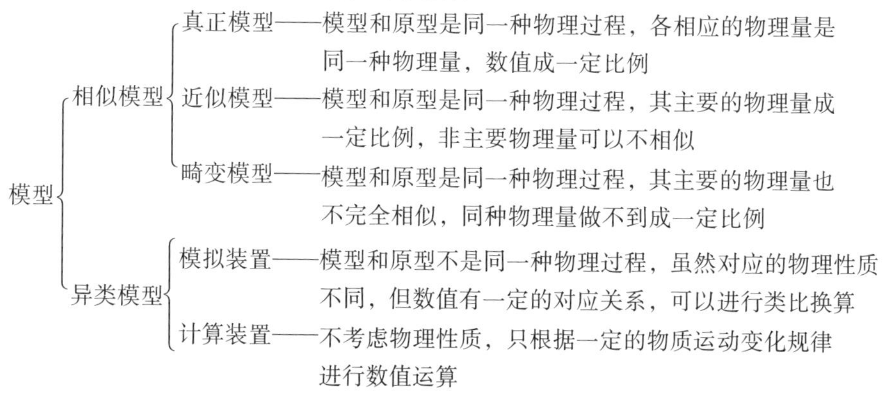

当模型和原型属于同一种物理过程时，叫作相似模型。

4.2.4 模型材料研制的基本原则

1. 采用颗粒胶结型材料

由于原型岩体都是处在三维应力状态，所以模型材料除了在单轴应力状态下满足相似要求以外，还要在二维应力状态下也能满足相似要求。绝大部分岩体在三维应力状态下进入破坏阶段时，都将产生“剪胀”现象，而在模型材料的试验中，在三维应力状态下也能产生“剪胀”现象，这种性质只有颗粒胶结型材料才具备，浇灌型材料却不具备。因此，相似材料应由散粒体组成，经胶结剂胶结并在模具内强压成一定尺寸的砌块，才能保证有致密的结构和较大的内摩擦角。

2. 骨料级配合理

地质力学模型材料要求具备高容重，这就需要在模型材料中使用大比重的物质作骨料和掺和料，同时为了提高材料的容重，必须尽量减小材料的孔隙率和加大材料组合的密实性。因此散粒体应选用大比重的物质，并由粗、细颗粒按最优级配，以获得最大的容重和较小的孔隙率。

3. 具有低强度、低变形模量的特征

地质力学模型材料要求具有低强度、低变形模量的特征。一方面颗粒胶结型材料的强度主要取决于胶结剂的性能，因此采用弱胶结剂可以达到降低强度的目的。另一方面材料的变形模量与材料中骨料的物理力学性能有关，并且受胶结剂性能的影响，同时与材料的孔隙率也有关。从国外的一些岩石试验资料看，弹性模量与岩石的孔隙率成反比关系，即孔隙率小则弹性模量高，孔隙率大则弹性模量相应降低。

4. 材料能快速干燥

一切颗粒型胶结材料在成型过程中都需要使用调和剂，这就存在一个材料的干燥问题。因为地质力学模型试验是研究一定范围内原型岩体的应力 - 应变变化规律，一般模型体积较大，如果模型材料干燥太慢，就势必增加模型试验的周期，而这正是结构模型试验的一大弱点，因此，如何缩短试验周期，是目前人们重视的问题之一。另外为了观测应变，需要在材料表面与内部粘贴和埋设电阻应变计，而它对材料干燥度要求比较高。因此，地质力学模型材料的调和剂应当采用易于挥发的有机溶剂，而不宜采用难以蒸发的水溶液。要求模型成型后能快速干燥，以加快模型试验进程。

5. 材料成本低廉

由于地质力学模型体积大，因此选用的模型材料必须来源丰富、价格低廉，应采用价廉易得的原材料，以降低材料制作成本和模型试验经费。

6. 加工方便、性能稳定

地质力学模型材料要加工成型方便，工艺流程简单，材料制作工艺力求简化，成型后的材料应具有较高的电气绝缘度，且不受温度和湿度变化的影响。

7. 材料制备灵活

因为自然界的岩体，其物体力学性能是千差万别的，所以用模型材料去模拟原型岩体时总是处于被动地位，而为了经济目的和简化模型试验的工序，不可能

图4－15 脱模后的试件

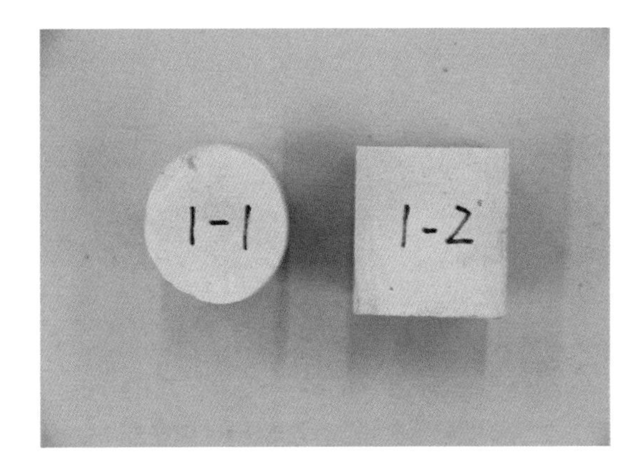

图4－16 第1组试件

图4－17 金属剪切盒

石膏属于气硬性材料，待试件初凝后，可将试件置于室外，常温下养护 48 h 后脱模。对每一组试件中的圆柱形试件进行直接剪切试验，对立方体试件进行单轴抗压强度试验，采用 TAW－2000 型微机控制电液伺服岩石三轴试验机进行加载，如图 4－18、图 4－19 所示。得到的第三组试验的加载曲线分别如图 4－20、图 4－21 所示。

图 4－18　单轴抗压强度试验

图 4－19　直接剪切试验

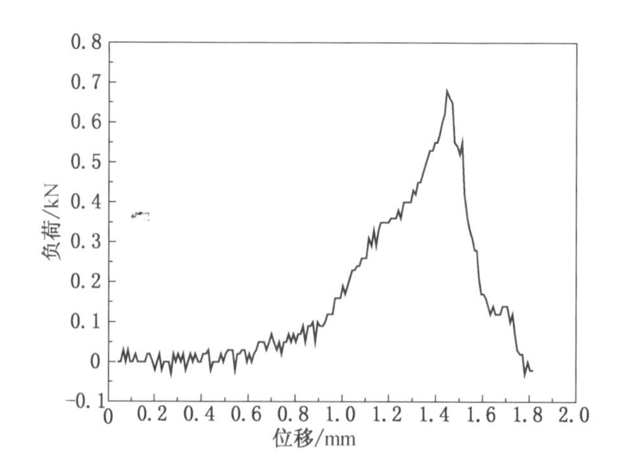

图 4－20　剪切试验的荷载－位移曲线

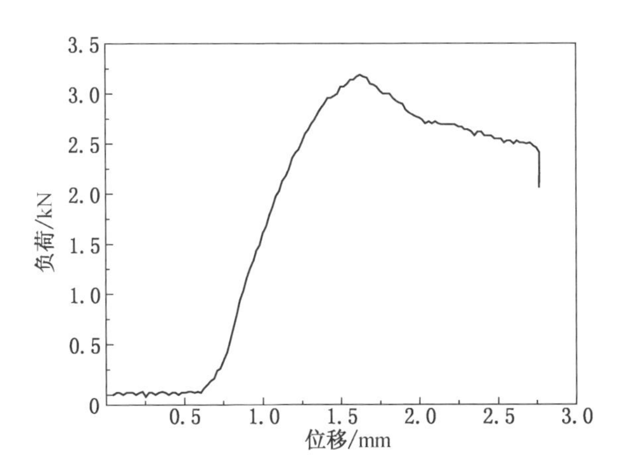

图 4 - 21　压缩试验的荷载 - 位移曲线

破坏后的试件如图 4 - 22、图 4 - 23 所示，通过单轴抗压强度试验得到材料的抗压强度 σ_c，通过直接剪切试验得到材料的抗剪强度 τ_s，作出两种应力状态对应的莫尔圆，如图 4 - 24 所示。作两圆的公切线即可得到材料的抗剪强度曲线。根据图 4 - 24 中的几何关系可确定材料的抗剪强度指标：

图 4 - 22　直接剪切试验结果

图 4-23　单轴抗压强度试验结果

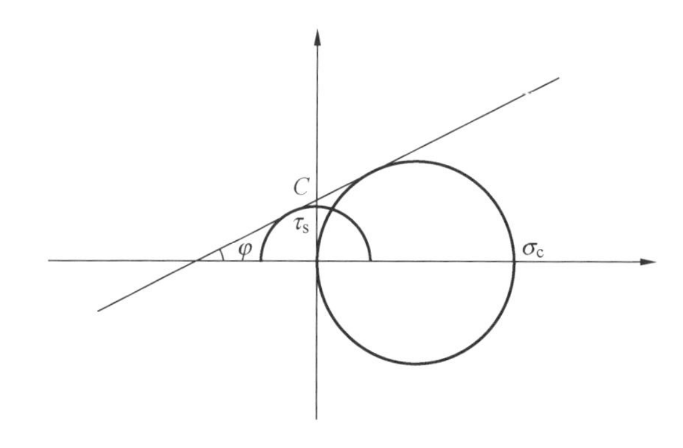

图 4-24　模型材料的抗剪强度曲线

$$\begin{cases} C = \dfrac{\sigma_c \tau_s}{2\sqrt{\sigma_c \tau_s - \tau_s^2}} \\ \varphi = \arctan \dfrac{\sigma_c - 2\tau_s}{2\sqrt{\sigma_c \tau_s - \tau_s^2}} \end{cases} \tag{4-9}$$

根据上述试验思路对 3 种配比的模型材料进行试验，试验结果见表 4-2。对比表 4-1 和表 4-2，最终选择按石膏：粉质黏土：水的比例为 1：3：0.4 来配制模型材料。

表4-2 试验结果对比

配比编号	试件编号	试样尺寸		单轴抗压强度试验		直接剪切试验		黏聚力/MPa	内摩擦角/(°)
		直径(边长)/mm	面积/mm^2	破坏荷载/kN	抗压强度/MPa	破坏荷载/kN	剪应力/MPa		
1	1-1	65	3318			0.88	0.265	0.318	33.477
	1-2	70	4900	5.79	1.182				
2	2-1	65	3318			0.76	0.23	0.270	31.220
	2-2	70	4900	4.68	0.955				
3	3-1	65	3318			0.68	0.205	0.235	29.050
	3-2	70	4900	3.19	0.797				

4.3.2.2 试验模型的制备

当巷道顶板及两帮岩体坚硬完整而底板岩体软弱破碎，即两帮和顶板的强度大大高于底板的强度（如两帮和顶板为砂岩并进行有效支护）时，在自重应力场的作用下，顶板和两帮的原岩应力会向底板传递。如果传递给底板的荷载达到一定数值，底板岩体的应力达到或超过其屈服强度时，在两帮岩柱压模效应的作用下，软弱底板岩体将沿最大剪应力迹线的方向被挤压流动到巷道临空区内，底板出现整体剪切破坏，产生持续的底鼓。与这种破坏机制相对应的破坏模式有两种，即塑性滑移线解答中的 Prandtl 模式和 Hill 模式。巷道底板出现这两种不同破坏形式的主要原因在于巷道跨度不同。因此，在制备试验模型时选择了两种完全不同的制作理念。

1. 模型一的制备

将底板与巷道顶板及两帮隔离进行研究，只制备巷道底板模型，通过自制的加载块来实现上覆岩层通过巷道两帮向底板传递荷载的过程。将拌合好的模型材料倒入试验箱，根据试验箱可视化高度来确定浇筑模型至试验箱的2/3 处。浇筑模型过程中要不断用橡胶锤轻轻敲打试验箱，防止浇筑过程中产生的气泡影响模型的各项物理力学指标。待模型初凝后脱模置于室外通风硬化，48 h 后认为材料达到其最终强度，可以用于试验加载。制备好的模型的长、宽、高分别为 30.5 cm、15 cm、11.5 cm，自制的加载块两侧的宽度为 75 mm，中间预留的宽度即模拟的巷道跨度为 150 mm。

为提高试验模型表面的对比度，在材料表面均匀喷洒一层黑漆，待黑漆风干后，在模型上方向空气中平行地喷射少许白漆，让白漆均匀地落在模型表面，形成随机分布的白色散斑。待白色散斑风干后，盖上有机玻璃板和模具，拧紧螺栓，用拉杆连接箱体左右两侧的模具，并用螺母上紧。需要特别指出，钢化玻璃板内侧需涂凡士林作为润滑剂，以减小材料与玻璃板之间的摩擦力，防止白色散斑点粘贴到玻璃板上带来的试验误差。模型一的示意图和制斑后组装完毕的试件如图 4 - 25、图 4 - 26 所示。

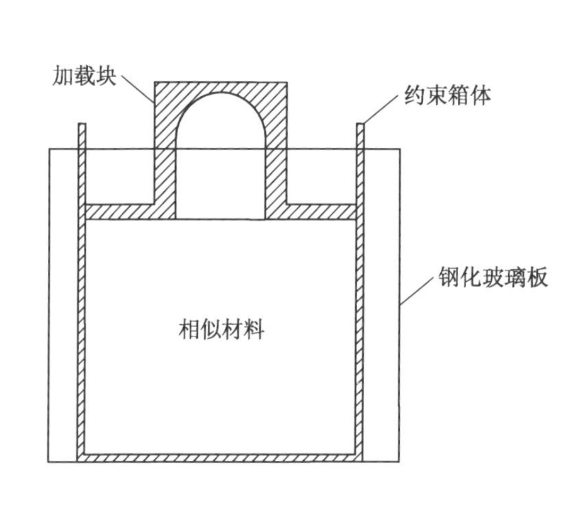

图 4 - 25　模型一示意图

图 4 - 26　组装后的模型一

2. 模型二的制备

制备试验模型时，在装入模型材料的过程中放置一个事先制备好的混凝土巷道模型，巷道模型表面用保鲜膜包裹，并涂抹凡士林，待模型材料浇筑完

(a) 巷道断面

(b) 加入充填剂

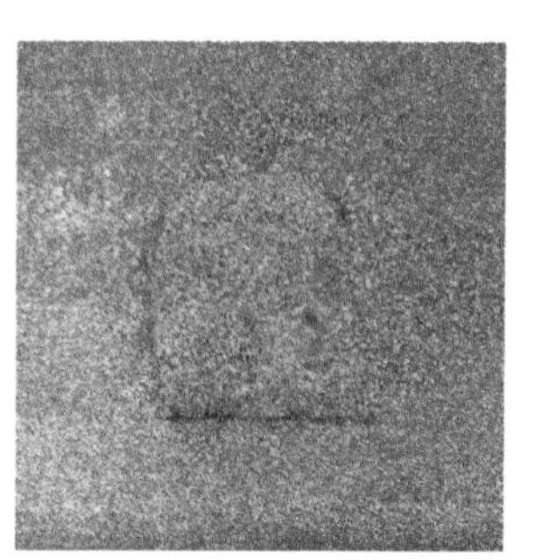

(c) 人工制斑

图 4 - 27　人工制斑过程

毕，取出巷道模型，形成开挖的巷道断面。为使计算连续，在试验模型的巷道内部加入充填剂，即聚氨酯泡沫填缝剂，其化学性质稳定，颜色为白色，相对于周围材料具有较小的刚度，可忽略不计。待充填剂干燥后，进行人工制斑（图 4 – 27）。

模型二的示意图和组装后的模型如图 4 – 28、图 4 – 29 所示。

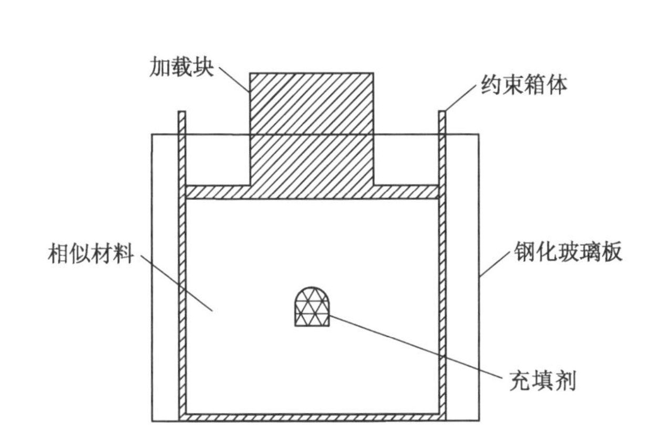

图 4 – 28　模型二示意图

图 4 – 29　组装后的模型二

4.4　试验方案及实施过程

4.4.1　试验原理

通过试验机分别对两个试验模型进行加载，加载过程中试验模型会发生变形，模型表面随机分布的散斑也会发生运动。用白光光束照射加载中的试验装置表面，CCD 摄像机可采集、记录底板模型表面变形过程中的一系列图像，并通过 A/D 转换器离散成数字图像存入计算机中。数字散斑相关计算方法可以通过比较模型变形前后状态的两幅图像，并识别变形前图像中量测点邻域的灰度分布与变形后图像中各点邻域的灰度分布，找到最相似的邻域，计算出变形前后各离散像素点的位移矢量，得到整个变形过程中任意时刻模型的位移场和应变场，进而分析底板的塑性区分布规律和变形流动特征。

4.4.2　试验方案

巷道底板变形细观试验系统由模型试验装置、加载系统和二维数字相关测量系统组成，如图4－30所示。其中模型试验装置由自制的试验箱及加载块组成；二维数字散斑相关测量系统（TS－DSC－1000）由CCD摄像机、定焦镜头、相机固定架、图像采集卡、LED白光光源、计算机等构成，加载过程在TAW－2000型微机控制电液伺服岩石三轴试验机上进行。为了能捕捉到底板模型由稳定状态到失稳破坏的全过程，加载模式选择位移模式。通过二维数字相关图像处理软件分析获得的加载过程中连续的数字图像，可得到硐室模型在加载过程中不同时刻的位移场、应变场以及位移矢量场等信息。

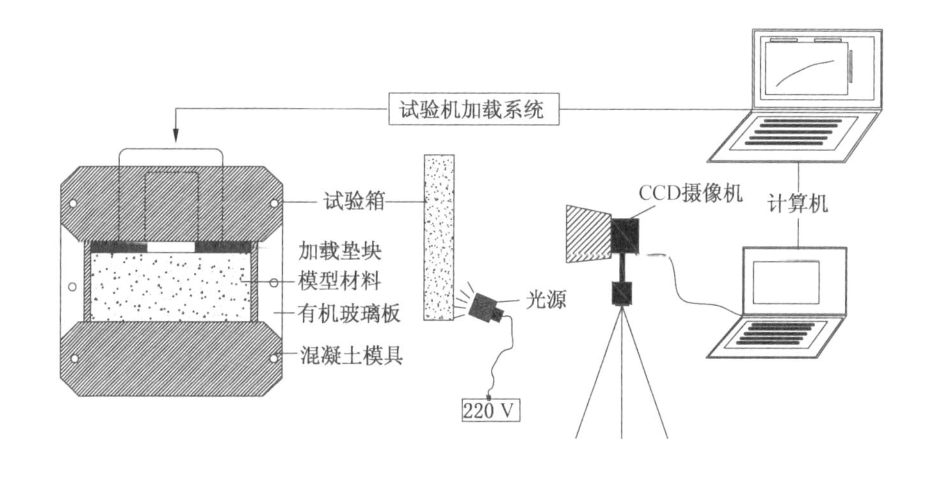

图4－30　巷道底板变形细观试验系统示意图

4.4.3　试验过程

调节三轴试验机，预留出足够的加载高度，将装有模型的试验箱放入三轴试验机，CCD摄像机对准试验箱可视化一侧（即正面），并保持CCD摄像机镜头与试验箱平行。调整CCD摄像机和光源的位置，选择图像范围并进行尺度标定。启动三轴试验机，缓慢地升起试验箱，让加载块的顶端与试验机接触，暂停试验机，将三轴试验机的加载速度设定为2 mm/min，开始加载。加载过程中要观察三轴试验机的荷载位移曲线，待曲线波动结束开始上升时，启动摄像机进行拍照，CCD摄像机的采样频率设定为6帧/s，实时观测并采集加载过程中底板模型周围散斑点的运动变化情况。两组模型的试验过程如图4－31所示。

(a) 模型一

(b) 模型二

图 4-31　试验过程

4.5　试验结果分析

加载结束后两组模型的破坏情况分别如图 4-32、图 4-33 所示。从宏观角度来看，模型一在两侧压模的挤压下，底板中心处明显向上隆起，并在底板中心出现一条明显的裂缝，这种变形模式与通过岩土塑性极限分析得到的巷道底板变形的 Hill 解答的位移模式相符；模型二在垂直应力场的作用下，整个底板的变形基本一致，这种变形模式与通过岩土塑性极限分析得到的巷道底板变形的 Prandtl 解答的位移模式相符。上述结论是由试验结果直接得到，下面从细观角度对两种模型对应的巷道底板变形的模式及位移演化规律做分析。

图 4－32　模型一试验结束后的破坏情况

图 4－33　模型二试验结束后的破坏情况

4.5.1　模型一的试验结果分析

模型一在加载过程中采集到的散斑图像如图 4－34 所示，图像大小为 2592 pixel × 1944 pixel，标定的实际尺寸为 1 mm = 8.64 piexl，图中虚线内为选择的图像处理时计算区域。

经 UU 图像处理软件进行拉伸、二值化处理后的数字散斑图像如图 4－35 所示。白色区域为图 4－34 中选择的计算区域，定义该区域左上角为坐标原点，取 X 轴向右为正，Y 轴向下为正，则计算区域内任意点的位置都可以用坐标表示，白色区域右下角的坐标为（2456，912）。

由于本次试验采用的电液伺服岩石三轴试验机在加载时，顶端固定而底端向上移动，因此 UU 图像处理软件计算出的 Y 方向的位移中既有整个试验箱向上移动的位移，也有模型在荷载作用下出现的变形。根据试验机加载的速度（2 mm/min）以及 CCD 摄像机的拍摄频率（6 帧/s），对应出相机每拍摄 1 张照片，试验箱移动的位移是 0.0056 mm。

图4-34 数字散斑图像（模型一）

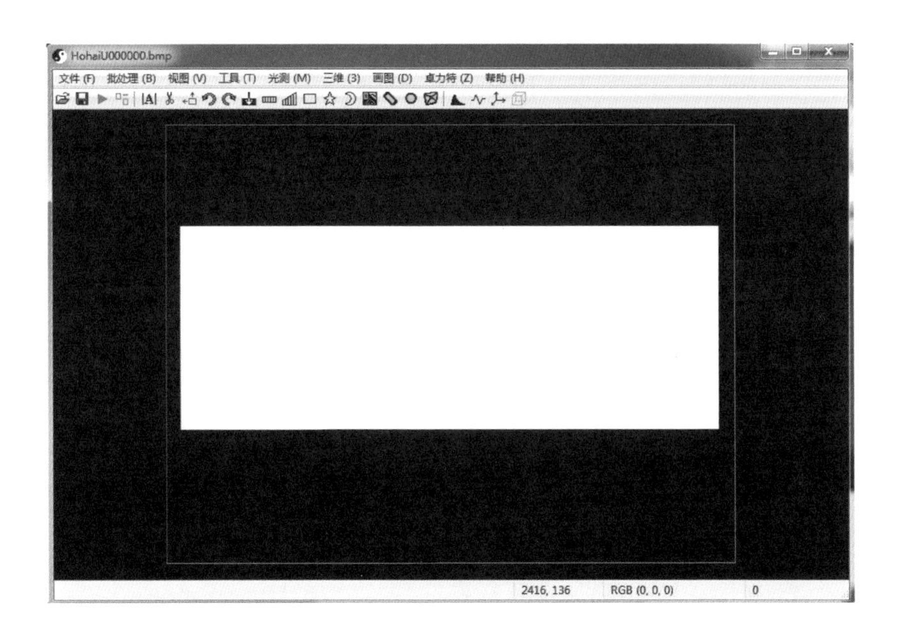

图4-35 处理后的数字散斑图像（模型一）

4.5.1.1 塑性区范围及分布规律分析

根据模型一试验设计的原理，底板变形首先发生在两帮直接作用下的岩体，对应本次试验加载垫块下方的模型部分，也就是在加载的初始阶段，模型两侧的材料先发生塑性变形而预留出的模拟巷道底板下方的模型材料只有随试验箱发生的刚体位移；当在整个模型内形成连续的滑动面后，此时模拟巷道底板下方的材料也会发生塑性变形，其变化不仅有随试验箱发生的刚体位移，还有自身发生的变形。据此，我们对试验得到的3000张散斑图像进行批处理，找到在整个加载过程中，模型材料局部开始进入屈服状态的时刻—— $t = 200$ s（对应第1200张图像）以及从局部屈服进入整体屈服的时刻—— $t = 318$ s（对应第1910张图像），并据此将模型的变形分为4个阶段：弹性变形阶段、局部屈服阶段、整体屈服阶段和塑性流动阶段。

选择各阶段有代表性的时刻进行对比分析，对应的 X、Y 方向的位移云图如图4－36、图4－37所示，位移矢量图如图4－38所示。对比分析各时刻 X、Y 方向的位移云图及位移矢量图，得到如下结论：

（1）弹性变形阶段，整个模型在 Y 方向上的位移相同，但并不等于试验箱在相同时间内移动的距离，这说明模型不仅发生了刚体位移，还产生了竖向的弹性变形；由于弹性变形过程中模型的总体积是不变的，因此在 X 方向上也产生了相应的位移。

（2）模型的局部屈服首先从加载区下方开始，从 Y 方向的位移云图可以看出，在加载区下方首先出现近似“倒三角形”的变形区，其范围随着荷载的持续增加而不断向模型下方扩展；荷载继续增加，塑性区的范围逐渐向模型中部发展；当荷载增加到一定程度，结合位移矢量图可以看出，模型中部（即预留模拟巷道底板的部分）在两侧变形区的挤压下发生向上的位移，此时整个模型都进入屈服状态，随着荷载的继续增加，产生持续的塑性变形。

（3）由进入屈服状态后的位移矢量图可以看出，以过巷道底板中心的直线为对称轴，底板中心两侧分别在各自变形区的挤压下发生了向上的位移，“巷道底板”中点处的变形量最大，不是整体向上运动，这种变形模式与Hill机构的位移模式相符合，也解释了图4－32中底板中心出现裂缝的原因。

(a) t=133 s

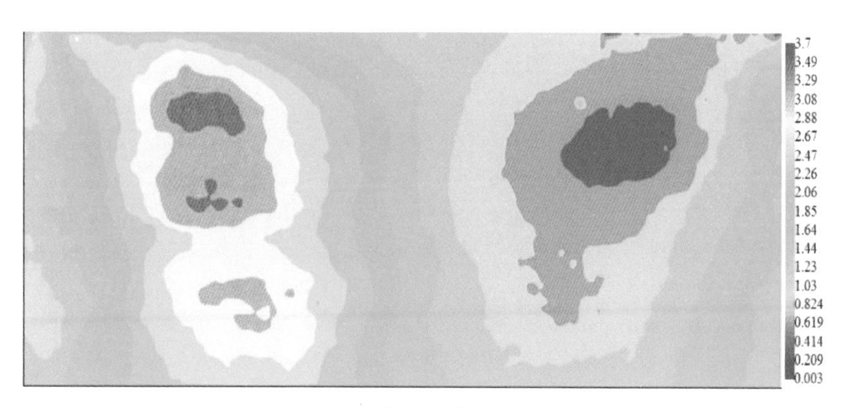

(b) t =200 s

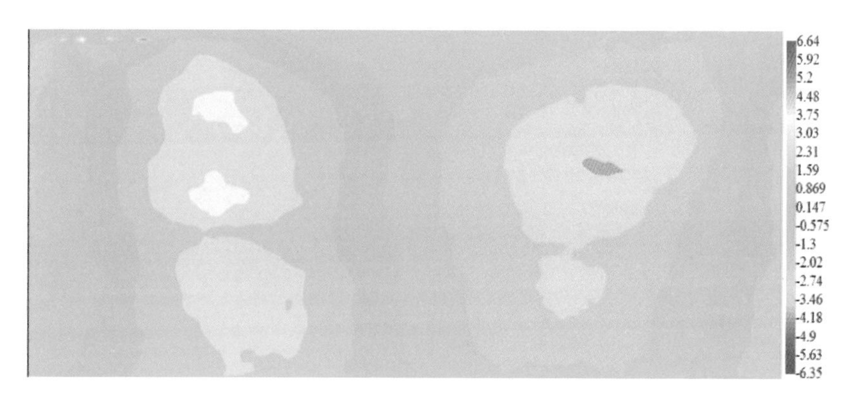

(c) t =250 s

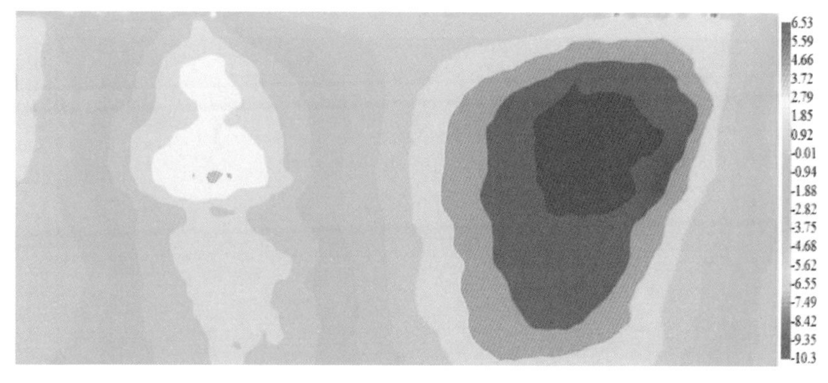

(d) t =318 s

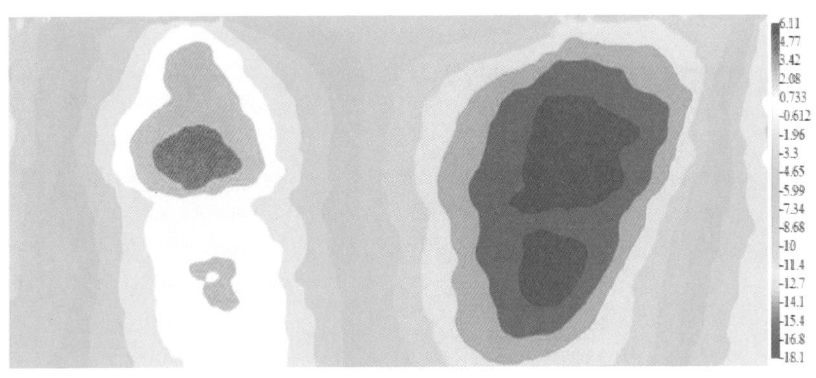

(e) t =400 s

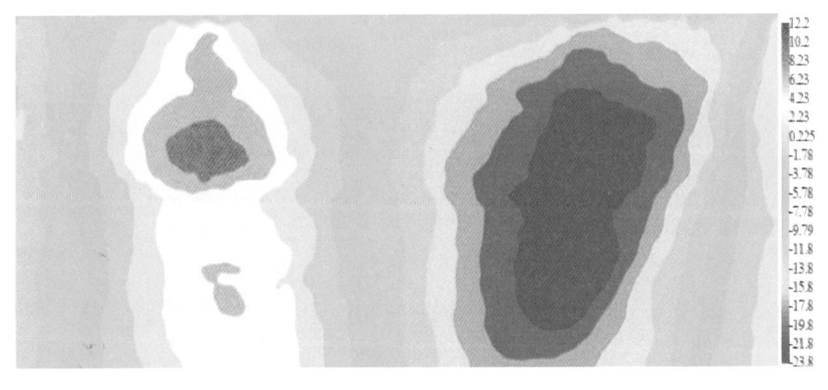

(f) t =500 s

图4-36　不同阶段 X 方向的位移云图（模型一）

(a) t =133 s

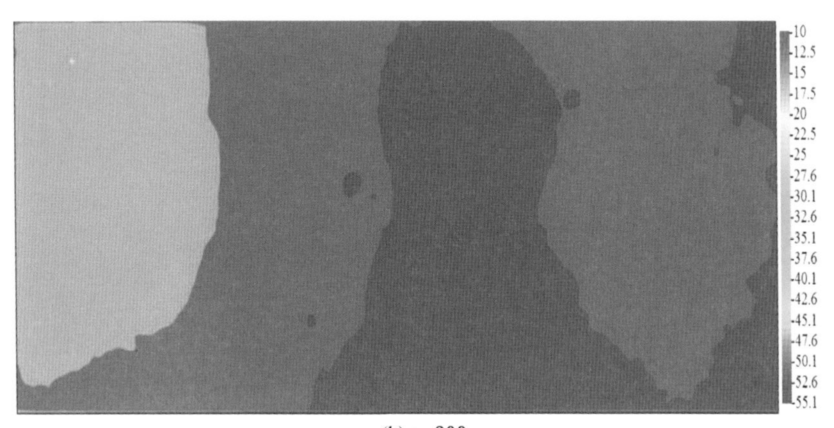

(b) t =200 s

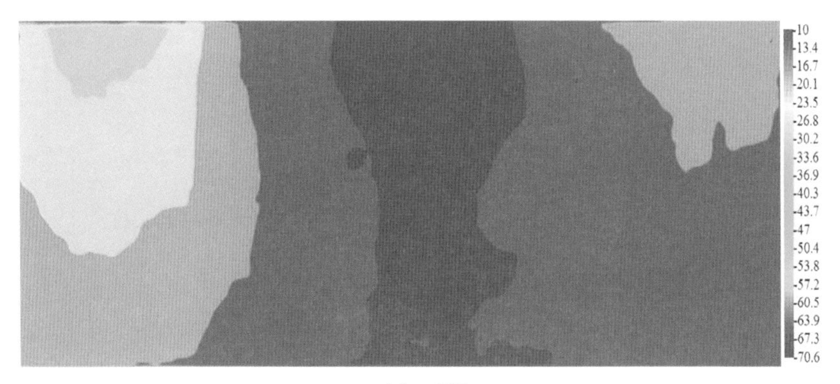

(c) t =250 s

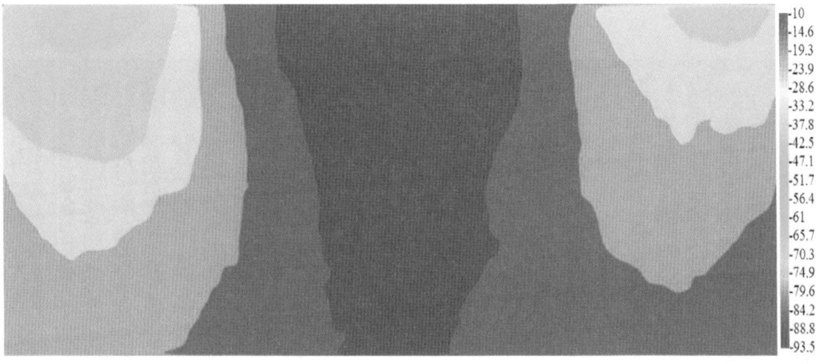

(d) t =318 s

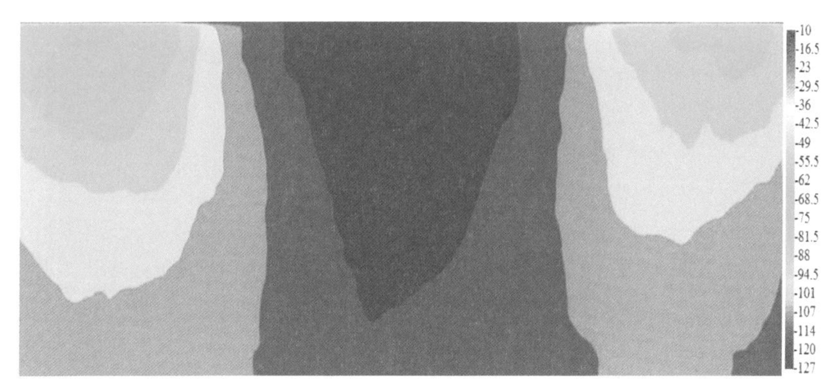

(e) t =400 s

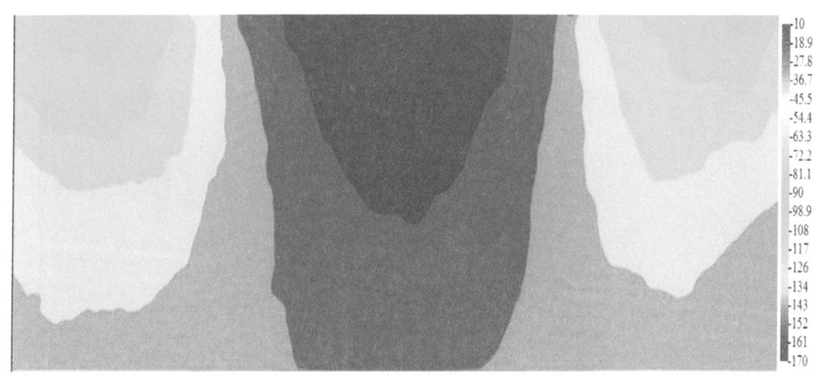

(f) t =500 s

图 4－37　不同阶段 Y 方向的位移云图（模型一）

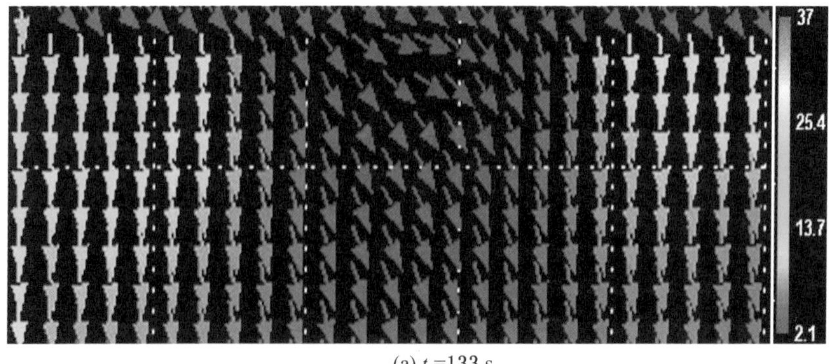

(a) t =133 s

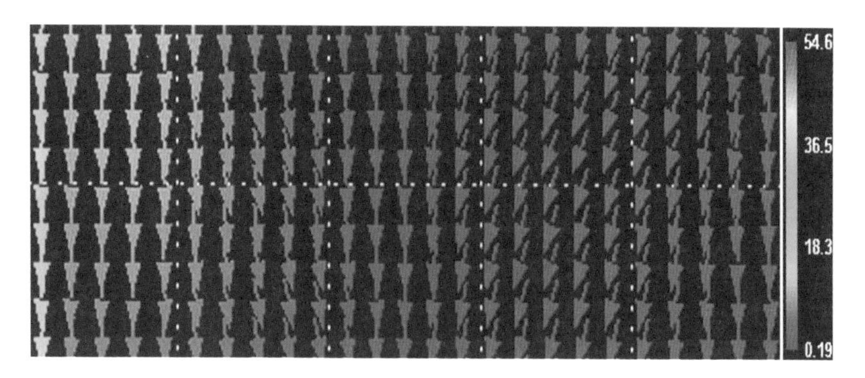

(b) t =200 s

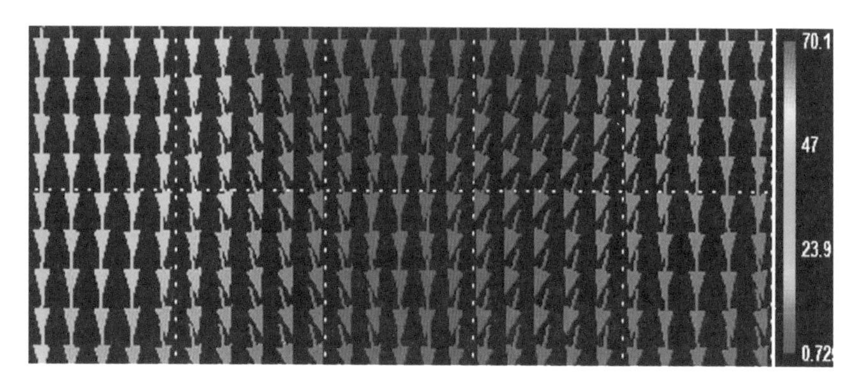

(c) t =250 s

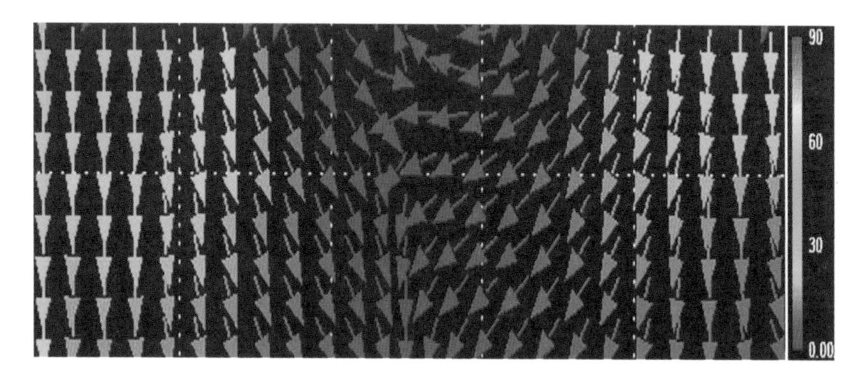

(d) t =318 s

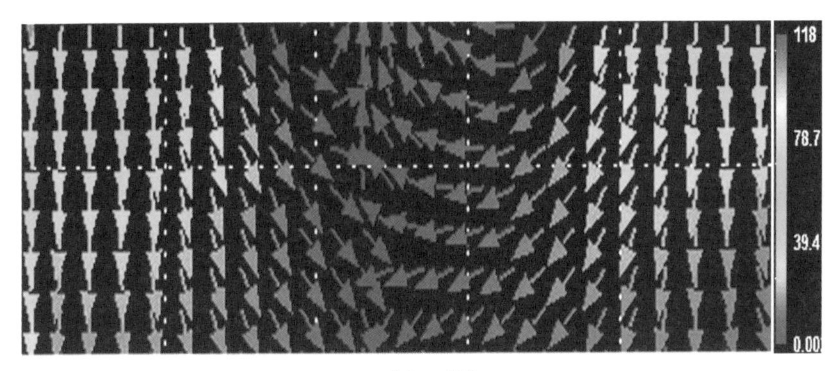

(e) t =400 s

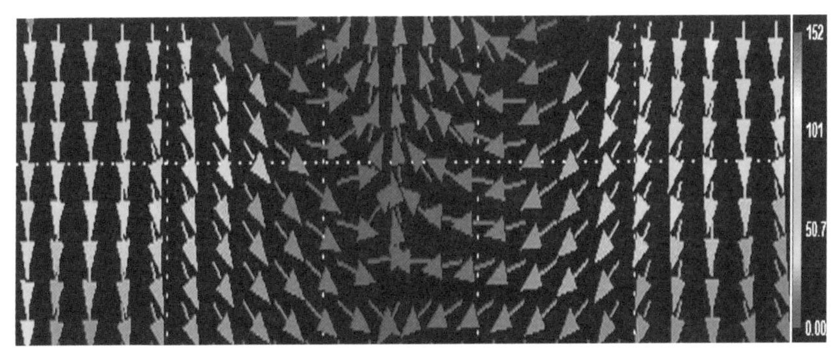

(f) t =500 s

图 4－38　不同阶段的位移矢量图（模型一）

4.5.1.2　位移演化规律分析

1. 水平方向上位移规律分析

在各阶段 Y 方向的位移云图上分别提取 $Y=150$、$Y=300$、$Y=450$、$Y=600$、$Y=750$、$Y=900$（单位：像素）六个水平截面上各点的实际位移，减去试验箱移动引起的刚体位移，得到各截面真实的变形量，如图 4－39 所示。横坐标对应水平截面的起止范围。

从同一截面变形随荷载的变化曲线可以看出，各截面 Y 方向的位移是连续的，且位移的演化规律基本相同：

(1) 在加载初期，各截面的位移近似是一条直线，且为负值，这说明试验模型在加载初期（即荷载较小的情况下）发生了整体的竖向压缩变形，这种

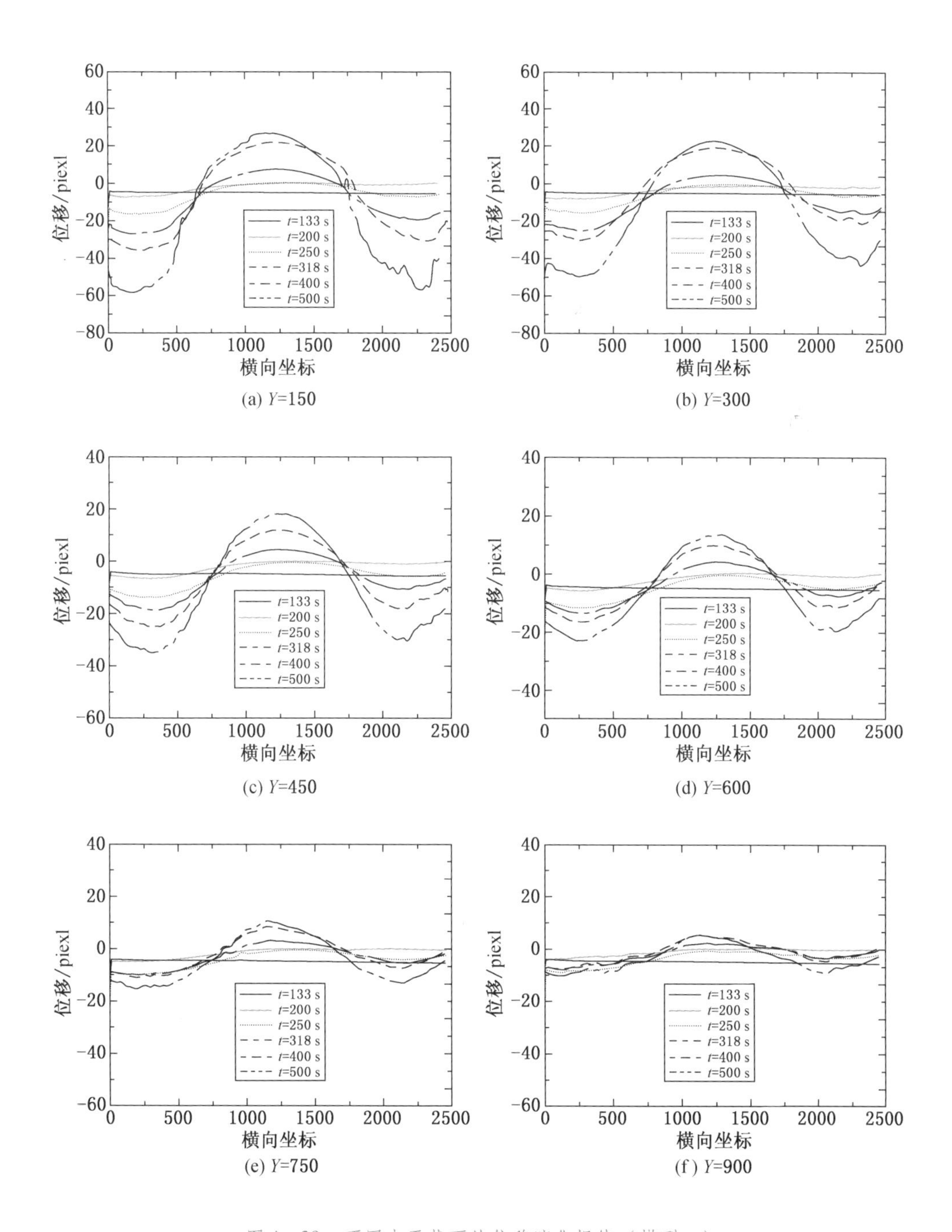

图 4-39　不同水平截面的位移演化规律（模型一）

变形是弹性的、可恢复的；随着荷载的增加，各截面上的变形出现分区现象，即在 X 方向（0，750）和（1750，2500）两个区间上，随着荷载的增大其变形不断向 Y 轴负方向发展，荷载越大，变形量越大；而在（750，1750）区间上的变形则不断向 Y 轴正方向发展，荷载越大，变形量越大，且各截面在（750，1750）区间的中点上变形量是最大的，中点两侧的变形量相对较小，这与巷道底板变形的 Hill 解答的速度场分析中底板中心处明显隆起的变形模式是一致的。

（2）在 $X=750$ 和 $X=1750$ 两个位置上，各截面在不同荷载作用下的位移值均接近零，在这两个位置的领域内，位移由向下变为向上，而在巷道底板变形的 Hill 滑移线解答的位移场分析中，假设的过渡区 Y 方向的位移也是由向下不断向上过渡，试验结果与理论分析相吻合；在 Hill 解答中，垂直于底板且经过巷道底角的滑移线上 Y 方向位移为零，因此 $X=750$ 和 $X=1750$ 是两条可能的滑移线，由此得到的巷道宽度为 11.5 cm，而本次试验巷道实际宽度为 15 cm，出现这种差异的原因在于 Hill 解答认为巷道底角处为奇异点，没有意义，而实际情况中并不存在奇异点。

（3）离加载区越近的位置，变形越大；离加载区越远的位置，变形受加载的影响越小。在离加载区最远的 $Y=900$ 截面上，在不同荷载作用下的位移变化不大，（0，750）和（750，1750）区间上最大位移为 -10 piexl，在区间（750，1750）上最大位移接近 10 piexl，整个截面上的变形差不超过 20 piexl。由此推断，加载区的影响范围是有限的，受拍摄区域的限制，未能捕捉到离加载区更远的位置，但根据各截面变形的趋势可以判断，在离加载区一定距离之外的范围，不受加载区的影响，即塑性区的范围是有限的。如能追踪到变形量为零的截面，就可以确定塑性区的影响范围，得到巷道宽度与影响范围之间的关系，为底板支护提供科学的参考依据。

2. 垂直方向上位移规律分析

在各阶段 Y 方向的位移云图上分别提取 $X=200$、$X=400$、$X=600$、$X=800$、$X=1000$、$X=1200$（单位：像素）六个垂直截面上各点的实际位移，减去试验箱移动引起的刚体位移，得到各截面真实的变形量，如图 4-40 所示。纵坐标对应垂直截面的起止范围。

$X=200$、$X=400$ 和 $X=600$ 是位于加载区正下方的截面，从截面的荷载-位移的变化曲线可以看出，加载时间越长（即荷载越大），相应的变形量也越大；并且越靠近加载区的位置变形量越大，而离加载区越远的位置变形量越小并逐渐趋于零，从另一个角度印证了前文得到的加载区影响范围有限的结论；加载区的实际长度为 7.5 cm，通过像素换算得到加载区的像素范围是 648 piexl，$X=200$

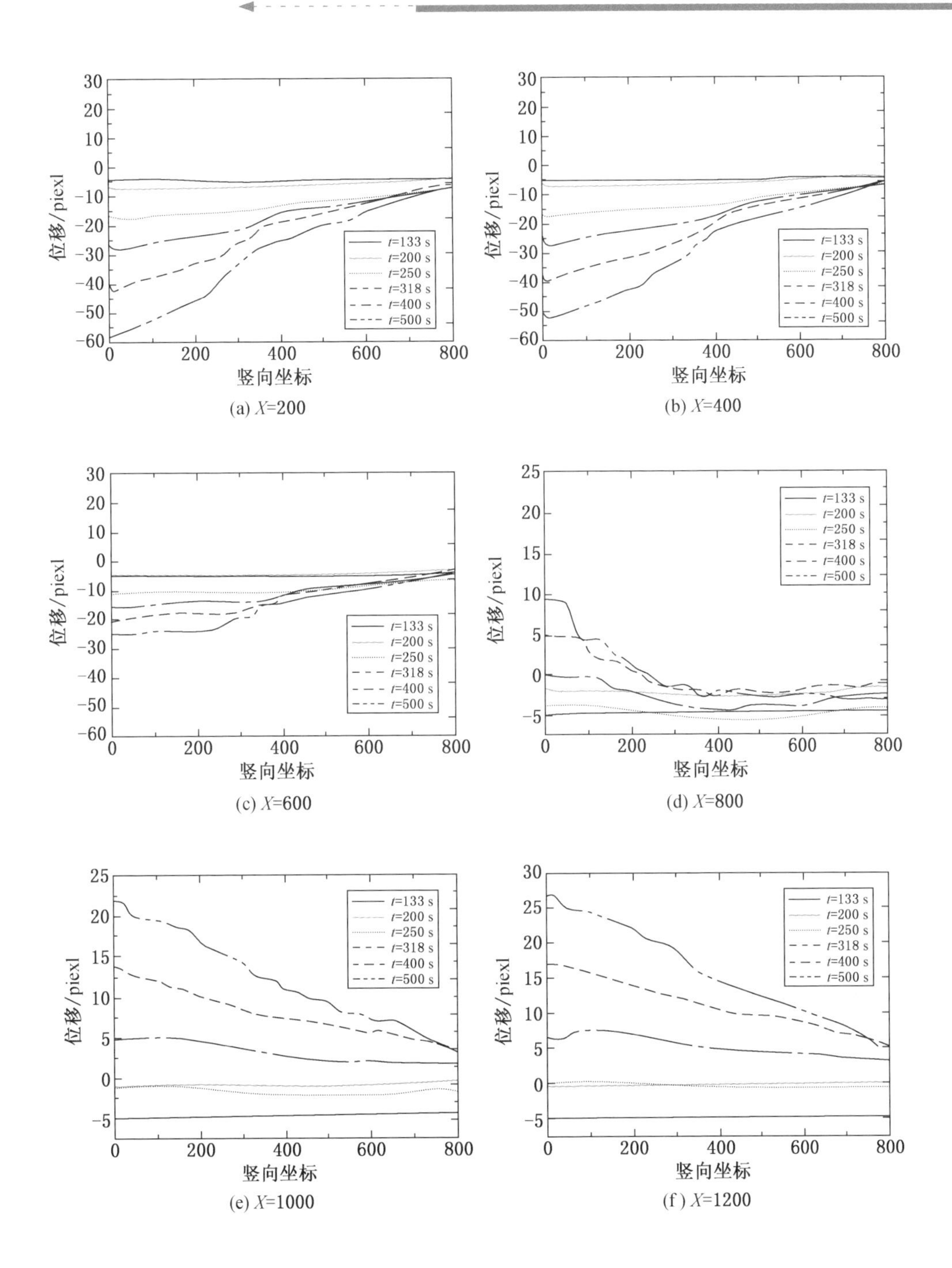

(a) X=200

(b) X=400

(c) X=600

(d) X=800

(e) X=1000

(f) X=1200

图4-40 不同垂直截面的位移演化规律（模型一）

和 $X=400$ 截面的位移分布基本接近，而 $X=600$ 截面上在同等荷载下各位置的变形量明显要小于前两个截面，印证了 4.5.1.1 节塑性区范围及分布规律分析中加载区下方塑性区形状为“倒三角形”的假说。

$X=800$ 截面靠近 $X=750$，在荷载较大的情况下该截面靠上的部分位移为正值，随着位置向下推移，位移不断减小，这是因为该截面穿过塑性过渡区的原因；$X=1000$ 和 $X=1200$ 的位置靠近模型的中轴线，加载时间较短（即荷载小于模型的整体屈服强度时）时模型中部的位移量较小，当超过模型的整体屈服强度后，荷载越大，变形量越大，且越靠近模型中部变形量越大，据此推断模型中点的变形量是最大的，与前文的结论相吻合。

综上所述，试验模型一的塑性区分布及位移演化规律与理论假设的挤压流动性底鼓底板滑移线场的 Hill 解答基本吻合，验证了理论假设正确性的同时，也说明本次试验设计的试验箱、加载块和模型材料基本能满足模拟挤压流动性底鼓发生的全过程。

4.5.2 模型二的试验结果分析

模型二在加载过程中采集到的散斑图像如图 4-41 所示，图像大小为 2592 pixel × 1944 pixel，标定的实际尺寸为 1 mm = 12.2 pixel，图中虚线内为选择的图像处理时计算区域。

图 4-41 数字散斑图像（模型二）

经 UU 图像处理软件拉伸、二值化处理后的数字散斑图像如图 4-42 所示。

白色区域为图4－41中选择的计算区域，定义该区域左上角为坐标原点，取X轴向右为正，Y轴向下为正，则计算区域内任意点的位置都可以用坐标表示，白色区域右下角的坐标为（2112，1292）。试验机的加载速度与相机的拍摄频率与模型一相同。

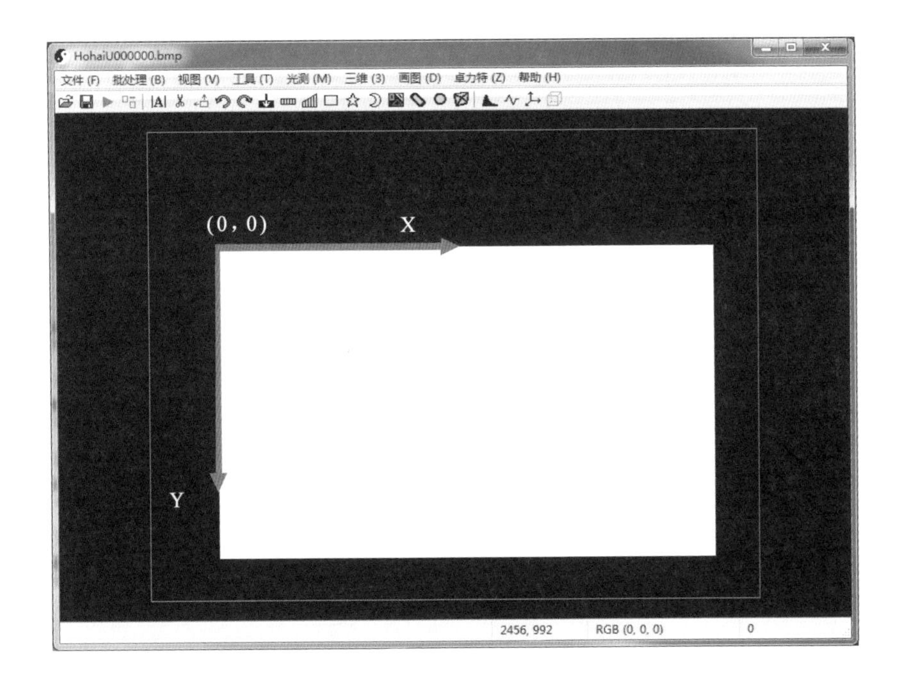

图4－42　处理后的数字散斑图像（模型二）

4.5.2.1　塑性区范围及分布规律分析

试验模型二模拟的是开挖跨度较小的巷道底板的变形模式，其应力环境较模型一要复杂得多，但更接近真实情况。地下巷道是由顶板、底板、两帮组成的复合结构体，开挖前地下岩体处于三轴压力的平衡状态，巷道开挖后，由于岩体内应力重新分布，造成围岩不稳定，致使开挖空间上覆岩体的自重转嫁于巷道两帮，当两帮传递给底板的荷载达到一定值时，会产生压模效应而造成底板岩体出现整体剪切破坏，使底板岩体进入塑性流动状态，产生底鼓。通过加载向整个试验模型施加垂直方向的荷载，使得传递给底板的荷载大于其极限承载能力，产生持续不断的底鼓。对试验得到的3000张散斑图像进行批处理，部分时刻Y方向的位移云图如图4－43所示。

(a) t=166 s

(b) t=250 s

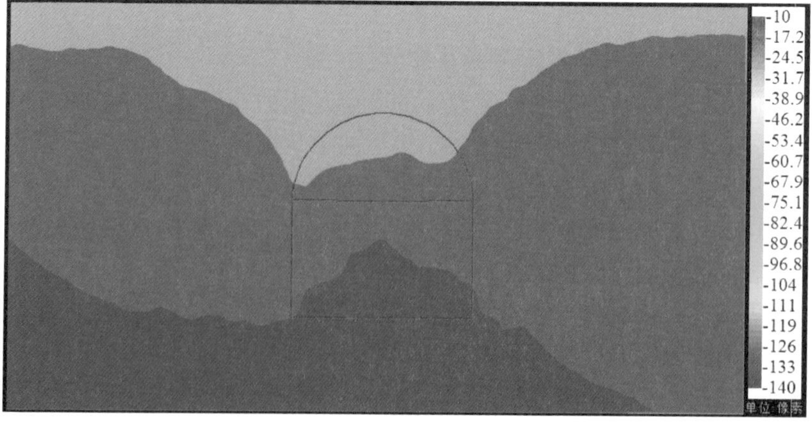

(c) t=333 s

(d) t =375 s

(e) t =416 s

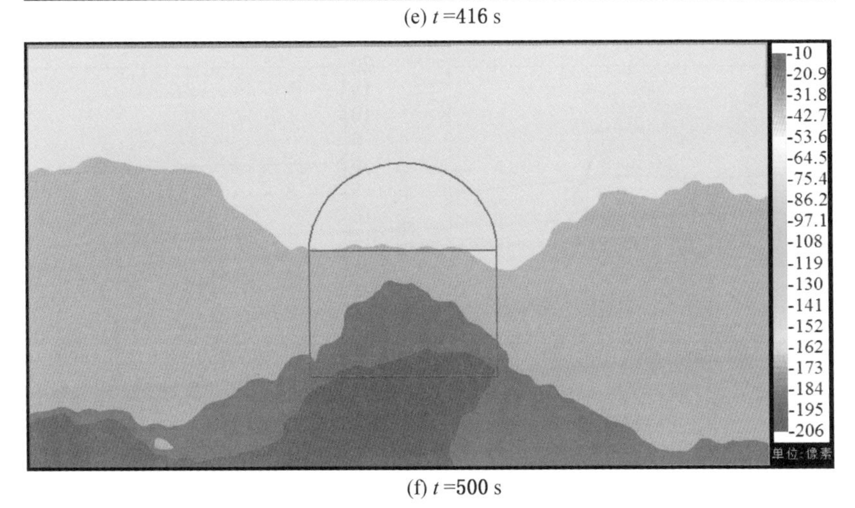

(f) t =500 s

图 4-43　不同阶段 Y 方向的位移云图（模型二）

对比各时刻 Y 方向的位移云图可以看出，巷道两帮下方的底板首先发生了向下的位移，随着荷载的增加，两帮下方底板的变形越来越大，并不断向底板中部传递荷载，当荷载增加到一定程度，底板在两侧变形的挤压下出现整体向上的位移，且荷载越大，底板向上的位移越大。这种底板整体抬起的变形模式与挤压流动性底鼓的 Prandtl 解答的速度场相符合。

4.5.2.2　位移演化规律分析

在各时刻 Y 方向的位移云图上分别提取 $Y=975$（巷道底板处）、$Y=1030$、$Y=1080$、$Y=1130$（单位：像素）四个水平截面上各点的实际位移，减去试验箱移动引起的刚体位移，得到各截面真实的变形量，如图 4－44 所示。横坐标对应水平截面的起止范围。

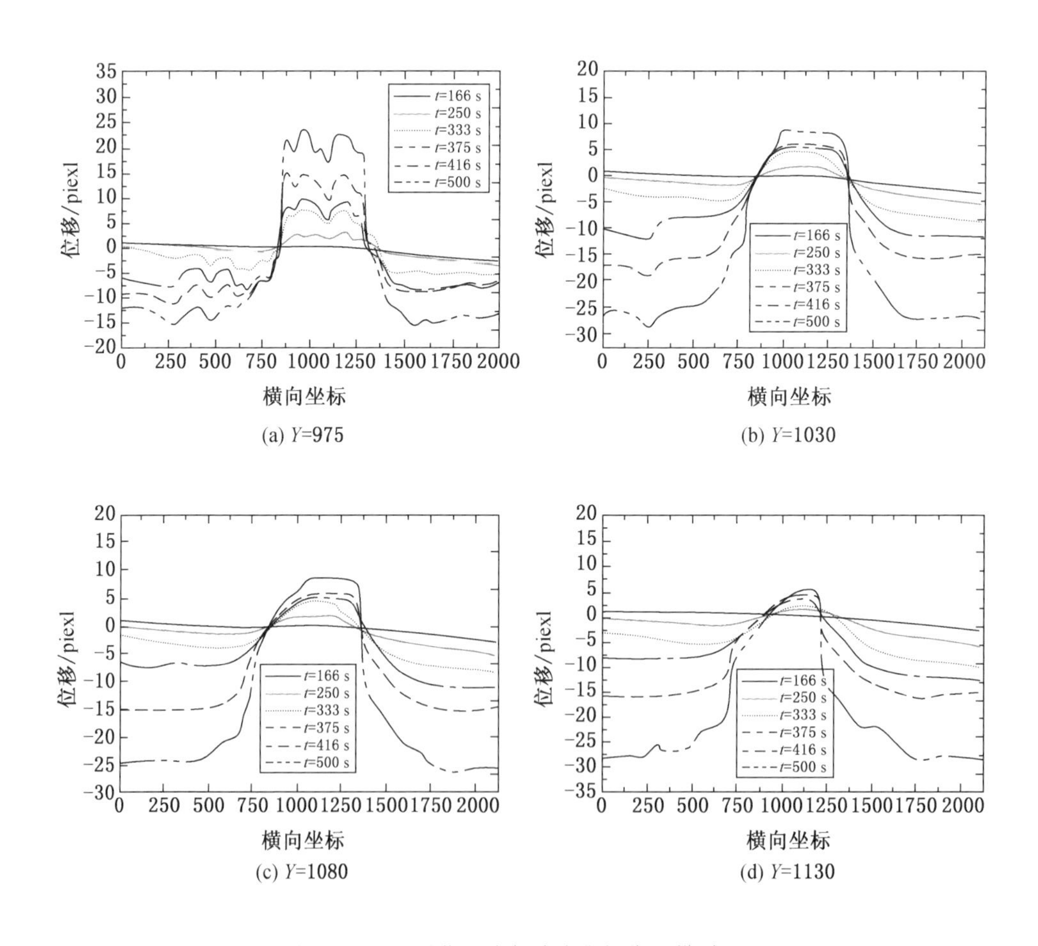

(a) Y=975　(b) Y=1030　(c) Y=1080　(d) Y=1130

图 4－44　不同截面的位移演化规律（模型二）

从同一截面变形随荷载的变化曲线可以看出，各截面 Y 方向的位移是连续的，且位移的演化规律基本相同：

（1）在加载初期，各截面的位移近似为一条通过（0，0）点的直线；随着荷载的增加，各截面上的变形出现分区现象，即在（0，850）和（1350，2100）两个区间上，随着荷载的增大，变形不断向 Y 轴负方向发展，且荷载越大，变形量越大，而在（850，1350）区间上，变形则向 Y 轴正方向发展，荷载越大，变形量越大。同级荷载作用下，在 $Y=1495$（巷道底板）截面上的（850，1350）区间的变形量在某一个常值附近波动，认为在该区域内的变形基本相同，这与 Prandtl 解答速度场分析中底板整体上抬起的变形模式是一致的。

（2）在 $X=850$ 和 $X=1350$ 两个位置上，各截面在不同荷载作用下的位移值基本为零，在 Prandtl 解答中，垂直于底板且经过巷道底角的滑移线上 Y 方向位移为零，因此 $X=850$ 和 $X=1350$ 是两条可能的经过巷道底角的滑移线，由此推断巷道宽度为 4.1 cm，而本次试验巷道实际宽度为 5 cm，出现这种差异是由于 Prandtl 解答中将巷道底角看作了奇异点。

（3）$Y=1495$、$Y=1550$ 和 $Y=1600$ 截面的（850，1350）区间内，在各级荷载作用下均有一段位移相同的区域；离巷道底板越远的截面，位移相同区间的范围越来越小，且对应位移量也越来越小，到 $Y=1650$ 截面，位移相同区间的范围只有 100 个像素，对应的位移量最大只有 5 个像素。由此可以推断，在计算区域外的某一截面上，位移相同的区间可能趋近于一点，相应的位移量也趋近于零，塑性区的范围是有限的。位移相同区间范围由上到下不断减小的变化规律也验证了 Prandtl 解答底板下塑性区“倒三角形”的分布形式。

综上所述，试验模型塑性区的分布与理论分析中假设的挤压流动性底鼓底板滑移线场的 Prandtl 解答基本吻合，验证了理论假设的正确性，也说明本次试验方案的制定基本能满足模拟挤压流动性底鼓发生的全过程。

4.6 模型试验与数值模拟的对比

4.6.1 模型一的对比结果分析

为验证两种试验模型的有效性，利用大型有限元计算软件 ANSYS 对两种工况进行数值模拟。首先对第一种工况进行建模，如图 4－45 所示，左、右边界施加 X 方向位移约束，下边界施加 X 和 Y 方向位移约束，上边界左右两侧一定距离施加均布荷载，土体弹性模量为 10^6 MPa，泊松比为 0.3，密度为 18000 g/cm^3。此工况选择位移场作为观测对象，将数值模拟得到的结果与散斑试验结果作对比，如图 4－46～图 4－49 所示。

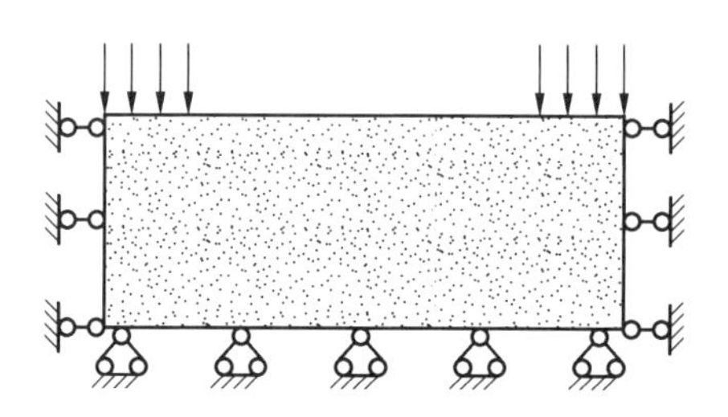

图 4－45　模型一计算简图

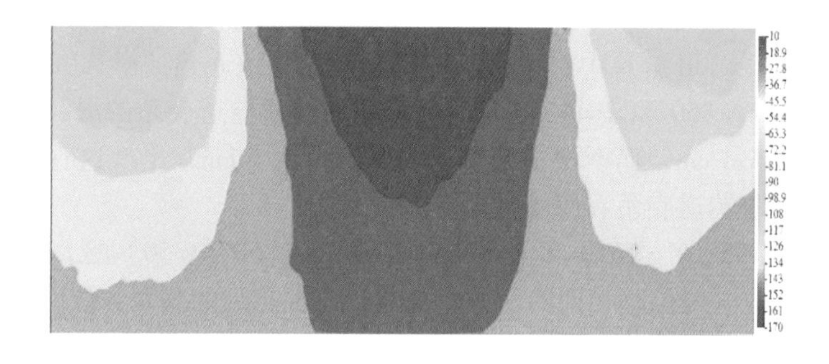

图 4－46　散斑试验得到的 Y 方向位移（模型一）

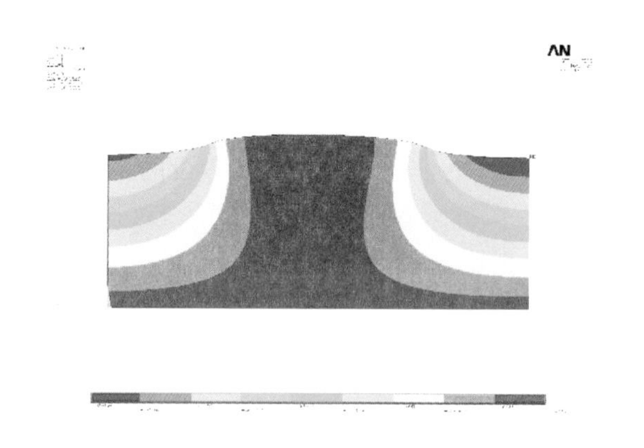

图 4－47　数值模拟得到的 Y 方向位移（模型一）

由上述对比可以看出，数值模拟得到的结果与散斑试验得到的结果极为相似。对于数值模拟软件 ANSYS 得到的云图，土体受力较为均匀，边界约束条件容易控制，位移分层现象比较规整，但是模拟结果的准度与精度有待商榷。对其

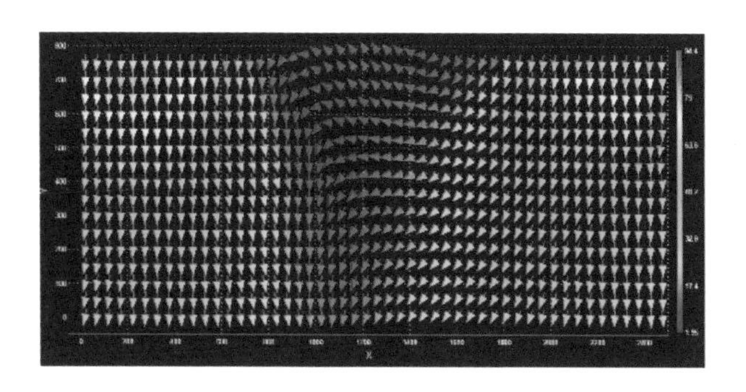

图 4-48　散斑试验得到的位移矢量图（模型一）

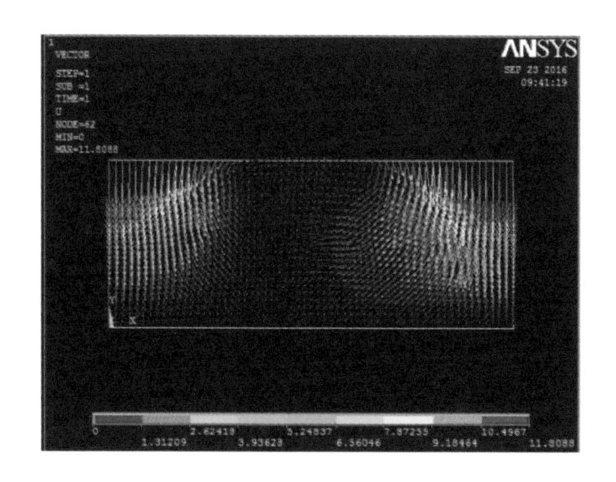

图 4-49　数值模拟得到的位移矢量图（模型一）

影响的主要原因有：一是参数的选取对模拟结果影响较大，而选取的参数是否合适只能靠经验来确定；二是本构模型的选择是否合适，从另一角度来看，尝试使用不同模型也体现了数值模拟的灵活性；三是单元的划分是否合适，网格划分的好坏直接影响到解算精度和速度。从 Y 方向位移云图来看，两种方法得到的结果都体现出 3 个倒三角形区域，即均匀应力区，分别位于荷载施加下部以及底板隆起部位。从两者的位移矢量图来看，均能展现出内部土体颗粒移动轨迹，两侧下降的同时向中部聚拢，致使底板隆起。散斑试验能够得到一个实际材料下较为可靠的巷道底鼓产生的过程，其精度可达 0.01 像素，同时与其他相似试验相比较，通过图像处理软件能够清楚地观察到土体颗粒的移动轨迹，此方法与数值模拟优势互补、相辅相成、相得益彰，弥补了数值模拟的劣势和不足，为数值模拟提供了参照。

4.6.2　模型二的对比结果分析

对第二种工况进行建模，如图4－50所示，在左、右边界施加X方向位移约束，下边界施加X和Y方向位移约束，上边界施加均布荷载，土体弹性模量为10^6 MPa，泊松比为0.3，密度为18000 g/cm³。土体视为均值材料并在计算中忽略重力影响，土体采用Drucker－Prager模型，单元划分采用自由网格划分，各实体采用Plane42单元。

此工况同样选择位移场作为观测对象，将数值模拟得到的结果与散斑试验结果作对比，如图4－51～图4－54所示。

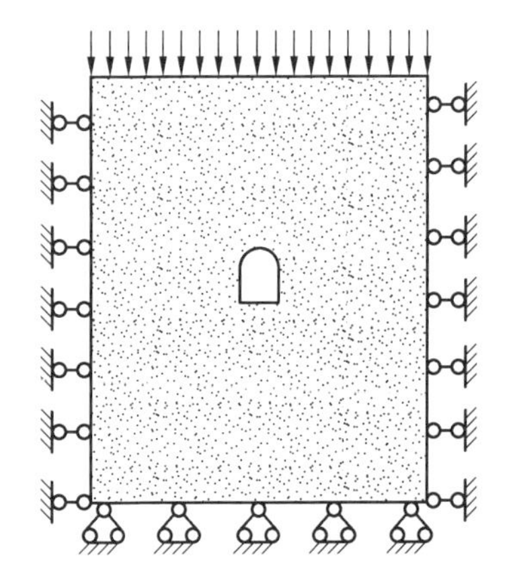

图4－50　模型二计算简图

图4－51　散斑试验得到的Y方向位移（模型二）

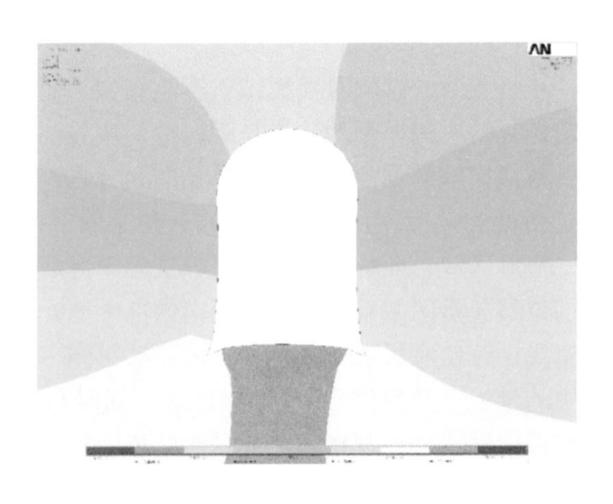

图4－52　数值模拟得到的Y方向位移（模型二）

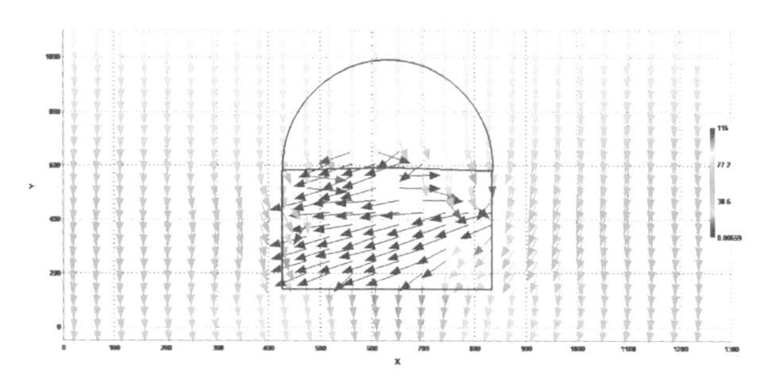

图4－53　散斑试验得到的位移矢量图（模型二）

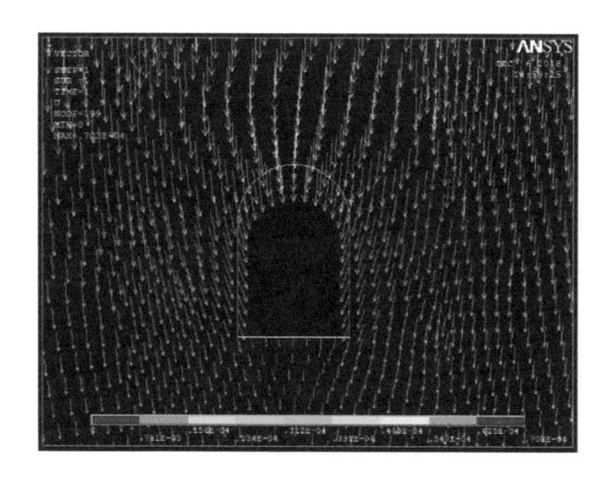

图4－54　数值模拟得到的位移矢量图（模型二）

由上述对比可以看出，直墙拱巷道断面在上部受到均布荷载时，散斑试验结果和数值模拟结果较为吻合。在直墙拱断面形式下，最常见的一种病害为底鼓效应，这在两种试验结果中都有所体现，而且从云图上可看出直墙拱两侧的材料出现分层现象，拱顶位置出现下沉趋势。在散斑试验中得到的位移矢量（巷道内部蓝色箭头），其数值接近于零，基本保持不变，与数值模拟结果相吻合，直墙拱两侧的材料都有向巷道内移动的趋势。

5 极限状态下巷道底板稳定性的数值模拟研究

井下开采一直是我国煤炭资源开采的主要途径，长期的高强度开采使得浅部煤炭资源储量不断减少，开采深度不断增加，进入深部开采后不得不面临高应力软岩问题。有关资料表明，底鼓始终是制约深部软岩巷道安全生产的主要因素之一。第3章通过岩土塑性极限分析的方法得到了在高垂直应力作用下巷道底板变形的Prandtl和Hill两种底板破坏瞬时的解答，通过对这两种解答的应力场进行分析可以得到影响底鼓发生的主要因素是原岩强度、垂直应力大小以及底板的支护强度。经典岩土塑性极限平衡的分析方法是以理想刚塑性假设为依据，得到的解答是可能的状态，并且在分析过程中对模型进行了简化，考虑的影响因素较少，容易引起争议；第4章通过二维数字散斑相关方法，利用自制的试验装置，从细观分析的角度研究了底板变形的两种情况，通过模型试验虽然能直观地观测到底板变形的全过程，但无法真实再现地下工程开挖、破坏支护平衡演化的过程，使得试验结果往往与工程实际情况不符。

因此，本章以龙口矿区梁家煤矿煤$_4$层4111运输巷道为工程背景进行数值模拟分析，得到底板变形的应力场和位移场的演化规律以及塑性区的分布特征，弥补理论分析与模型试验的不足，验证Prandtl解答和Hill解答的同时，研究巷道宽度、衬砌厚度等因素对底板变形的影响，为深部软岩巷道底板稳定性研究以及支护方式的设计提供参考依据。

5.1 数值模型的建立

5.1.1 FLAC简介

FLAC软件是美国ITASCA咨询集团公司于1986年开发研制的，已经发展为一个著名的实际地质力学相关问题的创新解决方案，多用于采矿、土木、石油、国防、废物回收等行业。我国在20世纪90年代初引进该软件，主要用于岩土力学分析，该软件适用于分析渐进破坏和失稳以及模拟大变形。它包含了10种弹塑性材料本构模型，有静力、动力、蠕变、渗流、温度5种计算模式，各种计算模式间可以互相耦合，可以模拟多种结构形式，如岩体、土体或其他材料实体，梁、锚、桩、壳以及人工结构如支护、衬砌、锚索、岩栓、土工织物、摩擦桩、板桩、界面单元等，还可以模拟不同加载条件下的地应力场生成、边坡或地下硐室开挖、地下渗流等。程序含有交界面模型，可以利用交界面来模拟断层和节理。

5.1.1.1 FLAC 3D 的基本原理

FLAC 软件是进行应力与变形分析的专业软件，特别适合求解岩土力学工程中非线性的大变形问题，在地质构造及块体运动学、动力学研究中得到了广泛应用。FLAC 软件的基本原理即是拉格朗日法。拉格朗日法源于流体力学，在流体力学中有两种主要的研究方法：一种是定点观察法，亦称欧拉法；另一种是随机观察法，亦称拉格朗日法。后者是研究每个流体质点随时间而变化的状态，即研究某一流体质点在任一段时间内的运动轨迹、速度、压力等特征。把拉格朗日法移植到固体力学中，把所研究的区域划分成网格，其节点就相当于流体质点，然后按时步用拉格朗日法来研究网格节点的运动。通过对三维介质的离散，使所有外力与内力集中于三维网络节点上，进而将连续介质运动定律转化为离散节点上的牛顿定律；时间与空间的导数采用沿有限空间与时间间隔线性变化的有限差分来近似；将静力问题当作动力问题来求解，运动方程中惯性项用来作为达到所求静力平衡的一种手段。它的优点是占用内存少，求解速度快，便于用微机求解较大规模的工程问题。

5.1.1.2 FLAC 3D 的计算原理

本章以 FLAC 3D 作为基本计算工具，分析巷道底板的稳定性，为此有必要对相关的计算原理作具体介绍。

1. 三维空间离散

FLAC 首先将求解物体离散为一系列单元四面体（图 5－1），并采用下列插值函数：

$$\begin{cases} \delta v_i = \sum_{n=1}^{4} \delta v_i^n N^n \\ N^n = c_0^n + c_1^n x_1' + c_2^n x_2' + c_3^n x_3' \\ N^n = (x_1', x_2', x_3') = \delta_{nj} \end{cases} \tag{5-1}$$

式中，x_i、v_i 分别代表四面体中节点的坐标、速度。

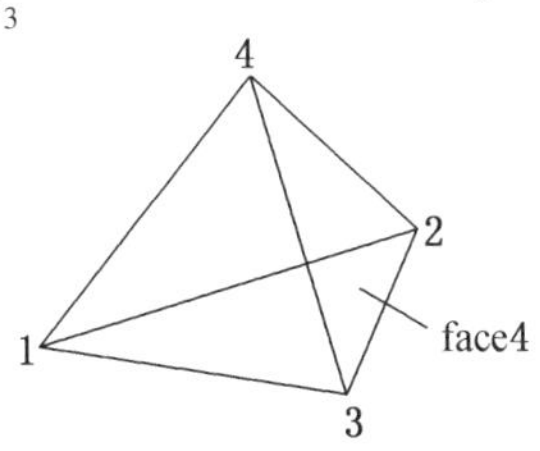

4
2
face4
1
3

图 5－1 单元四面体示意图

2. 空间差分

由高斯定律，可将四面体的体积分转化为面积分。对于常应变率的四面体，由高斯定律得

$$\int_V v_{i,j} \mathrm{d}V = \int_S v_i n_j \mathrm{d}S \tag{5-2}$$

$$v_{i,j} = -\frac{1}{3V}\sum_{l=1}^{4} v_i^l n_j^{(l)} S^{(l)} \tag{5-3}$$

式中，$n_j^{(l)}$ 为四面体各面法矢量；$S^{(l)}$ 为各面面积；V 为四面体体积。

于是应变率张量可以表示为

$$\xi_{ij} = \frac{1}{2}(v_{i,j} + v_{j,i}) \tag{5-4}$$

$$\xi_{ij} = -\frac{1}{6V}\sum_{l=1}^{4} (v_i^l n_j^{(l)} + v_j^l n_i^{(l)}) S^{(l)} \tag{5-5}$$

应变增量张量为

$$\Delta\varepsilon_{i,j} = -\frac{\Delta t}{6V}\sum_{l=1}^{4} (v_i^l n_j^{(l)} + v_j^l n_i^{(l)}) S^{(l)} \tag{5-6}$$

旋转率张量为

$$\overline{\omega}_{i,j} = -\frac{1}{6V}\sum_{l=1}^{4} (v_i^l n_j^{(l)} + v_j^l n_i^{(l)}) S^{(l)} \tag{5-7}$$

由本构方程以及以上各式可以得到应力增量为

$$\Delta\sigma_{ij} = \Delta\sigma_{ij}^1 + \Delta\sigma_{ij}^2 \tag{5-8}$$

$$\Delta\sigma_{ij}^1 = H_{ij}(\sigma_{i,j}, \xi_{i,j}\Delta t) \tag{5-9}$$

$$\Delta\sigma_{ij}^2 = (\omega_{ik}\sigma_{kj} - \sigma_{ik}\overline{\omega}_{kj})\Delta t \tag{5-10}$$

对于小应变，$\Delta\sigma_{ij}^1$可以忽略不计，这样由高斯定律将空间连续量转化为离散节点量，可由位移与速度计算出空间单元的应变应力。

3. 节点运动方程与时间差分

对于固定的时刻 t，节点的运动方程可以表示为

$$\sigma_{ij,j} + \rho B_i = 0 \tag{5-11}$$

式中的体积力定义为

$$B_i = \rho\left(b_i - \frac{\mathrm{d}v_i}{\mathrm{d}t}\right) \tag{5-12}$$

由功的互等定理，将上式方程转化为

$$F_i^{\langle l\rangle} = M^{\langle l\rangle}\left(\frac{\mathrm{d}v_i}{\mathrm{d}t}\right)^{\langle l\rangle} \quad l = 1, n_n \tag{5-13}$$

式中，n_n 表示解域总的节点数；l 表示总体节点编号；$M^{\langle l\rangle}$ 表示节点代表的质量；$F_i^{\langle l\rangle}$ 表示失衡力。

它们的具体表达式为

$$M^{\langle l\rangle} = [\![m]\!]^{\langle l\rangle}$$

$$m^l=\frac{\alpha_1}{9V}\max([n_i^lS^{\langle l\rangle}]^2,i=1,3) \tag{5-14}$$

$$F_i^l=[\![p_i]\!]^{\langle l\rangle}+p_i^{\langle l\rangle} \tag{5-15}$$

式中，$[\![\ ]\!]$表示各单元与节点物理量的总和。由式（5－14）可得关于节点加速度的常微分方程

$$\frac{\mathrm{d}v_i^{\langle l\rangle}}{\mathrm{d}t}=\frac{1}{M^{\langle l\rangle}}F_i^{\langle l\rangle}(t\cdot\{v_i^{\langle l\rangle},v_i^{\langle 2\rangle},\cdots,v_i^{\langle p\rangle}\}^{\langle l\rangle},\kappa)\quad l=1,n_n \tag{5-16}$$

$$v_i^l\left(t+\frac{\Delta t}{2}\right)=v_i^{\langle l\rangle}\left(t-\frac{\Delta t}{2}\right)+\frac{\Delta t}{M^{\langle l\rangle}}F_i^{\langle l\rangle}(t\cdot\{v_i^{\langle 1\rangle},v_i^{\langle 2\rangle},\cdots,v_i^{\langle p\rangle}\}^{\langle l\rangle},\kappa) \tag{5-17}$$

同样中心差分得位移与节点坐标：

$$u_i^{\langle l\rangle}(t+\Delta t)=u_i^{\langle l\rangle}(t)+\Delta t v_i^{\langle l\rangle}\left(t+\frac{\Delta t}{2}\right) \tag{5-18}$$

$$x_i^{\langle l\rangle}(t+\Delta t)=x_i^{\langle l\rangle}(t)+\Delta t x_i^{\langle l\rangle}\left(t+\frac{\Delta t}{2}\right) \tag{5-19}$$

至此，已完成了空间和时间的离散，将空间三维问题转化为各个节点的差分求解。具体计算时，可虚拟一个足够长的时间区间，并划分为若干时间段，在每个时间段内对每个节点求解，如此循环往复，直至每个节点的失衡力为零。

5.1.1.3 FLAC 3D 的优点

对于巷道底板变形这种非线性大变形 FLAC 有自身的优势，其弹塑性模型包括：Drucker－Prager 准则、莫尔－库仑准则、应变硬化/软化模型、多节理模型、双线性应变硬化/软化模型、修正的剑桥模型。每个单元可以有不同的材料模型或参数，材料参数可以分为线性分布或随机分布。地下矿山采场巷道变形大多具有明显的大变形和时效变形特征，因此在数值计算中必须有效地解决这两个问题。由表 5－1 可知，FLAC 程序在非线性大变形方面体现了较大的优越性。它可以通过类似批处理文件的前处理设置（SET LARGE）很好地解决这两个问题，较其他有限元程序（ADINA、NCAP 等）具有明显的优点，体现了变化速度快和灵活的特点。

表 5－1 各种有限元软件功能对比

种类	前处理	后处理	能否处理大变形	是否非线性	计算维数	是否考虑时间因素影响	是否适应岩土工程要求
NACP	不好	一般	不能	可以	2D、3D	可以	适应
NOLM	一般	一般	不能	可以	2D	不能	适应
FLAC	好	好	可以	可以	2D、3D	3D 可以	适应

表 5-1（续）

种类	前处理	后处理	能否处理大变形	是否非线性	计算维数	是否考虑时间因素影响	是否适应岩土工程要求
ALGOR	好	好	可以	可以	2D、3D	可以	不适应
ADINA	好	好	可以	可以	2D、3D	可以	不适应
FINAL	好	好	可以	可以	2D、3D	可以	适应

5.1.2 工程背景简介

龙口矿业集团有限公司是我国煤炭工业唯一的海滨矿区，地处山东半岛西北部的龙口市境内。东临烟台，南接青岛，西与潍坊毗邻，东北与天津、大连、秦皇岛、北戴河、朝鲜半岛隔海相望。龙口矿业集团有限公司在龙口矿区下辖北皂煤矿、梁家煤矿、洼里煤矿3个生产矿井。

龙口矿区各煤矿井田地层系第四系及第三系玄武岩覆盖下的新生代第三系煤田。从煤$_1$层到煤$_4$层顶板为含油泥岩，底板为砂质泥岩、泥岩、黏土岩、粉砂岩及粗砂岩，遇水极易变软泥化膨胀，普氏系数较低，顶底板及煤的单向抗压强度均较小。其特点为岩石强度低，松软破碎，黏聚力和内摩擦角小，岩层吸水性强，膨胀性明显，自然含水率和吸水性高，岩石大部分含有膨胀性黏土矿物，以蒙脱石为主，是国内典型的软岩矿区。矿区自投产以来，软岩支护问题一直制约着矿区的安全生产。矿区建矿初期，巷道主要采用钢筋混凝土等高强度支护方式。由于井巷系统相对简单，支护强度足够大，因此巷道返修量不大。但随着开采深度的增加，巷道底鼓问题日益突出，不断卧底使得巷道施工速度慢、经济投入大，严重影响了矿井的经济效益，其中梁家煤矿底板变形情况最为严重。

5.1.2.1　梁家煤矿工程地质条件

梁家煤矿设计生产能力为年产1.8 Mt，2006年核定生产能力为2.8 Mt，2009年实际生产能力为2.8 Mt。含煤岩系为古近系李家崖组，含可采与局部可采煤层5层，即煤$_{上1}$、煤$_1$、煤$_2$、煤$_3$及煤$_4$。现主采煤层为煤$_1$、煤$_2$和煤$_4$。开采方式采用走向长壁采煤法，综采、综放采煤工艺，全部垮落法控制顶板。矿井采用立井单水平方式开拓，主井、副井分设，生产水平为-450 m水平。现生产采区为煤$_4$的一、二、四、六采区，煤$_2$的一、二采区，煤$_1$的一采区。接续采区为煤$_4$的六采区。

1. 煤$_{上1}$顶底板

煤层直接顶板为炭质泥岩，一般厚0.38 m，其上多为泥岩，部分为粉砂岩，厚度为1.0~6.35 m，属易垮落顶板；基本顶为泥岩夹薄层泥灰岩，厚度一般为

11.0 m。煤层直接底板为炭质泥岩，一般厚0.34 m，其下为炭质泥岩夹薄煤层，西厚东薄，厚1.0～6.2 m，但西南部和东部为粉砂岩。

2. 煤$_1$ 顶底板

煤$_1$ 直接顶板为含油泥岩～含油粉砂岩和细砂岩，局部为油$_1$。01线以西、16线以东多为粉砂岩，一般厚13 m左右，下部为含油泥岩，上部为粉砂岩；16～20线的南部边缘直接顶底板为细砂岩，厚2.5 m。顶板岩性致密，较坚硬，韧性大，属中等垮落顶板，自然状态下抗压强度平均为39.7 MPa。底板为油$_2$ 及含油泥岩，自然状态下平均抗压强度为49.1 MPa。

3. 油$_2$ 顶底板

油$_2$ 顶板为煤$_1$。油$_2$ 直接底板为含油泥岩，致密，韧性大，其厚度为8.32～17.00 m。油$_2$ 底板南部为含油粉砂岩和含油细砂岩，自然状态下抗压强度为54.3 MPa。

4. 煤$_2$ 顶底板

煤$_2$ 直接顶板颜色为棕褐色～灰色，致密，韧性大，层位稳定，属中等垮落顶板，其厚度为8.32～17.00 m，自然状态下抗压强度平均为28 MPa。井田西南部和6线以东，顶板以粉砂岩为主，次为细砂岩、泥岩，如15－2、17－2等孔所见，砂岩厚达7.50～9.44 m，松散易碎。在井田东南部顶板为泥岩，厚0.25～0.79 m，属易～中等垮落顶板。

煤层直接底板的主要岩性为炭质泥岩、泥岩、黏土岩、粉砂岩及中～粗砂岩。这些岩相变化较大，无规律可循。砂岩多分布在井田中部7～12线、3～4线及19～20线，多为泥质胶结，松散易碎，其厚度为0.52～8.90 m；粉砂岩主要分布在4～10线中段地区及19线以东，在一些零星钻孔可见，多含泥质，易碎，具吸水及膨胀性，厚0.9～4.55 m；泥岩夹黏土岩及炭质泥岩，主要分布在10～19线及5～8线北部，1～3线中南段厚0.28～45 m，砂岩泥质胶结，结构疏松；黏土岩具有可塑性，极易风化，遇水泥化膨胀易发生底鼓现象。其基本底为砂岩夹黏土岩，自然状态下其抗压强度平均为18.5 MPa。

5. 煤$_3$ 油$_3$ 顶底板

煤$_3$ 油$_3$ 直接顶板主要是泥岩，厚0.30～3.41 m。中部直接顶板为砂岩、泥岩互层，砂岩松散，泥岩吸水性强，坚固性差，厚0.55～5.51 m，属于易垮落顶板；其上基本顶为泥岩夹疏松砂岩，厚10～22 m，抗压强度为20.5 MPa。

煤$_3$ 油$_3$ 在可采范围内北部有0.20～0.98 m的粉砂岩伪底，南部底板为砂岩，一般厚2.30 m，其抗压强度为20.2 MPa，可能产生底鼓现象。

6. 煤$_4$ 顶底板

煤$_4$ 结构极为复杂，稳定性差。夹矸多达18层，煤组厚度变化极大，中村一带厚度达 57 m。随着煤组向井田东南增厚，而煤层厚度逐渐变薄、尖灭。煤层的直接顶板主要为炭质泥岩及泥岩夹黏土岩，在 10 线以西一般有 0.65 m 炭质泥岩夹薄煤层为伪顶，其上主要为泥岩夹煤线，局部为砂岩和粉砂岩。泥岩、炭质泥岩易风化脱落，吸水膨胀，砂岩疏松，属易垮落顶板，在自然状态下其抗压强度平均为 33.9 MPa。

煤层底板一般为 0.64 m 的泥岩，局部为炭质泥岩，为煤层的直接底板，易吸水膨胀，工作面底鼓严重，在自然状态下其抗压强度平均为 36.7 MPa。

7. 油$_4$ 顶底板

油$_4$ 顶板即煤$_4$ 的底板，以致密、坚硬泥岩为主，一般厚 1 m 左右。油$_4$ 底板以含油泥岩为主。主要分布在 3 ~ 13 线，厚 0.51 ~ 10.64 m，一般为 3.30 m，在 02 线以西及 15 ~ 17 线间为坚硬、致密的粉砂岩，厚 1.05 ~ 16.83 m，一般厚达 7.0 m。表 5 - 2 为梁家煤矿岩石物理性质。

5.1.2.2　地压概况

梁家矿区属于典型的“三软”地层，矿井工作面顶板为 1 类Ⅱ级，由于顶板岩层强度低，直接顶初次垮落一般在回采 1 ~ 3 m 后就开始，之后随采随落；基本顶初次来压步距为 18 ~ 24 m，周期来压步距为 6 ~ 11 m，由于顶板垮落充分，基本充满采空区，使基本顶运动空间有限，因此基本顶虽有周期性运动，但矿压显现规律不明显，不影响正常生产。

软岩的可塑性、膨胀性、崩解性、流变性和易扰动性等特征，导致矿井巷道压力显现比较明显，维护比较困难，特别是煤$_4$ 层巷道底鼓强烈。工作面超前支承压力显现一般规律为：剧烈破坏距离在 20 ~ 40 m，明显影响范围在 60 ~ 80 m 以内，最远影响 150 ~ 260 m。显现程度因围岩条件、巷道支护状况的不同而出现很大差异。煤$_4$ 层一采区 4111 运输巷道自施工以来围岩压力明显，巷道底鼓严重，经测点资料观测，巷道施工 10 天内底鼓量达 450 ~ 500 mm，严重威胁到该水平的开拓延深和安全生产。

5.1.3　巷道模型的建立

通过对龙口矿区梁家煤矿的工程地质资料分析，选取具有代表性、底鼓问题较为严重的 4111 运输巷道为工程背景建立计算模型，进行数值计算和分析。巷道的基本情况如下：4111 运输巷道位于煤$_4$ 层一采区，埋深 818 ~ 858 m，其直接顶为炭质泥岩，岩体松散易碎，裂隙发育，强度较低；直接底为泥岩、炭质泥岩夹薄煤层，岩层吸水膨胀，软化和泥化现象显著，自稳性差，在该层位垂直应力的作用下，宏观表现出高应力软岩的特点。在成巷过程中，围岩收敛变形速度快，底鼓现象突出。

1. 模型建立的基本假设

表5-2 梁家煤矿岩石物理性质表

孔号	采样层位	岩石名称	物理性质实验				力学性质实验														膨胀率/%	普氏系数
			比重	容重/(g·cm^{-3})	含水率/%	孔隙率/%	抗剪强度/(kg·cm^{-2})								弹性模数/10^5	泊松比	抗压强度/(kg·cm^{-2})		抗拉强度/(kg·cm^{-2})			
							30°		45°		60°		内摩擦角	凝聚系数			自然状态					
							正应力平均	剪应力平均	正应力平均	剪应力平均	正应力平均	剪应力平均					平均	变异范围	平均	变异范围		
3-21	煤$_1$顶板	泥岩															376	365~386	113	10.4~12.1	0.1	
3-46	煤$_1$顶板	粉砂岩					71	122	145	145			17°	100			483	289~685	17.8	15.3~20.2		
31	煤$_1$顶板	油页岩	2.09	1.92	6.70	13.90	25	44	78	78			32°44′	28	0.16	0.18	251	231~271	7.4	4.7~12.0		2.9
25	煤$_1$顶板	油页岩	1.95	1.78	4.20	1.23	41	70	81	81			15°22′	59	0.17	0.21	299	129~434	67.2	36.4~93.4		3
6-2	煤$_1$顶板	泥质岩					28	48									496	468~531	7	5~9		
6-2	煤$_1$顶板	含油泥岩					44	77	86	86	185	107					443	384~502	13	11~15		
6-2	煤$_1$顶板	油页岩					29	49	110	110							417	345~488	9	6~12		
10-2	煤$_1$顶板	含油泥岩	2.48	2.21	5.70	15.70	37	64	93	93	192	111	27°	45			408	289~560				
平均			2.17	1.97	5.53	13.97	39	68	99	99	189	109		58	0.16	0.195	397	314~483	18.95	12.7~24.8	0.1	2.9

表 5-2（续）

孔号	采样层位	岩石名称	物理性质实验				力学性质实验														膨胀率/%	普氏系数
			比重	容重/(g·cm^{-3})	含水率/%	孔隙率/%	抗剪强度/(kg·cm^{-2})								弹性模数/10^5	泊松比	抗压强度/(kg·cm^{-2}) 自然状态		抗拉强度/(kg·cm^{-2})			
							30°		45°		60°		内摩擦角	凝聚系数								
							正应力平均	剪应力平均	正应力平均	剪应力平均	正应力平均	剪应力平均					平均	变异范围	平均	变异范围		
3-21	煤$_1$底板	粉砂岩	2.03	1.86	6.00	13.50											448		9.6	5.7~13.7	0.7	
3-46	煤$_1$底板	油页岩	2.29	2.14	3.50	9.70											577	564~590			0.8	
31	煤$_1$底板	油页岩	1.73	1.51	15.50	24.90			50	50	113	65	14°02′	39	0.12	0.14	261	98~337	81	27.1~127.7		2.6
25	煤$_1$底板	油页岩	1.86	1.59	4.80	18.40	79	131	180	180			25°42′	93	0.32	0.25	680	590~737	62.4	16.9~127.9		6.8
平均			1.98	1.78	7.45	16.60	79	131	115	115	113	65		66	0.22	0.195	492	417~555	51	16.6~89.8	0.75	4.7
31	煤$_2$顶板	泥岩	2.60	2.12	14.40	28.80	11	19	32	32			31°06′	13	0.1	0.16	67	43~80	80	5.2~104		0.7
25	煤$_2$顶板	油页岩	2.50	2.30	7.80	14.60	21	36	53	53			28°	25	0.18	0.23	123	53~154	5.7	1.8~10.7		1.2
6-2	煤$_2$顶板	含油泥岩					28	49									472		9			
6-2	煤$_2$顶板	粉砂岩					44	76									438		7			

表 5-2（续）

孔号	采样层位	岩石名称	物理性质实验/比重	物理性质实验/容重/(g·cm^{-3})	物理性质实验/含水率/%	物理性质实验/孔隙率/%	力学性质实验/抗剪强度/(kg·cm^{-2})/30°/正应力平均	30°/剪应力平均	45°/正应力平均	45°/剪应力平均	60°/正应力平均	60°/剪应力平均	内摩擦角	凝聚系数	弹性模数/10^5	泊松比	抗压强度/(kg·cm^{-2})/自然状态/平均	抗压强度/自然状态/变异范围	抗拉强度/(kg·cm^{-2})/平均	抗拉强度/变异范围	膨胀率/%	普氏系数
10-2	煤$_2$顶板	含油泥岩	2.57	2.27	6.60	17.10											302	287~317	11	10~13		
平均			2.56	2.25	9.60	20.20	26	45	42	42				19	0.14	0.19	280	128~184	8.1	5.6~9.23		0.95
31	煤$_2$底板	粗砂岩	2.60	2.37	3.80	12.30	11	19	56	56			39°18′	10	0.32	0.31	76	23~156	119			0.8
25	煤$_2$底板	黏土岩	2.66	2.46	5.50	12.40	36	61	68	68			12°21′	54	0.32	0.21	175	143~206	8.5	5.2~14.2		1.8
6-2	煤$_2$底板	粗砂岩泥岩互层															239	179~308	6	5~6		
10-2	煤$_2$底板	黏土岩夹砂岩	2.57	2.41	2.20	8.20	32	56	225	225			41°	28			249	208~289	7	3~11		
平均			2.61	2.41	3.80	10.90	26	45	116	116			30°52′	36	0.32	0.26	185	138~240	8.4	4.4~10.4		1.3
31	煤$_3$顶板	黏土岩	2.56	2.43	3.50	8.20	16	28	48	48			32°05′	18	0.20	0.2	125	109~150	10.6	9.6~12.1		1.3
25	煤$_3$顶板	黏土岩	2.57	2.21	3.80	17.10	36	61	80	80			23°24′	45	0.27	0.22	117	31~238	15	11.5~17.5		1.2

表 5－2（续）

孔号	采样层位	岩石名称	物理性质实验				力学性质实验														膨胀率/%	普氏系数
			比重	容重/(g·cm^{-3})	含水率/%	孔隙率/%	抗剪强度/(kg·cm^{-2})								弹性模数/10^5	泊松比	抗压强度/(kg·cm^{-2}) 自然状态		抗拉强度/(kg·cm^{-2})			
							30°		45°		60°		内摩擦角	凝聚系数								
							正应力平均	剪应力平均	正应力平均	剪应力平均	正应力平均	剪应力平均					平均	变异范围	平均	变异范围		
6－2	煤$_3$顶板	砂岩黏土岩互层											27°				301	229～410	9	7～10		
10－2	煤$_3$顶板	黏土岩夹砂岩	2.62	2.36	1.60	11.40											277	217～319				
平均			2.58	2.33	2.90	12.20	26	44	64	64			27°44′	32	0.23	0.21	205	146～279	11.5	9.4～13.2		1.3
31	煤$_3$底板	黏土岩	2.70	2.35	7.00	18.50	20	34	52	52			25°48′	23	0.14	0.27	127	102～151	27	10.6～35.2		1.3
25	煤$_3$底板	油页岩粉砂岩	2.53	2.29	3.70	12.70	27	46	110	110			37°39′	27	0.24	0.22	173	131～226	45.2	16.8～100.4		1.7
6－2	煤$_3$底板	泥岩夹粉砂岩															261	214～402	7	4～9		
10－2	煤$_3$底板	粗砂岩	2.64	2.39	2.70	11.70	36	61	67	67			11°	54	4.5	0.38	249	206～296	11	9～14		
平均			2.62	2.34	4.40	14.30	28	47	76	76			24°49′	34	1.63	0.29	202	164～269	22.5	10.1～39.6		1.5
31	煤$_4$顶板	黏土岩	2.62	2.39	4.60	12.60	15	25	46	46			33°51′	15	0.15	0.17	106	81～153	13.5	7.9～19.8		1.1

表 5-2（续）

孔号	采样层位	岩石名称	物理性质实验				力学性质实验														膨胀率/%	普氏系数
			比重	容重/(g·cm^{-3})	含水率/%	孔隙率/%	抗剪强度/(kg·cm^{-2}) 30°		45°		60°		内摩擦角	凝聚系数	弹性模数/10^5	泊松比	抗压强度/(kg·cm^{-2}) 自然状态		抗拉强度/(kg·cm^{-2})			
							正应力平均	剪应力平均	正应力平均	剪应力平均	正应力平均	剪应力平均					平均	变异范围	平均	变异范围		
6-1	煤$_4$顶板	泥岩	2.80	2.47	3.30	14.60											215	181~241				
6-2	煤$_4$顶板	粗砂岩					28	48	63	63	228	132					319	309~327				
10-2	煤$_4$顶板	粗砂岩	2.79	2.51	0.80	10.70											680	622~728	11	7~16		
10-2	煤$_4$顶板	含炭粉砂岩	2.62	2.40	2.20	10.70											376	314~452				
平均			2.71	2.44	2.70	12.10	22	36.5	54	54	228	132	33°51′	15	0.15	0.17	339	301~380	12.2	7.4~17.9		1.1
31	煤$_4$底板	油页岩	2.56	2.19	5.00	19.40	26	45	63	63			25°30′	35	0.2	0.19	216	176~240	29.9	25.8~31.7		2.2
25	煤$_4$底板	油页岩泥岩	2.44	2.01	5.40	21.90	51	88	102	102			15°22′	75	0.21	0.17	259	170~376	31.9	27.7~37.8		2
6-1	煤$_4$底板	含油泥岩	2.32	2.18	6.40	11.60	26	44	84	84	162	94					368	268~468				0.95

表 5-2（续）

孔号	采样层位	岩石名称	物理性质实验				力学性质实验														膨胀率/%	普氏系数
			比重	容重/(g·cm^{-3})	含水率/%	孔隙率/%	抗剪强度/(kg·cm^{-2})								弹性模数/10^5	泊松比	抗压强度/(kg·cm^{-2})		抗拉强度/(kg·cm^{-2})			
							30°		45°		60°		内摩擦角	凝聚系数			自然状态					
							正应力平均	剪应力平均	正应力平均	剪应力平均	正应力平均	剪应力平均					平均	变异范围	平均	变异范围		
6-2	煤$_4$底板	泥岩粉砂岩					64	110							0.089	0.25	328	274~393	3			0.2
10-2	煤$_4$底板	含油泥岩	2.3	2.14	4.70	10.90											402	380~424				
10-2	煤$_4$底板	泥岩	2.45	2.24	3.70	11.80											324	254~596				
10-2	煤$_4$底板	泥岩	2.5	2.25	5.90	14.80											365	302~465				
10-2	煤$_4$底板	泥岩	2.31	2.20	4.20	8.70										0.29	452		12			
10-2	煤$_4$底板	泥岩	2.62	2.39	3.50	11.80											433	421~494				
10-2	煤$_4$底板	泥岩														0.23	523					
平均			2.43	2.20	4.85	13.86	42	72	83	83	162	94	20°26′	55		0.23	267	281~407	19.2	26.7~34.7		1.34

数值模拟的可靠度在一定程度上取决于所选取的计算模型。从解决工程实际问题的角度出发，作出如下假设：

（1）视岩土体为连续均质、各向同性的力学介质。

（2）不考虑地下水对巷道的影响。

（3）不考虑地温对巷道的影响。

（4）龙口矿区地表地形规则，且巷道埋深较大，为使计算模型简化，忽略地表地形对采场围岩应力分布的影响。

（5）由于巷道轴向无限长，可将巷道的变形问题视为平面应变问题，故只建立平面模型进行模拟。

2. 力学参数选择

根据龙口矿区梁家煤矿软岩地质资料和现有的支护形式，选择的模拟参数见表5－3～表5－7。

表5－3 围岩力学参数

围岩类型	弹性模量 E/MPa	泊松比 μ	抗拉强度 σ_t/MPa	黏聚力 C/MPa	内摩擦角 φ/(°)
粗砂岩	5000	0.25	2.9	3.2	41
泥岩	4000	0.27	2.2	2.7	35
含炭泥岩	3000	0.28	1.8	2.1	29
煤	2000	0.31	0.9	1.0	27
油页岩	2000	0.29	1.1	1.4	28
油页泥岩	3000	0.27	1.8	2.1	32

表5－4 煤的应变软化参数

塑性应变	黏聚力 C/MPa	内摩擦角 φ/(°)
0	1.0	27
1×10^{-4}	0.9	26.5
2×10^{-4}	0.8	26
3×10^{-4}	0.7	25.5
1	0.6	25

表5－5 锚杆参数

支护构件	横截面积 A/cm^2	屈服轴力 F_t/kN	弹性模量 E/GPa	预紧力 P/kN
锚杆	3.80	266	200	20

表5-6 钢带截面参数表

弹性模量 E/MPa	泊松比	截面面积/m^2	$xciz$/m^4	$xciy$/m^4
21000	0.3	0.000178	436×10^{-6}	47×10^{-6}

表5-7 锚固剂参数

锚固区段	体积模量/MPa	黏聚力/MPa	内摩擦角/(°)
外锚段	10000	10000	55
自由段	0	0	0
内锚段	20	2.0	45

3. 几何模型及单元划分

巷道模型采取1:1尺寸模拟，为消除边界效应，理论上围岩尺寸应取大于5倍的巷道宽度，因此初步确定模型的宽度为30 m、高度为30 m、厚度为0.8 m，巷道位于模型中心。模型采用六面体单元，共划分3316个单元和5157个节点，本次模拟建立的FLAC 3D模型如图5-2所示。

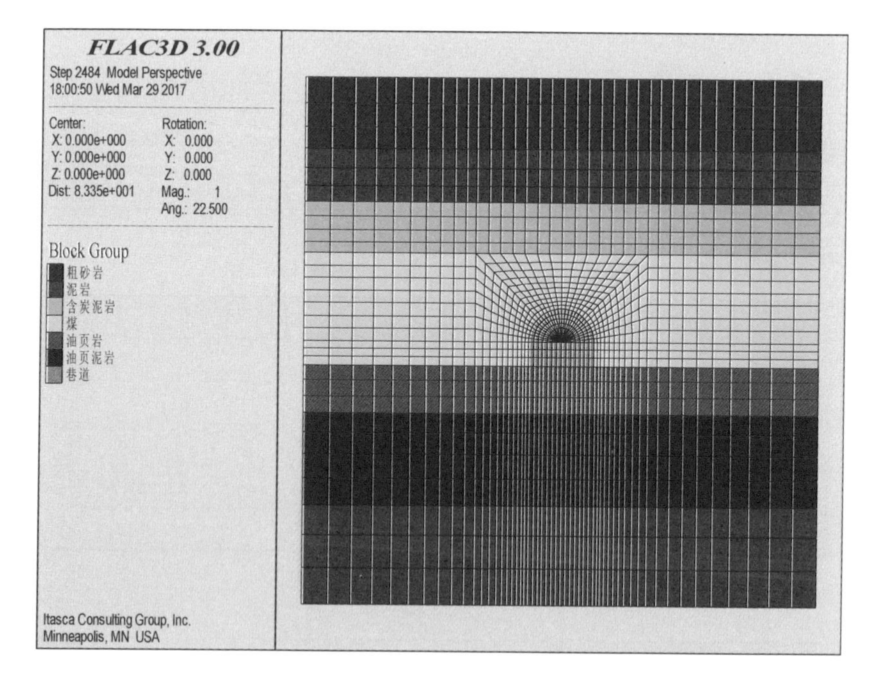

图5-2 数值模拟模型

计算区域采用位移边界条件控制，对模型侧面施加法向位移约束，模型底面施加全位移约束，在模型上表面施加 18.9 MPa 的荷载，模拟上覆岩体的自重条件，主应力关系为 $\sigma_1:\sigma_2:\sigma_3=1.81:1.41:1$。巷道分布在煤层中，以巷道底板为分界线，向上依次为煤层、含炭泥岩、泥岩和粗砂岩，向下依次为油页岩、油页泥岩和泥岩。其中煤层厚度为 5 m，采用应变软化模型进行模拟，其余岩层均采用莫尔 – 库仑模型。

5.2 影响底板稳定性因素分析

5.2.1 巷道宽度对底板变形模式的影响

控制垂直压力为 18.9 MPa、衬砌厚度为 0.4 m、锚网支护强度相同的情况下，不支护底板，取巷道宽度分别为 2 m、3 m、3.5 m、4 m、4.5 m、5 m、5.5 m、6 m，通过分析 Z 方向的位移等值线图、剪应变等值线图来分析不同巷道宽度对底板变形的影响。

从图 5 – 3 可以看出，在自重应力场的作用下，即垂直应力为主应力的情况下，巷道开挖后，对巷道顶板及两帮进行支护，不加固底板，底板处的变形量是最大的，随着向底板深处推移，变形量不断减小；在垂直压力、两帮及顶板的支护强度相同的情况下，巷道宽度较小时，底板变形量最大的区域分布在整个底板宽度的附近，底板的变形呈整体抬升的模式，接近塑性极限分析的 Prandtl 解答，随着巷道宽度的增大，底板变形量最大的区域不断向底板中心集中，底板变形呈中心处明显隆起的模式，接近塑性极限分析的 Hill 解答。

从图 5 – 4 可以看出，在自重应力场的作用下，即垂直应力为主应力的情况下，巷道开挖后，对巷道顶板及两帮进行支护，不加固底板，在巷道宽度较小时（在本次模拟中不大于 3 m），整个底板岩层范围内，底板附近的剪应变值最大，

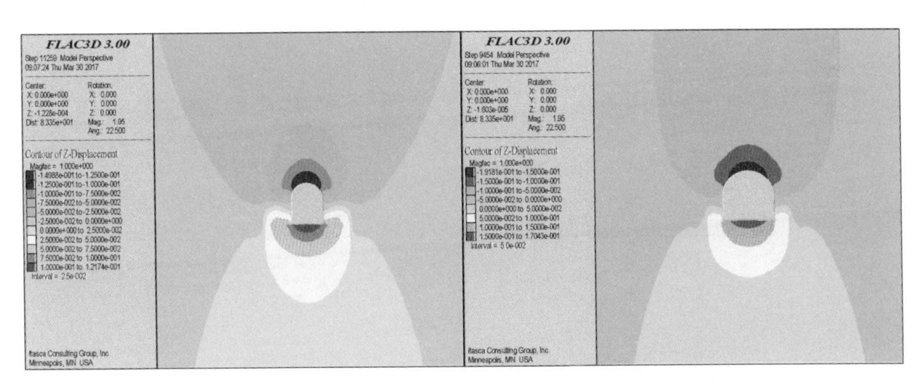

(a) 2 m　　　　(b) 3 m

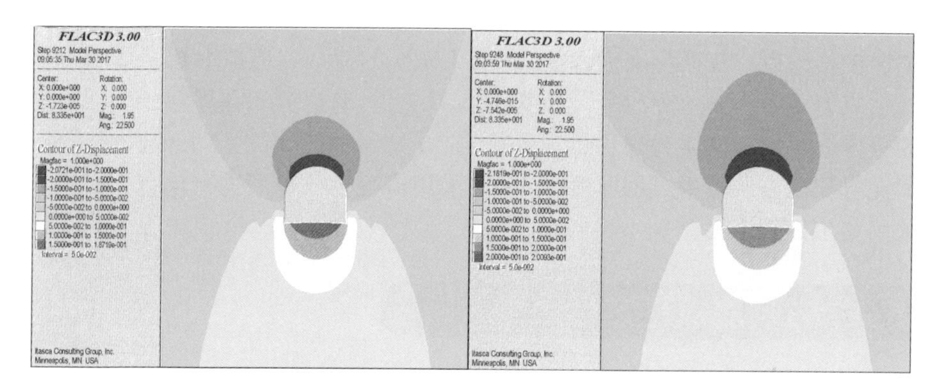

(c) 3.5 m　　(d) 4 m

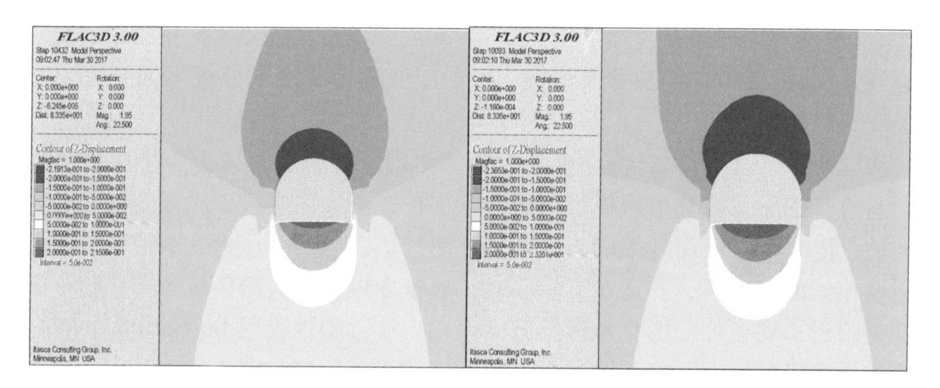

(e) 4.5 m　　(f) 5 m

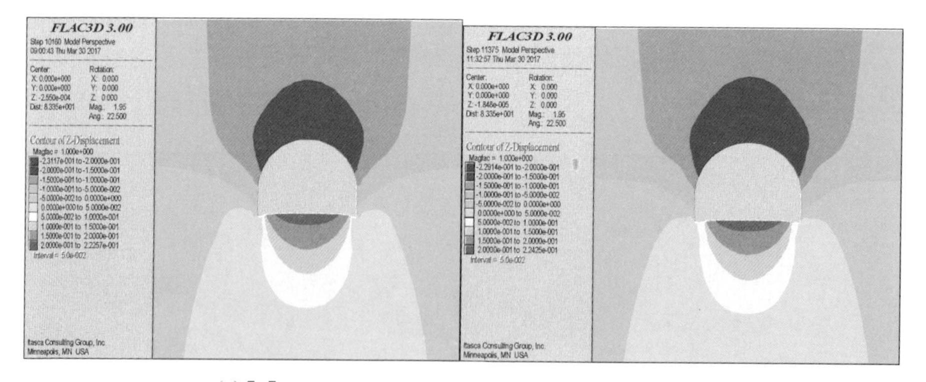

(g) 5.5 m　　(h) 6 m

图 5-3　Z 方向的位移等值线图（1）

且基本相同，此时底板的变形模式接近 Prandtl 解答，即底板整体抬升；随着巷道宽度不断增大，底板剪应变最大的区域不断向两帮靠近，巷道中点下方的剪应变小于两侧的剪应变值，变形模式接近 Hill 解答，即底板中心处明显隆起。

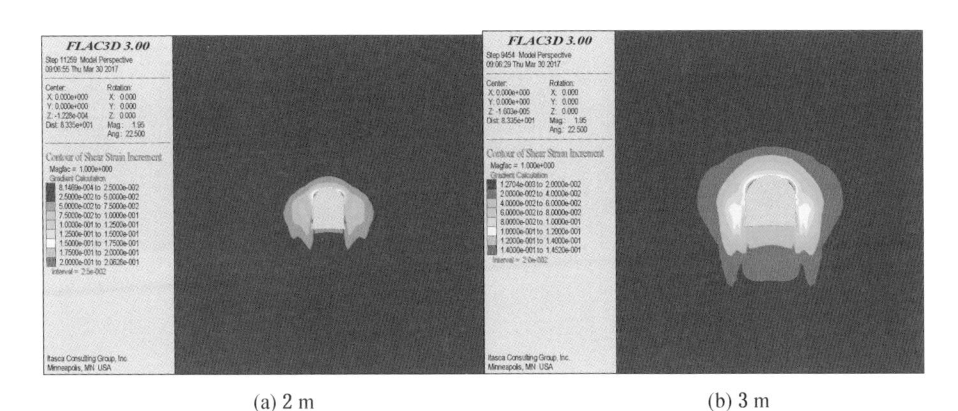

(a) 2 m (b) 3 m

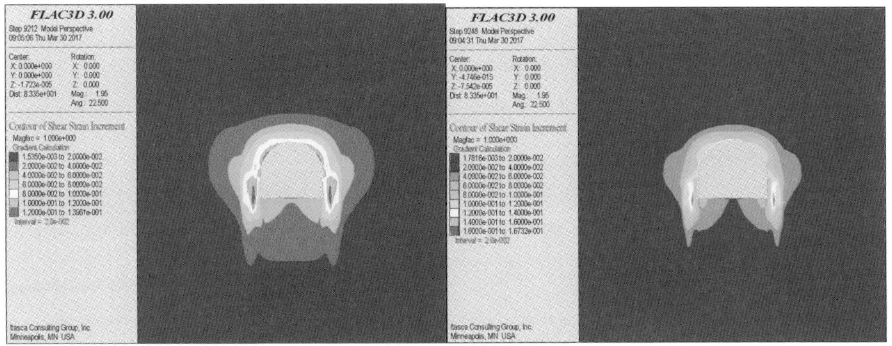

(c) 3. 5 m (d) 4 m

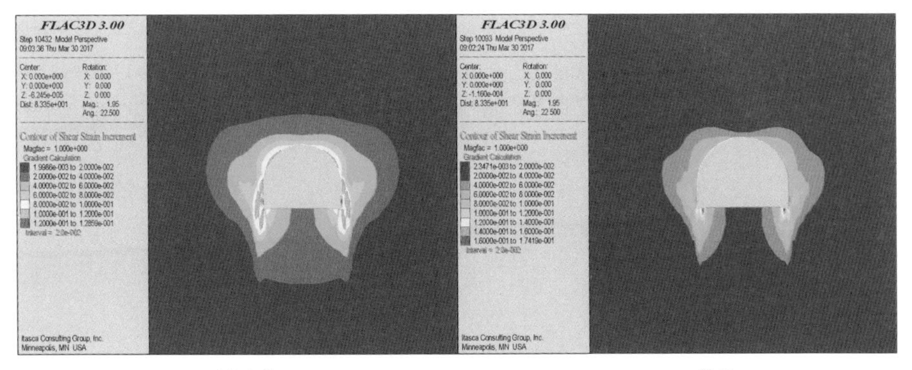

(e) 4. 5 m (f) 5 m

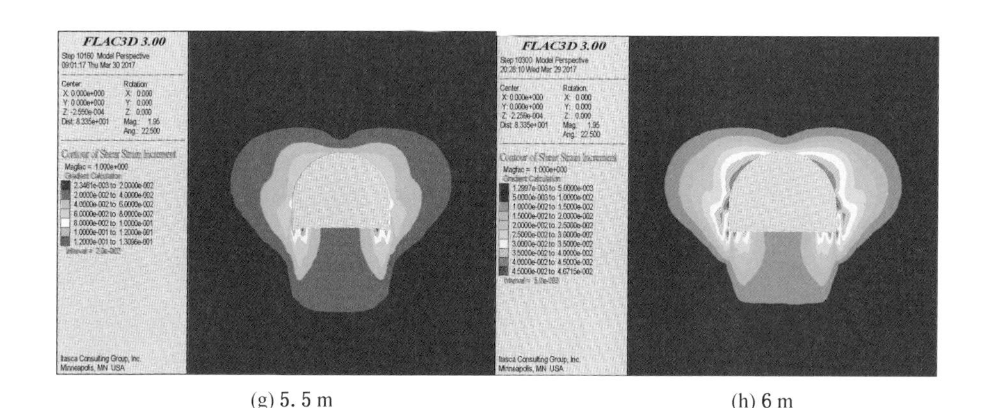

(g) 5.5 m　　　(h) 6 m

图 5－4　剪应变等值线图（1）

5.2.2　垂直压力对底板变形模式的影响

控制巷道宽度为 4 m、衬砌厚度为 0.4 m、锚网支护强度相同的情况下，不支护底板，取垂直压力分别为 5 MPa、10 MPa、15 MPa、20 MPa、25 MPa、30 MPa，通过分析 Z 方向的位移等值线图、剪应变等值线图来分析不同垂直压力对底板变形的影响。

从图 5－5 可以看出，在自重应力场的作用下，即垂直应力为主应力的情况下，巷道开挖后，对巷道顶板及两帮进行支护，不加固底板，底板处的变形量是最大的，随着向底板深处推移，变形量不断减小；在巷道宽度、两帮及顶板的支护强度相同的情况下，垂直荷载较小时，底板变形量最大的区域分布在整个底板宽度的附近，且变形量基本相同，底板的变形呈整体抬升的模式，接近塑性极限

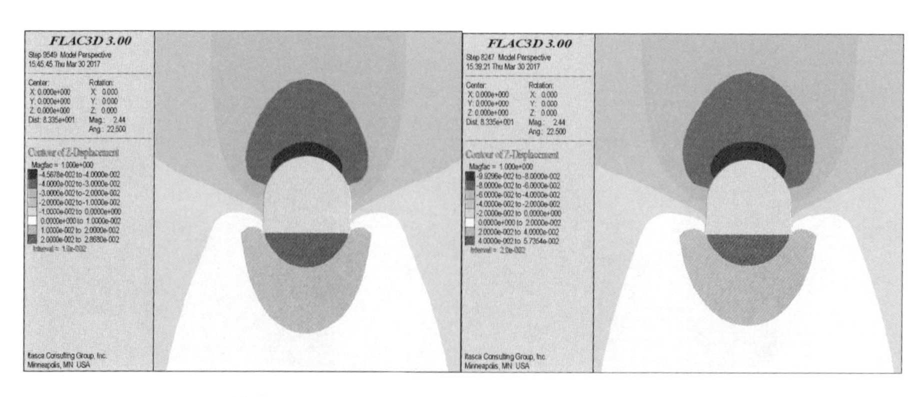

(a) 5 MPa　　　(b) 10 MPa

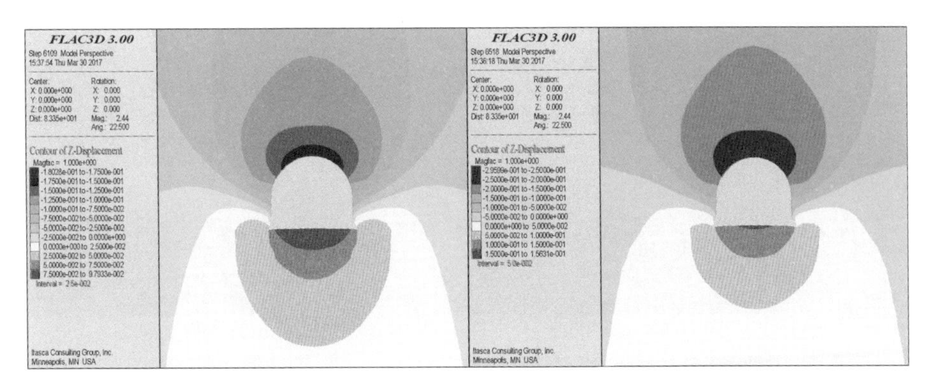

(c) 15 MPa　　(d) 20 MPa

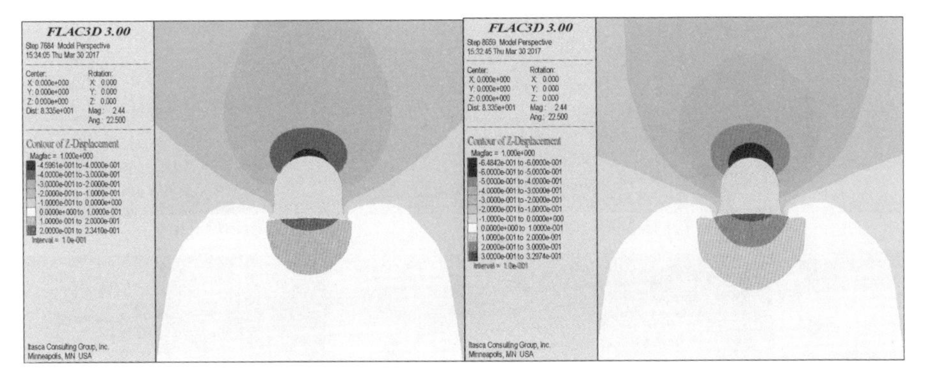

(e) 25 MPa　　(f) 30 MPa

图 5-5　*Z* 方向的位移等值线图（1）

分析的 Prandtl 解答，随着垂直应力的增大，底板变形量最大的区域不断向底板中心集中，底板变形呈中心处明显隆起的模式，接近塑性极限分析的 Hill 解答。

从图 5-6 可以看出，在自重应力场的作用下，即垂直应力为主应力的情况下，巷道开挖后，对巷道顶板及两帮进行支护，不加固底板，在垂直压力较小时，整个底板岩层范围内，底板附近的剪应变值最大，且基本相同，此时底板的变形模式接近 Prandtl 解答，即底板整体抬升；随着垂直压力不断增大，底板剪应变最大的区域不断向两帮靠近，变形模式接近 Hill 解答，即底板中心处明显隆起。

5.2.3　衬砌厚度对底板变形模式的影响

控制巷道宽度为 4 m、垂直压力为 18.9 MPa、锚网支护强度相同的情况下，

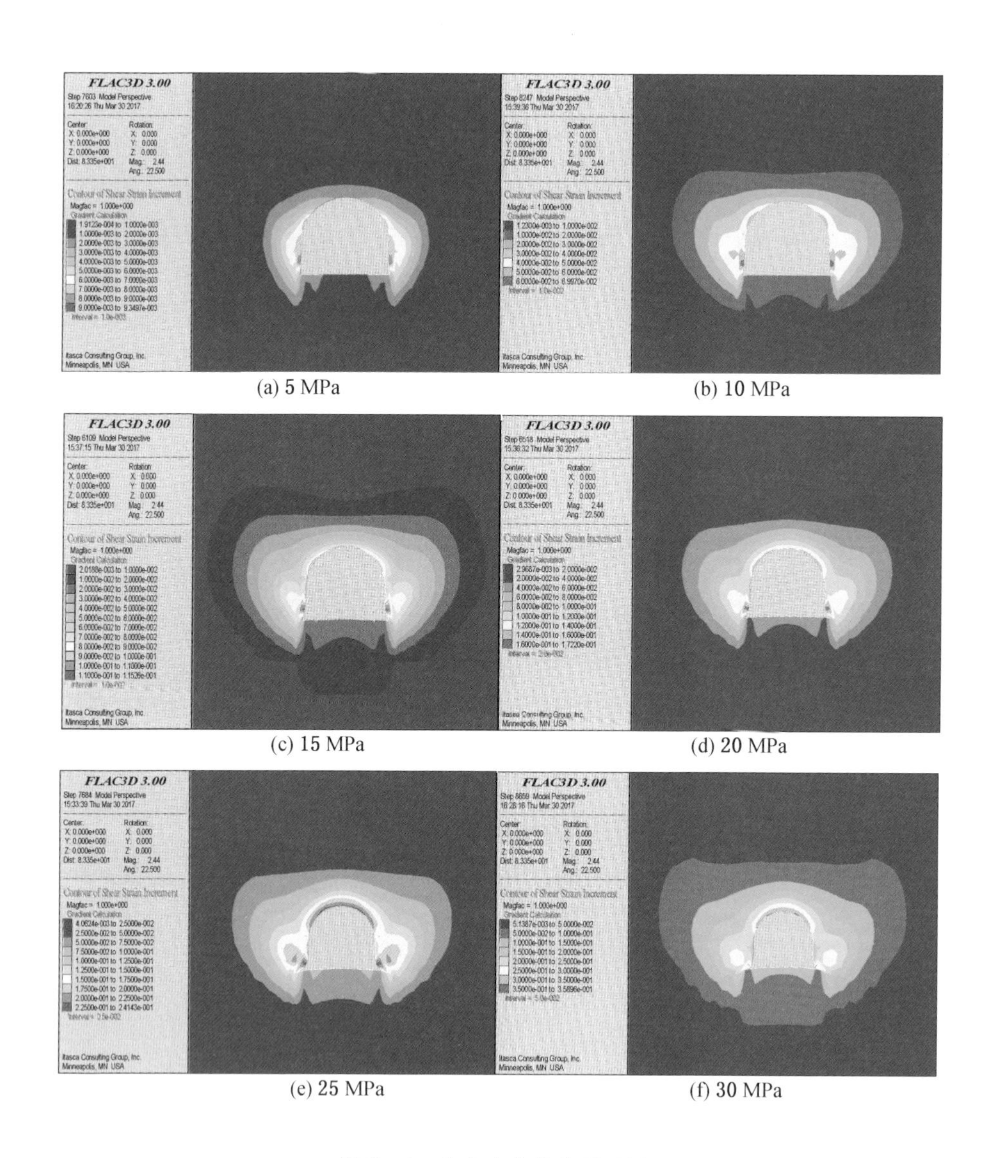

图 5 -6　剪应变等值线图（2）

不支护底板，取顶板及两帮的衬砌厚度分别为 0. 1 m、0. 2 m、0. 3 m、0. 4 m、0. 5 m、0. 6 m、0. 7 m、0. 8 m，通过分析 Z 方向的位移等值线图、剪应变等值线图来分析不同的衬砌厚度对底板变形的影响。

从图 5 -7 可以看出，在自重应力场的作用下，即垂直应力为主应力的情况下，巷道开挖后，对巷道顶板及两帮进行支护，不加固底板，在整个底板岩层范

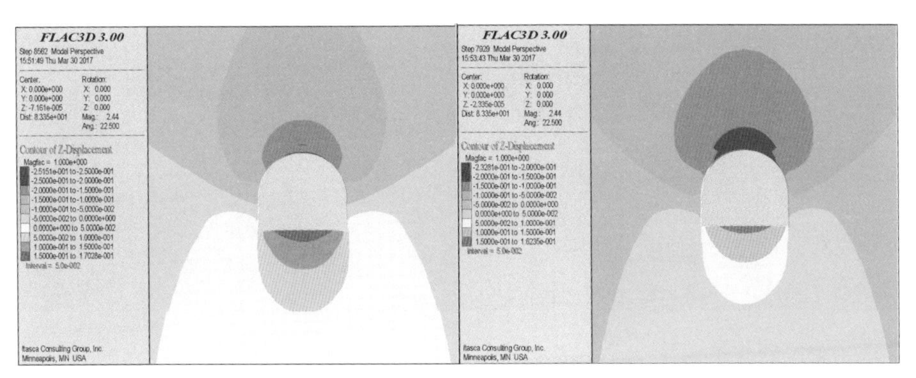

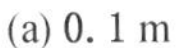
(a) 0. 1 m　　(b) 0. 2 m

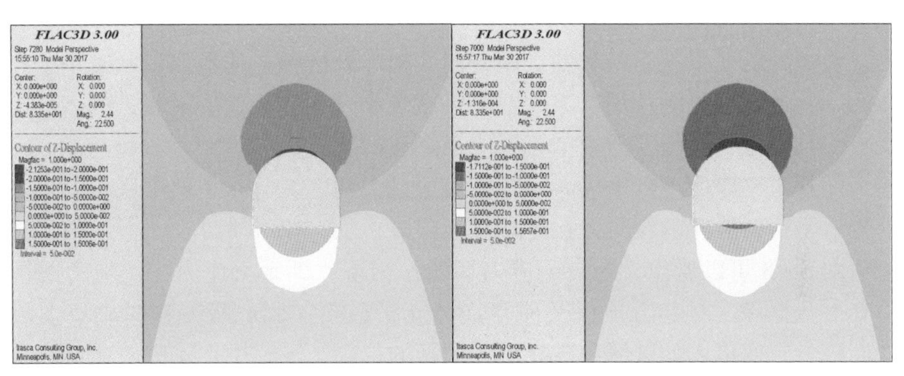

(c) 0. 3 m　　(d) 0. 4 m

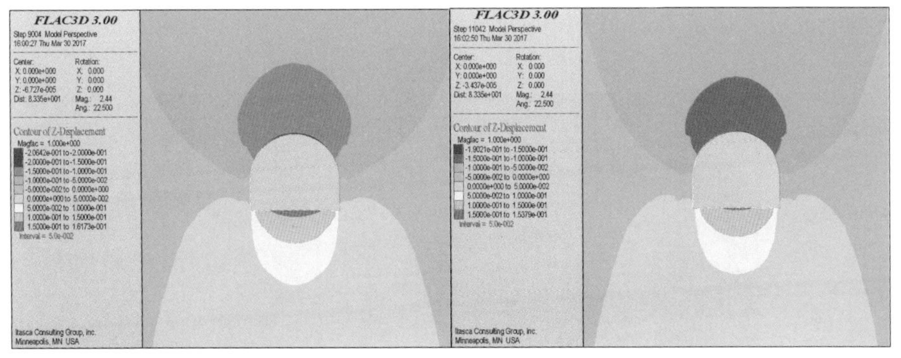

(e) 0. 5 m　　(f) 0. 6 m

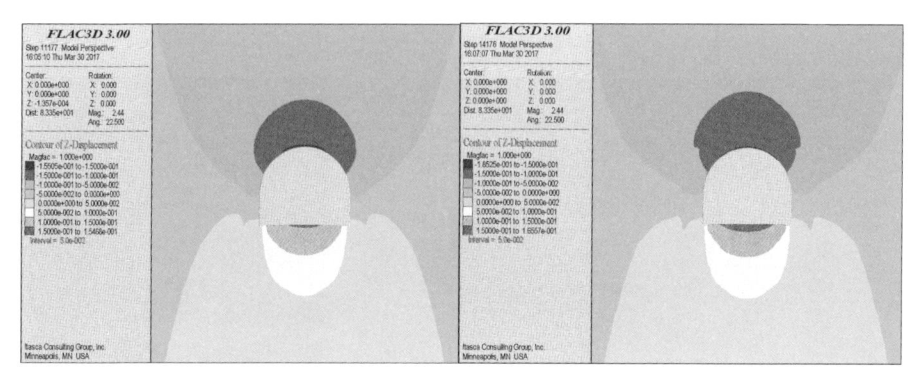

(g) 0.7 m　　(h) 0.8 m

图 5-7　Z 方向的位移等值线图（3）

围内，底板处的变形量是最大的，随着向底板深处推移，变形量不断减小；在垂直压力、巷道宽度相同的情况下，衬砌厚度较小时，底板变形量最大的区域出现在底板中心附近，底板变形呈中心处明显隆起的模式，接近塑性极限分析的 Hill 解答，随着衬砌厚度不断增大，底板变形量最大的区域分布在整个底板附近，底板的变形呈整体抬升的模式，接近塑性极限分析的 Prandtl 解答。

从图 5-8 可以看出，在自重应力场的作用下，即垂直应力为主应力的情况下，巷道开挖后，对巷道顶板及两帮进行支护，不加固底板，在衬砌厚度较小时，底板剪应变最大的区域出现在靠近两帮的位置，巷道中点下方的剪应变小于两侧的剪应变值，变形模式接近 Hill 解答，即底板中心处明显隆起；随着衬砌厚度不断增大，整个底板岩层范围内，底板附近的剪应变值最大且基本相同，此时底板的变形模式接近 Prandtl 解答，即底板整体抬升。

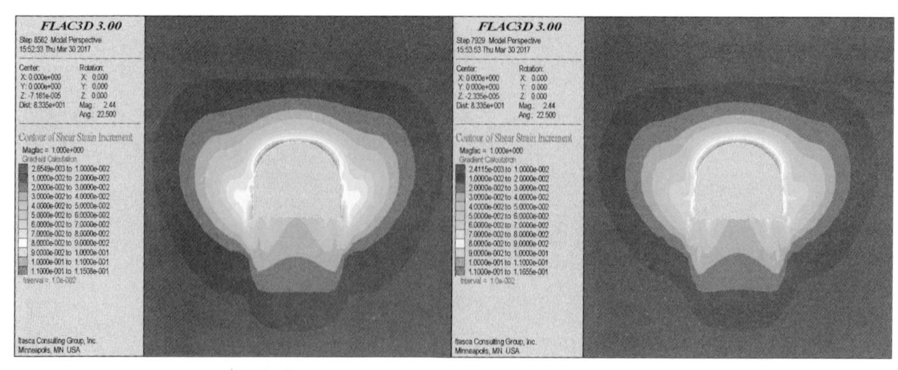

(a) 0.1 m　　(b) 0.2 m

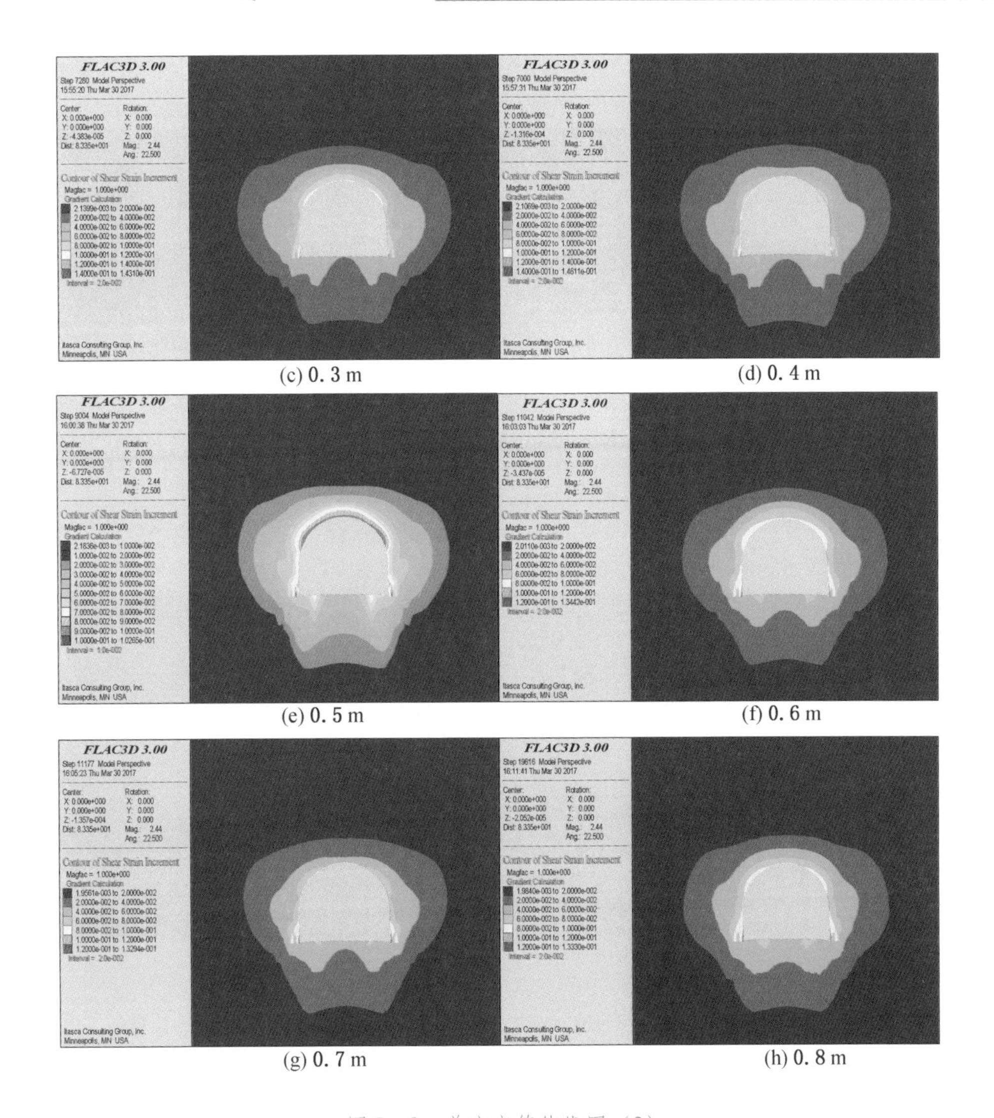

(c) 0.3 m　(d) 0.4 m

(e) 0.5 m　(f) 0.6 m

(g) 0.7 m　(h) 0.8 m

图 5－8　剪应变等值线图（3）

5.2.4　开挖反拱对底板变形模式的影响

控制巷道宽度为 4 m、垂直压力为 18.9 MPa，通过对比分析开挖反拱前后 Z 方向的位移等值线图、剪应变等值线图和塑性区分布图来分析开挖反拱对底板变形的影响。

从图 5－9～图 5－11 可以看出，开挖反拱底板的变形量较不开挖反拱要大，且开挖的反拱处剪应变明显比不开挖反拱时底板的剪应变要大得多，这说明开挖反拱降低了底板的承载能力，与通过塑性极限分析得到的开挖反拱后底板承载力减小的结论相一致。

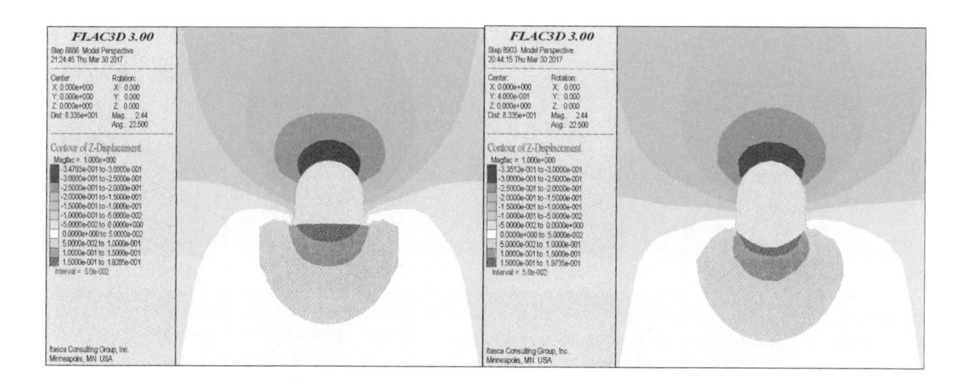

图 5-9　Z 方向的位移等值线图（4）

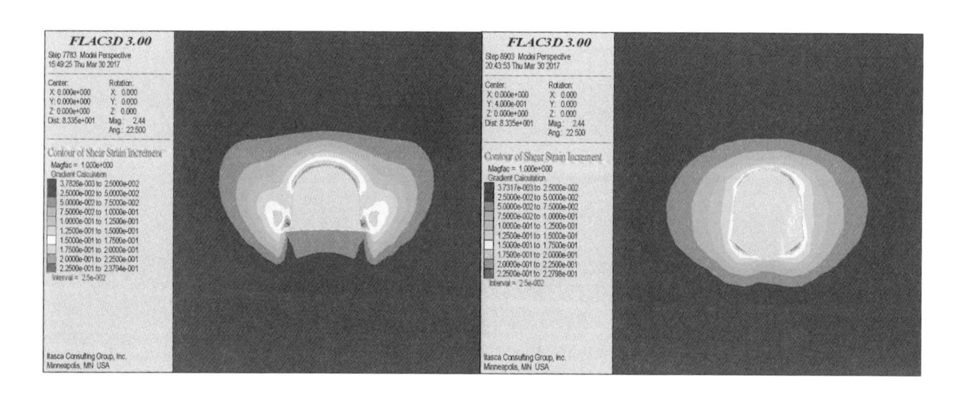

图 5-10　剪应变等值线图（4）

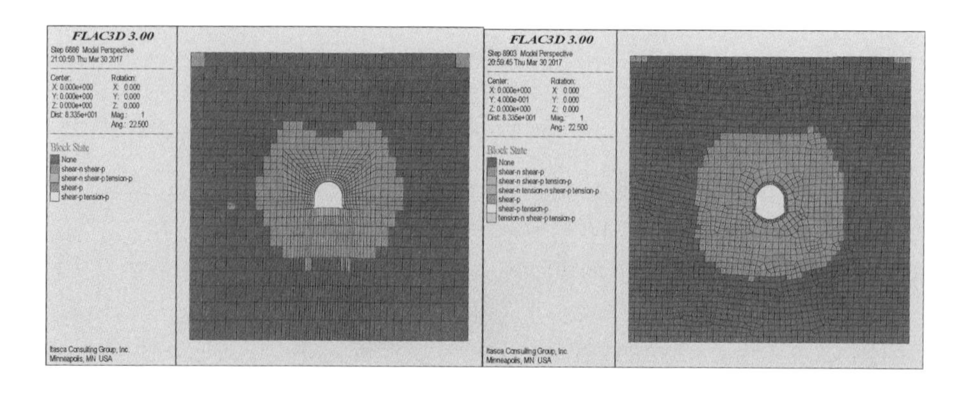

图 5-11　塑性区分布图

参 考 文 献

[1] 郑颖人，孔亮．岩土塑性力学［M］．北京：中国建筑工业出版社，2010.

[2] 龚晓楠．土塑性力学［M］．杭州：浙江大学出版社，1990.

[3] 张学言，闫澍旺．岩土塑性力学基础（第2版）［M］．天津：天津大学出版社，2004.

[4] 屈智炯．土的塑性力学［M］．成都：成都科技大学出版社，1987.

[5] 李广信．高等土力学［M］．北京：清华大学出版社，2004.

[6] 杨桂通．弹塑性力学引论（第2版）［M］．北京：清华大学出版社，2013.

[7] 王仁，黄文彬，黄筑平．塑性力学引论（修订版）［M］．北京：北京大学出版社，1992.

[8] 陈惠发．极限分析与土体塑性［M］．詹世斌，译．北京：人民交通出版社，1995.

[9] Chakrabarty J. Theory of Plasticity［M］. New York：McGraw – Hill，1987.

[10] Lubliner J. Plasticity Theory［M］. New York：Macmillan Publishing Company，1990.

[11] Chen W F，Han D J. Plasticity for Structural Engineers［M］. New York：Springer – Verlag，1988.

[12] Prager W，Hodge P G. Theory of Perfect Plastic Solid［M］. New York：John – wiley，1951.

[13] Doghri I. Mechanics of Deformable Solids［M］. New York：Springer，2000.

[14] 张若京．张量分析简明教程［M］．上海：同济大学出版社，2010.

[15] 高红，郑颖人，冯夏庭．岩土材料能量屈服准则研究［J］．岩石力学与工程学报，2007，26（12）：2437 – 2443.

[16] 沈珠江．几种屈服函数的比较［J］．岩土力学，1993（1）：41 – 50.

[17] 孔位学，郑楚键，芮勇勤，等．滑移线场理论中不同流动法则的极限分析有限元解［J］．东北大学学报（自然科学版），2007，28（3）：430 – 433，453.

[18] 姚仰平，侯伟，罗汀，等．土的统一硬化模型［J］．岩石力学与工程学报，2009，28（10）：2135 – 2151.

[19] 郑颖人，孔亮，刘元雪，等．塑性本构理论与工程材料塑性本构关系［J］．应用数学和力学，2014，35（7）：713 – 722.

[20] 陈惠发，A. F. 萨里普．土木工程材料的本构方程（第一卷：弹性与建模）［M］．余天庆，等，译．武汉：华中科技大学出版社，2001.

[21] Save M A，Massonnet C E. Plastic Analysis and Design of Plates，Shells and Disks［M］. Amsterdam，London：North – Holland Publishing Company，1972.

[22] 李凯，陈国荣．基于滑移线场理论的边坡稳定性有限元分析［J］．河海大学学报（自然科学版），2010，38（2）：191 – 195.

[23] 杨小礼，郭乃正，李亮，等．非线性破坏准则与岩土材料地基承载力研究［J］．岩土力学，2005，26（8）：1177 – 1183.

[24] 杨明成，郑颖人．滑移线场理论中非特征线应力边界条件的解析式［J］．岩土力学，2001，22（4）：395 – 398.

[25] 张永强，范文，俞茂宏，等．边坡极限荷载的统一滑移线解［J］．岩石力学与工程学

报，2000，19（z1）：994－996.
[26] 王红，袁鸿，夏晓舟，等．基于最小耗能原理的塑性应变流动法则［J］．上海大学学报（自然科学版），2012，18（4）：390－395.
[27] 王均星，王汉辉，吴雅峰，等．土坡稳定的有限元塑性极限分析上限法研究［J］．岩石力学与工程学报，2004，23（11）：1867－1873.
[28] 陈祖煜．土力学经典问题的极限分析上、下限解［J］．岩土工程学报，2002，24（1）：1－11.
[29] 尤春安，陆家梁．圆形条带碹支护的塑性极限分析［J］．矿山压力与顶板管理，1994（2）：47－52.
[30] 陆家梁，朱效嘉．松软岩层条带（石旋）的实验及应用［J］．煤炭学报，1986（1）：23－32.
[31] 刘泉声，张伟，卢兴利，等．断层破碎带大断面巷道的安全监控与稳定性分析［J］．岩石力学与工程学报，2010，29（10）：1954－1962.
[32] 尤春安，宋振骐．抗滑桩控制巷道底鼓的理论与实践［J］．岩石力学与工程学报，2002，21（增）：2221－2224.
[33] 郑西贵，刘娜，张农，等．深井巷道挠曲褶皱性底鼓机理与控制技术［J］．煤炭学报，2014，39（3）：417－423.
[34] 尤志嘉，付厚利，时健，等．基于特征树类比法的软岩巷道支护设计原理与应用［J］．煤炭学报，2017，42（1）：219－226.
[35] 刘群，尤志嘉，毕冬宾，等．土层锚固受力特性现场测试与分析［J］．煤炭技术，2017，36（1）：94－95.
[36] 毕冬宾，尤志嘉，刘群，等．土层锚固体复合界面单元形式及力学效应研究［J］．岩土力学，2017，38（1）：277－283.
[37] 栾武臣，尤志嘉，路峰，等．露天转地采人工境界矿柱构建过程中边坡监测研究［J］．山东科技大学学报（自然科学版），2013（4）：16－20.
[38] 邱爨．不同应力条件下的巷道底鼓机理及控制技术研究［D］．青岛：山东科技大学，2009.
[39] 时健，尤春安，玄超，等．基于塑性极限分析法的巷道反底拱支护效应研究［J］．安全与环境学报，2016，16（4）：139－143.
[40] 时健，尤春安，刘群，等．基于塑性极限分析的底板锚杆支护参数确定［J］．有色金属工程，2016，6（5）：69－73.
[41] 沈珠江．桩的抗滑阻力和抗滑桩的极限设计［J］．岩土工程学报，1992（1）：51－56.
[42] 李元海．数字照相变形量测技术及其在岩土模型实验中的应用研究［J］．岩石力学与工程学报，2005，24（7）：1273.
[43] CAO Zhaolong，LIU Hanlong，KONG Gangqiang，et al. Physical modelling of pipe piles under oblique pullout loads using transparent soil and particle image velocimetry［J］. Journal of Central South University（English Edition），2015（11）：4329－4336.

[44] 孙书伟，林杭，任连伟. FLAC3D 在岩土工程中的应用 [M]. 北京：中国水利水电出版社，2011.
[45] 宋义敏，马少鹏，杨小彬，等. 岩石变形破坏的数字散斑相关方法研究 [J]. 岩石力学与工程学报，2011，30 (1)：170 - 175.
[46] 王怀文，亢一澜，谢和平，等. 数字散斑相关方法与应用研究进展 [J]. 力学进展，2005，35 (2)：195 - 203.
[47] Bruck. HA, McNeil SR, Sutton MA, et al. Digital Image Correlation Using Newton - Raphson Method of Partial Differential Correction [J]. Experimental Mechanics, 1989, 29 (3): 261 - 267.
[48] Chu T C, Ranson W F, Sutton M A, et al. Application of Digital Correlation Techniques to Experimental Mechanics [J]. Experimental Mechanics. 1985, 25 (3): 232 - 244.
[49] 金观昌. 计算机辅助光学测量（第 2 版）[M]. 北京：清华大学出版社，2007.
[50] 潘一山，杨小彬，马少鹏，等. 岩土材料变形局部化的实验研究 [J]. 煤炭学报，2002，27 (3)：281 - 284.
[51] 马少鹏，赵永红，金观昌，等. 光测方法在岩石力学实验观测中的应用述评 [J]. 岩石力学与工程学报，2005，24 (10)：1794 - 1799.
[52] 王怀文，周宏伟，左建平，等. 光测方法在岩层移动相似模拟实验中的应用 [J]. 煤炭学报，2006，31 (3)：278 - 281.
[53] 胡黎明，马杰，张丙印，等. 直剪试验中接触面渐进破坏的数值模拟 [J]. 清华大学学报（自然科学版），2008，48 (6)：943 - 946.
[54] 宋义敏，姜耀东，马少鹏，等. 岩石变形破坏全过程的变形场和能量演化研究 [J]. 岩土力学，2012，33 (5)：1352 - 1356.
[55] 米红林. 基于数字散斑相关法的岩石材料力学性能的测试 [J]. 应用光学，2013，34 (1)：123 - 127.
[56] 潘一山，杨小彬，马少鹏，等. 岩石变形破坏局部化的白光数字散斑相关方法研究 [J]. 岩土工程学报，2002，24 (1)：98 - 100.
[57] 李元海，靖洪文，刘刚，等. 数字照相量测在岩石隧道模型试验中的应用研究 [J]. 岩石力学与工程学报，2007，26 (8)：1684 - 1690.
[58] 张强勇，李术才，李勇，等. 地下工程模型试验新方法、新技术及工程应用 [M]. 北京：科学出版社，2012.
[59] 王汉鹏，李术才，张强勇，等. 新型地质力学模型试验相似材料的研制 [J]. 岩石力学与工程学报，2006，25 (9)：1842 - 1847.
[60] 张强勇，李术才，郭小红，等. 铁晶砂胶结新型岩土相似材料的研制及其应用 [J]. 岩土力学，2008，29 (8)：2126 - 2130.
[61] 李术才，王德超，王琦，等. 深部厚顶煤巷道大型地质力学模型试验系统研制与应用 [J]. 煤炭学报，2013，38 (9)：1522 - 1530.